SAFE OPERATION AND MANAGEMENT OF SMALL RESERVOIRS

小型水库安全运行与管理

《小型水库安全运行与管理》编委会 编著

中国水利水电出版社
www.waterpub.com.cn
·北京·

内 容 提 要

本书从山东省小型水库管理现状出发，系统地阐述了小型水库安全运行管理的基础知识、技术要素和管理规定，供从事水库管理工作的基层人员和水库防汛“三个责任人”学习和培训，旨在提高其管理能力和业务水平。全书共十章，主要内容包括小型水库安全运行与管理的基础知识、管理制度与相关法规、调度运用管理、巡视检查、安全监测、维修养护与除险加固、防汛与抢险、信息化管理、标准化规范化管理、巡查管护员专章等。

本书以基层水利工程管理人员为对象，注重理论与实践相结合，知识与技能相结合，具有较强的针对性、实用性、可操作性，可以作为基层水利工作人员的培训和了解相关知识的教材，也可以供广大水利工作者参阅。

图书在版编目（CIP）数据

小型水库安全运行与管理 / 《小型水库安全运行与管理》编委会编著. -- 北京 : 中国水利水电出版社, 2022.3
ISBN 978-7-5226-0520-3

Ⅰ. ①小… Ⅱ. ①小… Ⅲ. ①小型水库－安全管理－水库管理 Ⅳ. ①TV697.1

中国版本图书馆CIP数据核字(2022)第032207号

书　　名	小型水库安全运行与管理 XIAOXING SHUIKU ANQUAN YUNXING YU GUANLI
作　　者	《小型水库安全运行与管理》编委会 编著
出版发行	中国水利水电出版社 （北京市海淀区玉渊潭南路1号D座　100038） 网址：www.waterpub.com.cn E-mail：sales@mwr.gov.cn 电话：（010）68545888（营销中心）
经　　售	北京科水图书销售有限公司 电话：（010）68545874、63202643 全国各地新华书店和相关出版物销售网点
排　　版	山东水文印务有限公司
印　　刷	山东水文印务有限公司
规　　格	184mm×260mm　16开本　18.25印张　328千字
版　　次	2022年3月第1版　2022年3月第1次印刷
定　　价	68.00元

《小型水库安全运行与管理》编委会

序

山东省水库多、分布广，是水利工程安全度汛的重中之重。党中央、国务院高度重视水库安全，习近平总书记等中央领导同志专门作出重要指示批示。山东省小型水库约占水库总数的 95% 以上，是水库安全度汛的关键，同时又承担着灌溉、供水、生态等多重功能，是保障地区经济社会发展的重要基础设施。

近年来，山东省委、省政府高度重视小型水库工程安全运行工作，将其作为“根治水患、防治干旱”的重要内容，建立安全鉴定和除险加固常态化机制，全力实施病险水库除险加固攻坚战，着力深化小型水库管理体制改革，因地制宜推广运行管护新模式，全省小型水库面貌焕然一新，安全保障能力和管护水平得到大幅提升。

“十四五”时期，是实现新阶段水利高质量发展的关键时期，推进黄河流域生态保护和高质量发展、乡村振兴等重大国家战略的实施，以及山东现代水网的规划构建，对小型水库安全运行管理提出了更高标准和要求，必须以更加有力举措提高运行管护能力和水平，确保小型水库持续安全运行，不断发挥效益。为进一步提升基层小型水库管理人员的履职能力，山东省水利厅组织专业力量编写了这本《小型水库安全运行与管理》，旨在通过系统性阐述小型水库安全管理、调度运行、防汛抢险等一系列基础知识，为小型水库管理人员培训提供指导和参考。本书内容通俗易懂、图文并茂，针对性和实用性较强。

我相信，本书的出版和应用，将进一步提高山东省广大小型水库管理队伍业务素质和能力，推动全省小型水库安全运行管理工作再上新台阶。

2021年12月

前 言

山东省现有注册登记的各类小型水库5639座，其中小(1)型水库931座、小(2)型水库4708座。小型水库占全省水库总量（5893座）的95.7%，主要分布在胶东半岛丘陵地带和鲁中山区，承担着防洪、灌溉、供水、养殖、生态等多种功能，是保障农村经济社会发展和生态环境的重要基础设施。

山东省小型水库大多建于20世纪50—70年代，受当时条件限制，水库建设标准低，存在先天不足，加之长期以来“重建轻管”，工程老化失修。这些小型水库大多分布在偏远山区，点多面广，绝大多数由乡镇或村集体管理，没有专门的管理机构和专业技术人员，工程安全始终是各级政府的心腹之患。随着社会经济的发展，小型水库发挥的作用越来越突出，各级政府和人民群众对小型水库安全管理提出了更高的要求。山东省各级人民政府高度重视小型水库安全问题，“十三五”期间完成小型水库除险加固2388座。2019年出台了《关于加强我省小型水库安全运行管理工作的意见》，2021年出台了《关于切实加强水库除险加固和运行管护工作的实施意见》，这些政策规定，对保障小型水库安全运行意义重大。

小型水库能否安全运行，不仅取决于工程本身是否安全可靠，而且与工程管理密切相关。小型水库防汛行政、技术、巡查值守“三个责任人”必须参加防汛安全和技术培训才能上岗。为了指导广大基层水利干部、技术人员和巡查管护人员业务培训，提高管理能力，提升业务素质，山东省水利厅组织编写了《小型水库安全运行与管理》，主要内容包括：小型水库安全运行管理的基础知识、管理制度与相关法规、调度运用管理、巡视检查、安全监测、维修养护与除险加固、防汛与抢险、信息化管理、标准化规范化管理、巡查管护员专章等内容。本书编写中注重理论与实践相结合、知识与技能相结合，突出针对性、实用性和可操作性，以问题为导向，以案例为载体，努力做到简单明了、通俗易懂、图文并茂，既满足小型水库管理人员工作需要，又可通过本书向巡查管护人员普及相关基础知识和专业知识。

本书由山东省水利厅组织山东省海河淮河小清河流域水利管理服务中心、水发规划设计有限公司、北京中水利德科技发展有限公司等单位专业技术人员编写，编写人员及分工如下：第一章由杜晓喻、冉令贺编写；第二章由范玲玲、王广编写；第三章由杨东东、沈宁编写；第四章由李小焕、宗亮编写；第五章由杨依民、吴泽广编写；第六章由郑金亮、申玉森编写；第七章由郁章文、孙静编写；第八章由孔欣、余洋洋、曹景玉编写；第九章由王一鸣、邵明明、王清编写；第十章由秦超、陈宏鹏编写。全书由季新民、李亚红担任主编，并负责统稿，曹利军、杨依民、王一鸣担任副主编，郭忠担任主审。

本书在编写中得到了水利部运行管理司领导的大力支持和指导，水利部大坝安全管理中心张士辰教授、临沂市水利局王建生研究员提出了很多宝贵意见。本书编写过程中，参考了水利部组织编写的《小型水库管理实用手册》《防汛抢险技术手册》，国家防汛抗旱总指挥部办公室编写的《防汛抗旱专业干部培训教材》，全国水利行业“十三五”规划教材（职工培训）《水库运行管理》，以及湖北省《小型水库专管人员培训教材》、浙江省《小型水库巡查基础教程》等，还参考了一些其他文献资料，未能一一注明，在此一并表示感谢。

由于编写时间仓促，水平所限，书中疏漏之处，敬请广大读者提出宝贵意见和建议，以便今后进一步修改补充，不胜感盼！

编者

2021年12月

目　录

第一章 基础知识

本章主要介绍小型水库常用的基本概念，它们是小型水库培训的入门知识，是后续章节的基础，主要包括水文学基础知识、水力学基础知识和小型水库基础知识三部分，简明扼要地阐述气象、水循环、洪水等水文基础知识；水静力学、水动力学、堰流、消能、渗流等水力学基础知识；小型水库的组成（特别是土石坝相关知识要点、工程特征参数等），让水库管理人员系统掌握水库基本情况、水库安全运行的主要技术指标等内容。

第一节 水文学基础知识

一、气象知识

（一）气象

气象是指地球大气的物理现象及变化规律、物理构成的总称。用通俗的话来说，是指发生在天空中的风、云、雨、雪、霜、露、虹、晕、闪电、打雷等一切大气的自然现象。

（二）天气和天气系统

天气是指某一地区、在某一时段由各种气象要素所综合体现的大气状态，大气中发生的阴、晴、风、雨、雷、电、雾、霜、雪等都是天气现象。

天气系统是指具有一定的温度、气压或风等气象要素空间结构特征的大气运动系统。大气中各种天气系统的空间范围是不同的，水平尺度可为1 ~ 2000km。其生命史也不同，从几小时到几天都有，一般划分为大尺度系统、中尺度系统和小尺度系统。

（三）气候

某地区长时间（几个月至几年或更长）内的气象要素的统计状态（即天气的平均状况）。

（四）风和台风

风是空气的水平流动现象。

风速是单位时间内空气移动的水平距离，常用单位为 m/s、km/h 等。气象服务中，常用风力等级来表示风速的大小。风力是指风的强度，即风吹到物体上所表现出的力量的大小。一般根据风吹到地面或水面的物体上所产生的各种现象，把风力的大小分为18个等级，最小为0级，最大为17级。风力等级划分见表1.1–1。

世界气象组织规定：涡旋中心附近最大风力小于8级时，称为热带低压；当中心附近风力为8～9级时，称为热带风暴；当中心附近风力达10～11级时，称为强热带风暴；当中心附近风力达12～13级时，称为台风；当中心附近风力达14～15级时，称为强台风；当中心附近风力大于等于16级时，称为超强台风。

台风预警信号分四级：蓝色、黄色、橙色、红色。

台风蓝色预警信号：24h内可能受热带低压影响，平均风力可达6级以上，或阵风7级以上；或者已经受热带低压影响，平均风力为6～7级，或阵风7～8级并可能持续。

台风黄色预警信号：24h内可能受热带风暴或强热带风暴、台风影响，平均风力可达8级以上，或阵风9级以上；或者已经受热带风暴影响，平均风力为8～9级，或阵风9～10级并可能持续。

台风橙色预警信号：12h内可能受强热带风暴或台风影响，平均风力可达10级以上，或阵风11级以上；或者已经受强热带风暴影响，平均风力为10～11级，或阵风11～12级，并可能持续。

台风红色预警信号：6h内可能受台风影响，平均风力可达12级以上；或者已经受台风影响，平均风力已达12级以上，并可能持续。

表1.1–1　风力等级划分表

风力/级	名称	风速/(m/s)	海岸船只征象	陆地地面物征象
0	无风	0～0.2	静	静，烟直上
1	软风	0.3～1.5	平常渔船略觉摇动	烟能表示风向，但风向标不能动
2	轻风	1.6～3.3	渔船张帆时，每小时可随风移行2～3km	人面感觉有风，树叶微响，风向标能转动
3	微风	3.4～5.4	渔船渐觉颠簸，每小时可随风移行5～6km	树叶及微枝摇动不息，旌旗展开
4	和风	5.5～7.9	渔船满帆时，可使船身倾向一侧	能吹起地面灰尘和纸张，树枝摇动
5	劲风	8.0～10.7	渔船缩帆（即收去帆之一部分）	有叶的小树摇摆，内陆的水面有小波

续表

风力/级	名称	风速/(m/s)	海岸船只征象	陆地地面物征象
6	强风	10.8 ~ 13.8	渔船加倍缩帆，捕鱼须注意风险	大树枝摇动，电线呼呼有声，举伞困难
7	疾风	13.9 ~ 17.1	渔船停泊港中，在海者下锚	全树摇动，迎风步行感觉不便
8	大风	17.2 ~ 20.7	进港的渔船皆停留不出	微枝折毁，人行向前，感觉阻力甚大
9	烈风	20.8 ~ 24.4	汽船航行困难	建筑物有小损（烟囱顶部及平屋摇动）
10	狂风	24.5 ~ 28.4	汽船航行颇危险	陆上少见，见时可使树木拔起或使建筑物损坏严重
11	暴风	28.5 ~ 32.6	汽船遇之极危险	陆上很少见，有则必有广泛损坏
12	飓风（台风）	32.7 ~ 36.9	海浪滔天	陆上绝少见，摧毁力极大
13	—	37.0 ~ 41.4	—	—
14	—	41.5 ~ 46.1	—	—
15	—	46.2 ~ 50.9	—	—
16	—	51.0 ~ 56.0	—	—
17	—	≥ 56.1	—	—

注　本表所列风速是指平地上离地10m处的风速。

（五）降水

降水是指液态或固态的水汽凝结物从云中降落到地面的现象，如雨、雪、雹、霜等，其中以雨、雪为主。我国大部分地区，一年内降水以雨为主，雪只占少部分，故降水主要是指降雨。

1. 降水的成因

地面暖湿气团因各种原因而上升，体积膨胀做功，消耗内能，导致气团温度下降，这称为动力冷却。当气温降至露点温度（露点温度是指水汽量不变，在气压一定的条件下，气温下降，空气达到饱和水气压时的温度）以下时，空气就处于饱和或过饱和状态。这时，空气里的水汽就开始凝结成小水滴或小冰晶块，在高空则成为云。由于凝结继续，或相互碰撞合并，水滴或冰晶块不断增大，当不能为上升气流所顶托时，在重力作用下就形成降水。因此，水汽、上升运动和冷却凝结是形成降水的三个因素。

2. 降水特性

降水特性主要包括降雨量、降雨历时和降雨强度。

降雨量是指一定时段内降落在某一点或某一面积上的降雨深度，以 mm 为单位。

降雨历时是指一次降雨所经历的时间，以小时（h）、日（d）等为单位。

降雨强度表示单位时间内的降雨量，以 mm/d 或 mm/h 计。雨强大小反映了一次降雨的强弱程度，故常用降雨强度进行降雨分级，常用分级标准见表 1.1–2。

表 1.1–2 降雨强度分级

等级	12h 降雨量 /mm	24h 降雨量 /mm	等级	12h 降雨量 /mm	24h 降雨量 /mm
小雨	0.1 ~ 4.9	0.1 ~ 9.9	暴雨	30.0 ~ 69.9	50.0 ~ 99.9
中雨	5.0 ~ 14.9	10.0 ~ 24.9	大暴雨	70.0 ~ 139.9	100.0 ~ 249.9
大雨	15.0 ~ 29.9	25.0 ~ 49.9	特大暴雨	≥ 140.0	≥ 250.0

暴雨是指势急量大的降雨。中国气象部门规定暴雨为：① 1h 内的雨量等于和大于 16mm 的雨；② 12h 雨量等于和大于 30mm 的雨；③ 24h 雨量等于和大于 50mm 的雨。

暴雨预警信号分四级，分别以蓝色、黄色、橙色、红色表示。

蓝色：12h 内降雨量将达 50mm 以上，或者已达 50mm 以上且降雨可能持续。

黄色：6h 内降雨量将达 50mm 以上，或者已达 50mm 以上且降雨可能持续。

橙色：3h 内降雨量将达 50mm 以上，或者已达 50mm 以上且降雨可能持续。

红色：3h 内降雨量将达 100mm 以上，或者已达 100mm 以上且降雨可能持续。

3. 降水的分类

降水按空气抬升的原因分为四类：对流雨、地形雨、锋面雨和气旋雨。

对流雨是指因地表局部受热，气温向上递减率过大，大气稳定性降低，下层湿度比较大的空气膨胀上升，与上层空气形成对流，动力冷却致雨。多发生在夏季酷热的午后，一般降雨强度大，历时短，范围小。

地形雨是指当近地面的暖湿空气在运移过程中遇到山坡阻挡时（图 1.1–1），将沿山坡爬升，由于动力冷却而致雨。地形雨多集中在迎风坡，背风坡雨量较少。

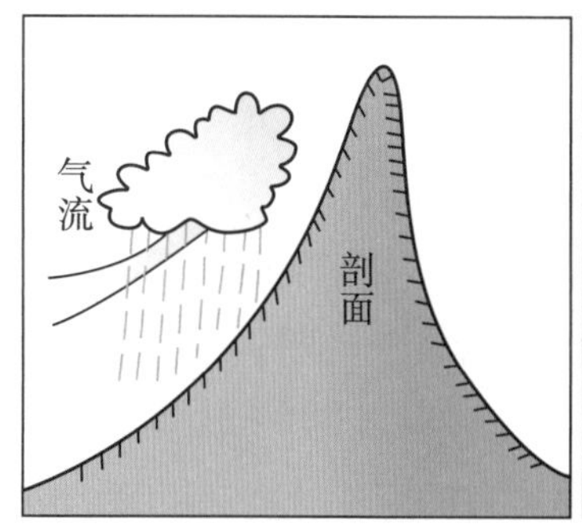

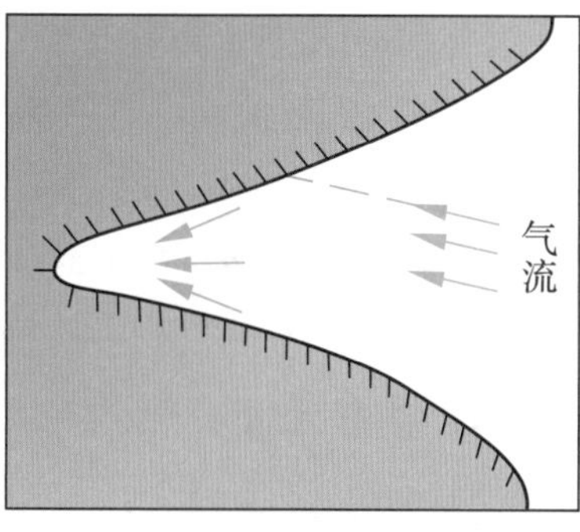

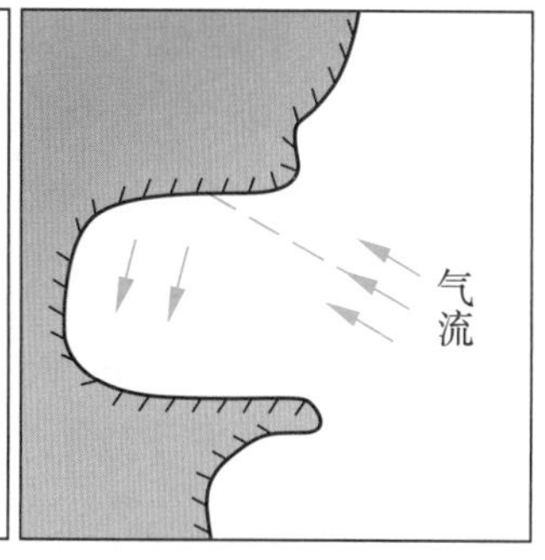

(a) 地形抬升　(b)喇叭口地形内气流辐合　(c)马蹄形地形内气流辐合

图 1.1-1　地形对气流的影响示意图

锋面活动产生的降水统称锋面雨。锋面雨又分为冷锋雨、暖锋雨、静止锋雨和锢囚锋雨。锋面是指两个温湿特性不同的气团相遇时，在其接触区由于性质不同来不及混合而形成一个不连续面，又称为锋区。

气旋雨是指当局部地区气压较低时，四周气流会向中心辐合运动，然后转向高空，气流中的水汽因动力冷却成云致雨。在低纬度海洋上形成的气旋成为热带气旋。气旋雨时常伴随大风，一般雨量大、强度高，常常造成灾害。锋面气旋模式，如图 1.1-2 所示。

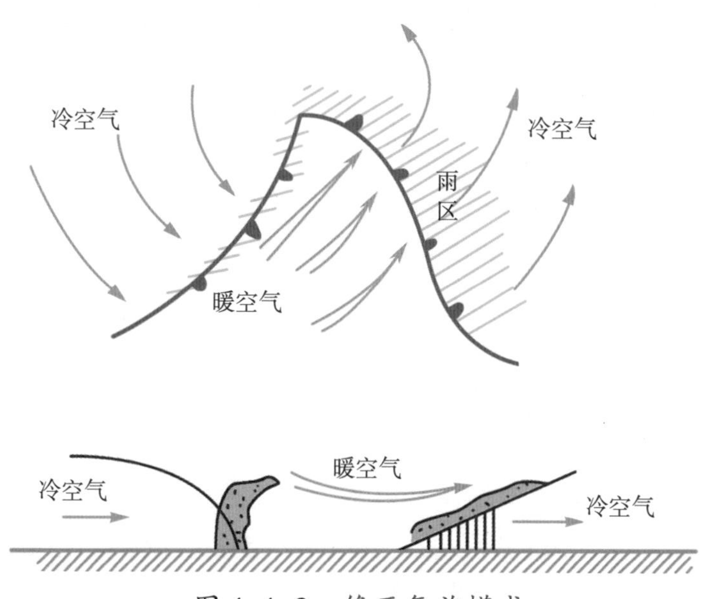

图 1.1-2　锋面气旋模式

4. 降水量时空分布

根据多年平均雨量$\overline{P}$、雨日$\overline{T}$等，全国大体上可分为 5 个区，即：多雨区、湿润区、半湿润区、半干旱区、干旱区。半湿润区是指$\overline{P}$ =400 ~ 800mm、$\overline{T}$ =80 ~ 100d 的地区，包括华北平原、东北、山西、陕西大部、甘肃、青海东南部、新疆北部、四川西北和西藏东部。我国降水量的年内分配很不均匀，主要集中在春、夏季，例如长江以南地区，3—6月或4—7月雨量约占全年的50% ~ 60%；华北、东北地区，6—9月雨量约占全年的70% ~ 80%。降水量的年际变化也很大，并有连续枯水年组和丰水年组交替出现的规律。

山东省地处北温带半湿润季风气候区，四季分明，雨热同期，降雨季节性强。冬季寒冷干燥，少雨雪；夏季天气炎热，降水集中；春秋两季干旱少雨。山东省多年平均降水量669.1mm，多年平均降水量从鲁东南沿海的850mm向鲁西北内陆的550mm递减。全省历年降水量最大1150mm（1964年），最小435mm（1981年）；全年降水量的3/4集中在汛期，特别是7、8月份。年际年内变化剧烈的自然特点是造成山东省洪涝、干旱等自然灾害频发的主要原因，也给水资源开发利用带来了很大困难。

（六）雪

（1）雪是天空中的水汽经凝华而来的固态降水。水的凝华是指水汽不经过水，直接变成冰晶的过程。降雪分为微量降雪（零星小雪）、小雪、中雪、大雪、暴雪、大暴雪、特大暴雪共7个等级。

微量降雪（零星小雪）：有降雪而没有形成积雪，24h降雪量小于0.1mm。

小雪：指下雪时水平能见距离等于或大于1000m，地面积雪深度在3cm以下，24h降雪量在0.1 ~ 2.4mm。

中雪：指下雪时水平能见距离在500 ~ 1000m，地面积雪深度为3 ~ 5cm，24h降雪量达2.5 ~ 4.9mm。

大雪：指下雪时能见度很差，水平能见距离小于500m，地面积雪深度等于或大于5cm，24h降雪量达5.0 ~ 9.9mm。

当24h降雪量达到10.0 ~ 19.9mm时为暴雪，达到20.0 ~ 29.9mm为大暴雪，超过30.0mm为特大暴雪。

（2）暴雪预警信号分四级，分别以蓝色、黄色、橙色、红色表示。

蓝色预警信号：12h内降雪量将达4mm以上，或者已达4mm以上且降雪持续，可能对交通或者农牧业有影响。

黄色预警信号：12h内降雪量将达6mm以上，或者已达6mm以上且降雪持续，可能对交通或者农牧业有影响。

橙色预警信号：6h内降雪量将达10mm以上，或者已达10mm以上且降雪持续，可能或者已经对交通或者农牧业有较大影响。

红色预警信号：6h内降雪量将达15mm以上，或者已达15mm以上且降雪持续，可能或者已经对交通或者农牧业有较大影响。

二、水循环

水循环是指地球上各种形态的水，在太阳辐射、重力等作用下，通过蒸发、水汽输送、凝结降水、下渗以及径流等环节，不断地发生相态转换和周而复始运动的过程。水循环示意图如图 1.1–3 所示。

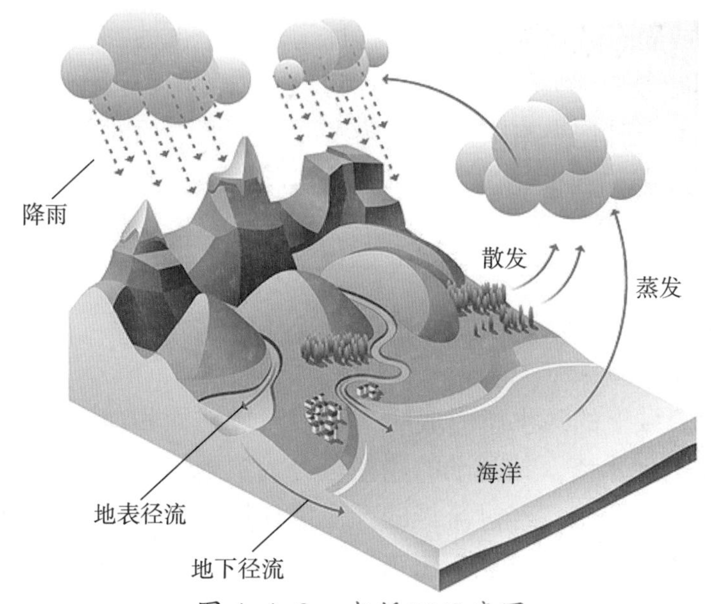

图 1.1–3　水循环示意图

（一）流域面积

流域即是地面分水线所包围的集水区。流域面积亦称“集水面积”“汇水面积”，是指流域地面分水线包围的地面区域在水平面上投影的面积，以 km^2 计。水库流域示意图如图 1.1–4 所示。

图 1.1–4　水库流域示意图

（二）下渗

下渗是水从土壤表面进入土壤内的运动过程。影响一次降水下渗过程的主要因素有降雨强度及历时、土壤含水量、土壤构成情况等。此外，地表坡度与糙率、植被及土地利用状况对下渗亦有影响。

（三）蒸散发

水由液态或固态转化为气态的过程称为蒸发；被植物根系吸收的水分，经由植物的茎叶散逸到大气中的过程称为散发或蒸腾。

蒸发面为水面时称为水面蒸发；蒸发面为土壤表面时称为土壤蒸发；蒸发面是植物茎叶则称为植物散发。植物散发与土壤蒸发是同时存在的，两者合称为陆面蒸发。流域面上的蒸发称为流域总蒸发，是流域内各类蒸发的总和。

（四）径流

1. 径流形成过程

径流指由流域上的降水所形成的、沿着流域地面和地下向河川、湖泊、水库、洼地流动的水流。按流动的路径可分为：地表径流和地下径流。径流形成过程以降水为输入，经过流域的产汇流作用，最终转变为流域出口断面的流量过程线。径流形成过程如图 1.1－5 所示。

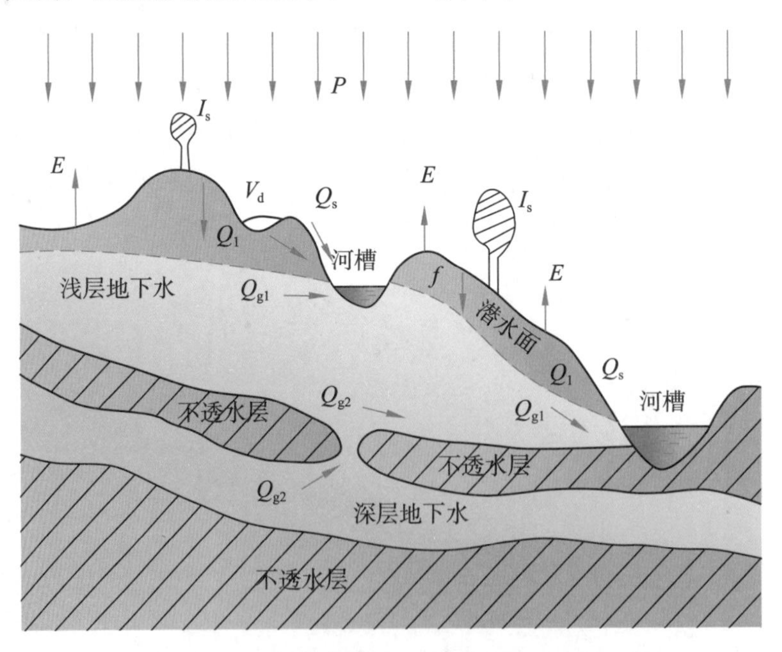

图 1.1-5　径流形成过程示意图

P—降雨；E—蒸发；I_s—植物截留；f—下渗；Q_s—坡面漫流；Q_g—地下径流；V_d—填洼

2. 径流表示法

流量 Q：单位时间通过某断面的水量，单位为 m^3/s。

径流量 W：指时段 Δt 内通过某一断面的总水量，常用单位为 m^3、万 m^3、亿 m^3 等。

径流深 R：径流量平铺在整个流域面积上的水层深度，以 mm 为单位。

三、洪水

洪水是指流域内由于集中大暴雨，大面积、历时长的大量降雨或不寻常的融雪而汇入河道的径流。洪水主要由降雨形成。

(一) 设计洪水

设计洪水是指水利水电工程规划、设计中所指定的各种设计标准的洪水。

一次洪水过程可用 3 个控制性要素加以描述，常称为洪水三要素，即：

设计洪峰流量 Q_m（m^3/s），为设计洪水过程线的最大流量。

设计洪水总量 W（m^3），为设计洪水的径流总量，流量过程线 ABC 下的面积就是洪水总量 W。

设计洪水过程线，洪水从 A 点到 B 点的时距 t_1 为涨水历时，从 B 点到 C 点的时距 t_2 为退水历时，一般情况下，$t_2>t_1$。$T=t_1+t_2$，称为洪水历时。洪水过程线如图 1.1-6 所示。

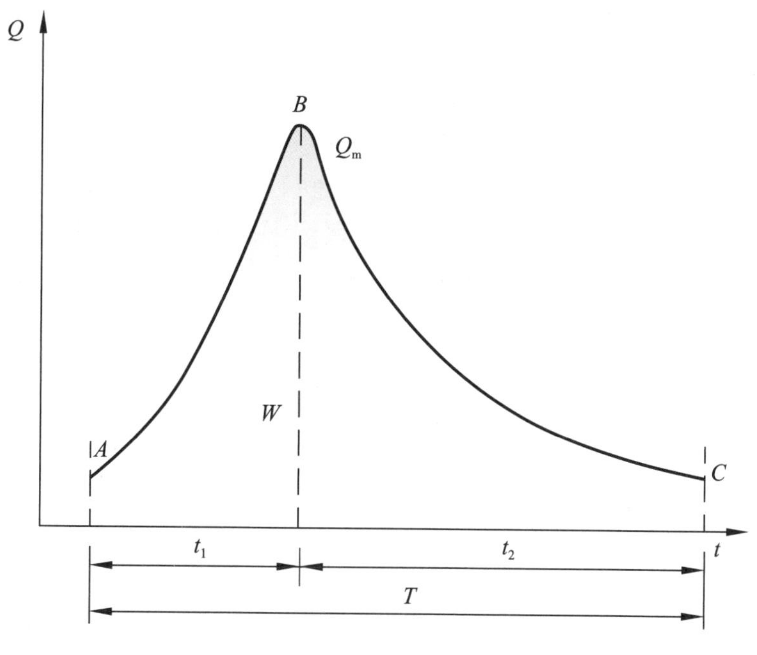

图 1.1-6 洪水过程线示意图

1. 频率与重现期

频率 P 是指水文特征值大于（或小于）等于某值的概率。

重现期 T 是指水文特征值出现大于（或小于）等于某值的平均间隔时间。用 T 表示，常以年计。

重现期 T 与频率 P 的关系为 $T=\frac{1}{P}$。

例如，洪峰流量 Q_m 的重现期为100年，则称该 Q_m 为“百年一遇洪峰流量”，即大于或等于 Q_m 的流量在长时间内平均100年出现一次，但不能理解为每100年内一定出现一次。

2. 洪水标准

为维护水工建筑物自身安全所需要防御的洪水大小，一般以某一频率或重现期的洪水表示，分为设计洪水标准和校核洪水标准。根据《水利水电工程等级划分及洪水标准》（SL 252—2017）规定，小型水库洪水标准见表1.1–3。

表1.1–3　小型水库工程永久性水工建筑物洪水标准

<table>
<tr><th colspan="2" rowspan="3">项目</th><th colspan="4">永久性水工建筑物级别</th></tr>
<tr><th colspan="2">4级</th><th colspan="2">5级</th></tr>
<tr><th>山区、丘陵区水库</th><th>平原、滨海区水库</th><th>山区、丘陵区水库</th><th>平原、滨海区水库</th></tr>
<tr><td colspan="2">设计/[重现期（年）]</td><td>50 ~ 30</td><td>20 ~ 10</td><td>30 ~ 20</td><td>10</td></tr>
<tr><td rowspan="2">校核/[重现期（年）]</td><td>土石坝</td><td>1000 ~ 300</td><td rowspan="2">100 ~ 50</td><td>300 ~ 200</td><td rowspan="2">50 ~ 20</td></tr>
<tr><td>混凝土坝、浆砌石坝</td><td>500 ~ 200</td><td>200 ~ 100</td></tr>
</table>

当山区、丘陵区水库工程永久性挡水建筑物的挡水高度低于15m，且上下游最大水头差小于10m时，其洪水标准宜按平原、滨海区标准确定；当平原、滨海区水库工程永久性挡水建筑物的挡水高度高于15m，且上下游最大水头差大于10m时，其洪水标准宜按山区、丘陵区标准确定，其消能防冲洪水标准不低于平原、滨海区标准。

（二）汛期

汛期是指流域内季节性和定时性江河水位上涨的时期，主要由季节性暴雨和冰雪融化所引起，容易引起灾害。在我国，主要由夏季暴雨和秋季连绵阴雨造成。按季节及发生原因，分春汛、伏汛、秋汛及凌汛等。在汛期应及时发布洪水预报和警报，并采取蓄洪、分洪等有效措施进行防汛。

根据《山东省实施〈中华人民共和国防汛条例〉办法（修正）》第十九条，

每年的6月1日至9月30日为山东省汛期(黄河汛期为7月1日至10月31日)。汛期又分为汛初、汛中、汛末三阶段，汛初为6月1日至6月20日，汛中为6月21日至8月15日，汛末为8月16日至9月30日。

(三) 洪水预报

根据洪水形成规律，利用流域或河段的气象、水文情报资料及其他有关资料，对流域出口断面或河段下游断面的洪水流量（水位）做出先期推测和预告。主要预报项目有最高水位、洪峰流量、水位和流量过程线、洪水总量等。洪水预报是水文预报最重要的部分。

洪水预报按洪水的类型一般分为：河道洪水预报、流域洪水预报、水库洪水预报、融雪洪水预报、突发性洪水预报等。本书以水库洪水预报为主要介绍对象。

为了确保水库的工程安全和充分发挥水库的综合效益，做到科学管理、最大限度地利用水利资源，以适应工农业发展的需要，必须做好水库的水文预报工作。目前对水库回水区汇流特性的认识和研究还很不够，因此，在作业预报中，常做些经验处理，如设水库回水区内汇流历时为零；将入库站的入流量和库面降雨量转化的入流量叠加后直接作为坝址处的总入流量等。

1. 入库流量的预报

通过水库周边进入水库的地面径流量和地下径流量是入库径流的主要组成部分。按来水区域不同可分为上游各入库站实测的径流量，即上游来水量；各入库站以下到水库回水末端处区间面积上汇入库内的径流量，即区间来水量；还有库面直接承受的降水量所转化的径流量等三部分。

2. 区间洪水预报

区间来水量由于一般缺乏实测资料，不便直接分析计算。同时由于建库后造成了一定范围的回水区，如区间面积较大，则区间入流的预报应予以重视，区间洪水预报一般采用区间入流系数法、指示流域法等。

第二节 水力学基础知识

一、水静力学

(一) 静水压力和静水压强

静水压力是处于平衡状态的液体对与它相接触的固壁或其内部相邻两部分之间的作用力。单位面积上的静水压力是静水压强，单位为Pa。作用于水体的质量力只有重力时，水深 h 处的静水压强 P 可按下式计算：

$$P=P_0+\rho gh$$

式中：P_0为自由表面压强，Pa；ρ为液体密度，kg/m^3；g为重力加速度，m/s^2。

如图1.2-1所示，平面闸门两侧均有水，上游、下游水深分别为h_1、h_2，梯形$AFGB$为静水压强分布图。

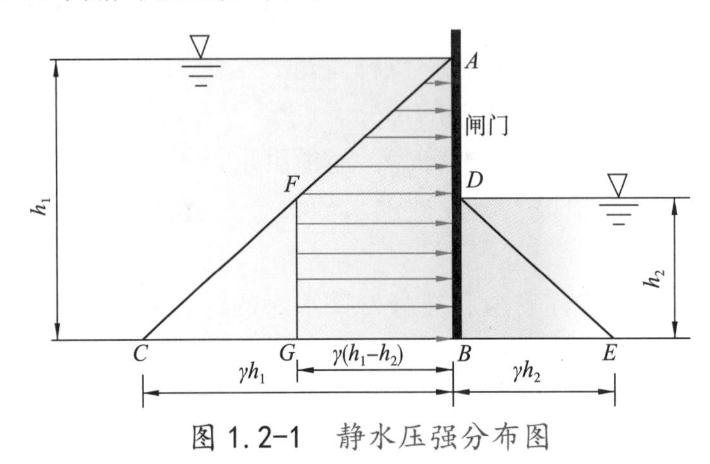

图1.2-1 静水压强分布图

（二）大气压

大气压（也称“气压”）是地球表面的大气层对地表和一切物体在单位面积上的压力，随地表高程和气候条件而异，一般用千帕（kPa）等作为单位。气压的大小与海拔高度、大气温度、大气密度等有关，一般随高度升高按指数律递减，随纬度增高而减小。在纬度为45°的海平面上，0℃时的大气压强值为101.325kPa，称为“标准大气压”。工程上通常采用98kPa作为一个大气压，称“工程大气压”。

二、水动力学

（一）恒定流和非恒定流

恒定流是指在流场中任何空间点上所有运动要素都不随时间而变化的流动，又称稳定流、定常流。许多工程中的水流问题可以按照恒定流的方法简化处理，如放水洞管道设计等。

非恒定流是指流场中任何空间点上有任何一个运动要素是随时间而变化的流动，又称不稳定流、非定常流。典型非恒定流现象的例子如河道中的洪水过程、潮汐现象、压力管道中的水击等。

（二）过水断面与断面平均流速

与微小流束或总流的流线成正交的横断面称为过水断面（图1.2-2）。A

表示总流的过水断面面积。如果水流的所有流线都是互相平行的，过水断面为平面，否则就是曲面。

工程中常采用断面流速的平均值来代替各点的实际流速，称为断面平均流速，是指将流速分布图形中各点的流速截长补短，使过水断面上各点的流速大小均为 v，v 就是断面平均流速。

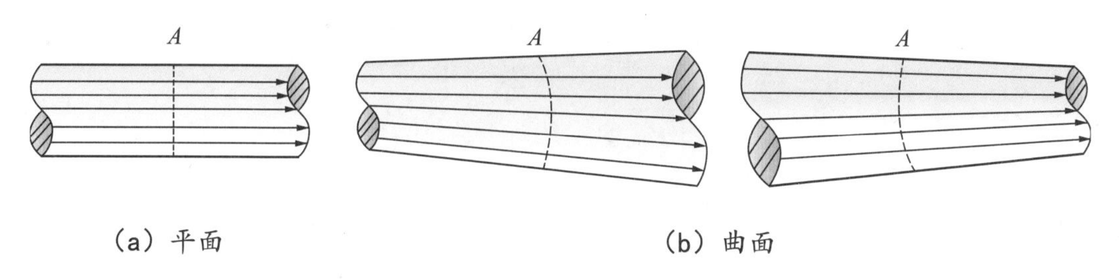

图 1.2-2 过水断面示意图

（三）均匀流和非均匀流

液流的流线为互相平行的直线，流场中同一条流线各空间点上的流速相同时称为均匀流。

若液流的流线不是互相平行的直线，流场中同一条流线各空间点上的流速不相同时称为非均匀流。非均匀流分为渐变流和急变流（图 1.2-3）。

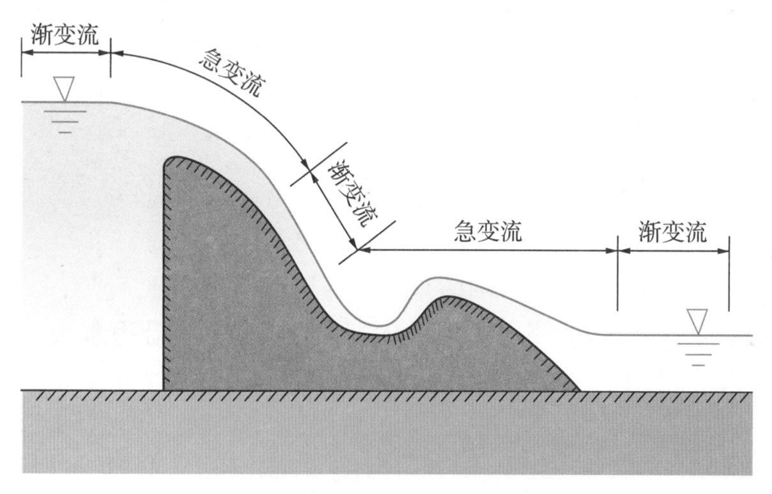

图 1.2-3 非均匀流示意图

在实际液流中，如果流线之间的夹角很小或接近于平行，或流线虽略有弯曲但曲率很小，这样沿流程的流速无论在大小或方向上的变化都是缓慢的，这种流动称为渐变流动或渐变流。渐变流的极限情况为均匀流。

如果液流的流线之间的夹角较大或者流线弯曲的曲率较大，则沿程的流速大小或方向变化急剧，这种流动称为急变流动或急变流。

（四）水头损失

1. 沿程水头损失

单位重量液体克服沿程阻力做功而引起的水头损失称为沿程水头损失，发生在边界沿程不变的流道中，如图 1.2–4 所示的渐变流段，例如放水洞涵管的直线段。对于圆管，直径为 d，沿程水头损失可以写成：

$$h_{\mathrm{f}}=\lambda\frac{L}{d}\frac{v^2}{2g}$$

式中：L 为流段长度；v 为平均流速；λ 为沿程阻力系数。

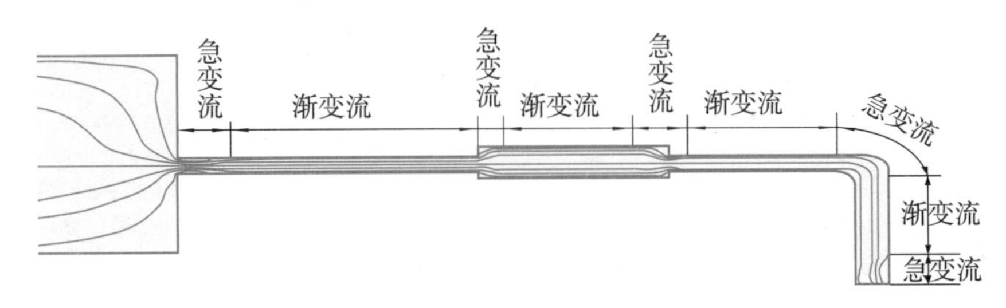

图 1.2–4　液流运动变化示意图

2. 局部水头损失

单位重量液体克服局部阻力做功而引起的水头损失称为局部水头损失，发生在边界形状或尺寸急剧改变的区域，如图 1.2–4 所示的急变流段，例如放水洞涵管的进口段、扩大段、闸门等处的水流流动。局部水头损失的一般计算式为

$$h_{\mathrm{j}}=\zeta\frac{v^2}{2g}$$

式中：v 为平均流速；ζ 为局部阻力系数。

对于某一液流系统，其全部水头损失 h_{w} 等于各流段的沿程水头损失与局部水头损失之和，即

$$h_{\mathrm{w}}=\sum h_{\mathrm{f}}+\sum h_{\mathrm{j}}$$

三、无压流与有压流

（一）无压流

输水道断面未被水体充满，水体与空气存在着分界面（称“自由面”）的水流称为无压流。在自由面上作用着大气压强，相对压强为零。明渠水流、堰闸出流、土石坝渗流等均为无压流。

1. 明渠恒定均匀流

明渠恒定均匀流亦称为明渠均匀流，是指水流中各点流速的大小、方向都沿流程不变的明渠水流。明渠均匀流计算主要包括水力坡度 J、湿周 χ、水力半径 R 等水力要素。

渠底坡度：明渠的地面沿流程纵向下倾程度，或者说在流动方向上单位长度渠底的下降量，用 i 表示。明渠均匀流计算中水力坡度 J、水面坡度（测压管水头线坡度）J_z 和渠底坡度 i 三者相等。

湿周：总流过水断面上液体与固体边界相接触的长度。

水力半径：总流过水断面面积与湿周之比，是反映过水断面形状的特征长度，以 R 表示。

2. 明渠恒定非均匀流

明渠恒定非均匀流亦称为明渠非均匀流，是指渠道中过水断面水力要素沿程发生变化的水流。明渠非均匀流水力坡度 J、水面坡度 J_z 和渠底坡度 i 互不相等。

（1）正常水深和临界水深。

1) 正常水深是指渠道中做均匀流动时的水深，以 h_0 表示，用以区分均匀流动和非均匀流动。

2) 临界水深是指临界流时的水深，以 h_c 表示。临界流是指当明渠中的水流流速 v 和平均水深 h（过水面积 A 除以水面宽 B）的关系恰好满足

$$v = \sqrt{gh} = \sqrt{g\frac{A}{B}}$$

时，干扰波向上游的传播速度为零的明渠水流，是缓流与急流两种流态的分界点。临界流相当于弗劳德数 Fr=1.0 时的流动。此时，水流的惯性力作用与重力作用恰好相等。弗劳德数亦称“弗汝德数”，是判别明渠水流状态的一个无量纲数，从物理意义上讲，就是惯性力与重力的比值。

（2）缓流和急流。

1）缓流是指过水断面上的水深大于临界水深，或断面平均流速小于临界流速的水流。当水流的弗劳德数小于 1.0 时，呈缓流状态。

2）急流是指过水断面上的水深小于临界水深，或断面平均流速大于临界流速的水流。当水流的弗劳德数大于 1.0 时，呈急流状态。

（3）水跃和水跌。

1）水跃是水流从急流过渡到缓流时水面突然跃起的局部水力现象，属

于明渠急变流。在闸、坝及陡槽等泄水建筑物下游，常有水跃发生（图 1.2–5）。

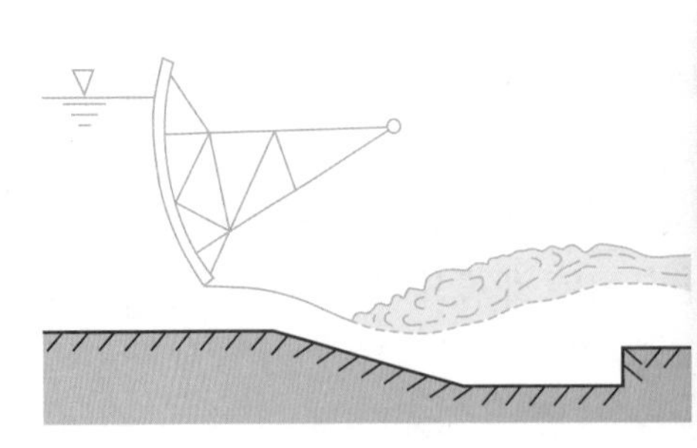

图 1. 2–5　水跃示意图

2）水跌是指在水流状态为缓流的明渠中，如果明渠底坡突然变成陡坡或明渠断面突然扩大，将引起水面急剧降落，水流由缓流通过临界水深断面转变为急流的局部水力现象。

（二）有压流

输水道的整个断面均被液体所充满，断面的边壁处受到液压作用的水流称为有压流。有压输水管中水流（如有压放水洞涵管）、坝底孔出流、闸坝底板下地下水流动等均为有压流。

四、堰与堰流

阻挡水流、壅高水位并使水流经其顶部下泄的泄水建筑物称为堰。在水库工程中，堰主要用于控制水库的水位、宣泄洪水或引水。通常情况下，堰顶也可设置闸门，以控制高水位和灵活调节流量。按堰顶厚度对水流的影响，分为薄壁堰、实用堰、宽顶堰。

堰顶形成自由溢流的水流称为堰流。堰流的一般计算公式为

$$Q = \sigma \varepsilon m b \sqrt{2g} H_0^{3/2}$$

式中：Q 为流量；σ 为淹没系数；ε 为侧收缩系数；m 为流量系数；b 为堰宽；H_0 为堰上总水头。

（一）薄壁堰流

薄壁堰亦称“锐缘堰”，指堰顶厚度小于 $0.67H$（H 为堰上水头）的堰。按堰口形状，分为三角堰、矩形薄壁堰和梯形薄壁堰等。直角三角形薄壁堰流如图 1.2–6 所示。

（二）实用堰流

实用堰指堰顶厚度大于 $0.67H$（H 为堰上水头）而小于 $2.5H$ 的堰。按断

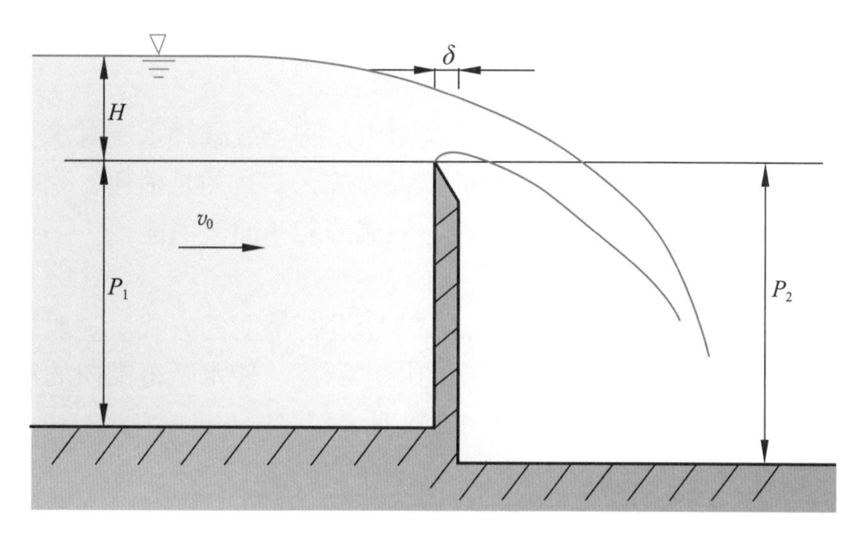

图 1.2-6 直角三角形薄壁堰流示意图

P_1—上游堰高；P_2—下游堰高；H—堰上水头；δ—堰顶厚度；v_0—行近流速

面形状，分折线型和曲线型两种，其堰流型式如图 1.2-7（a）、图 1.2-7（b）所示，山东省小型水库工程中多采用折线型实用堰。

（三）宽顶堰流

宽顶堰指堰顶厚度大于 2.5H（H 为堰上水头）而小于 10H 的堰。其堰流型式如图 1.2-7（c）所示。

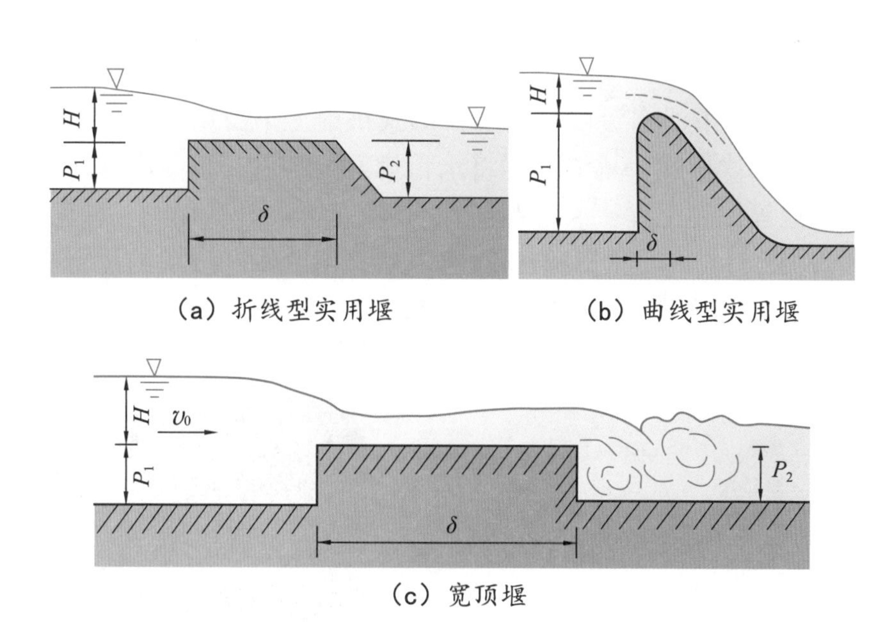

图 1.2-7 堰流型式示意图

P_1—上游堰高；P_2—下游堰高；H—堰上水头；δ—堰顶厚度；v_0—行近流速

五、消能

消能是指在泄水建筑物和落差建筑物中，防止或减轻水流对水工建筑物及其下游河渠等的冲刷破坏而修建的工程设施，其目的是消耗、分散水流的能量。常用的消能方式有：底流消能、挑流消能、面流消能。

（一）底流消能

底流消能是使下泄水流产生底流式水跃进行消能的方式。一般采用消力池，但需保证在池内形成水跃所需要的尾水深度，使水跃范围内的河底得到强有力的保护。底流消能结构如图 1.2–8 所示。

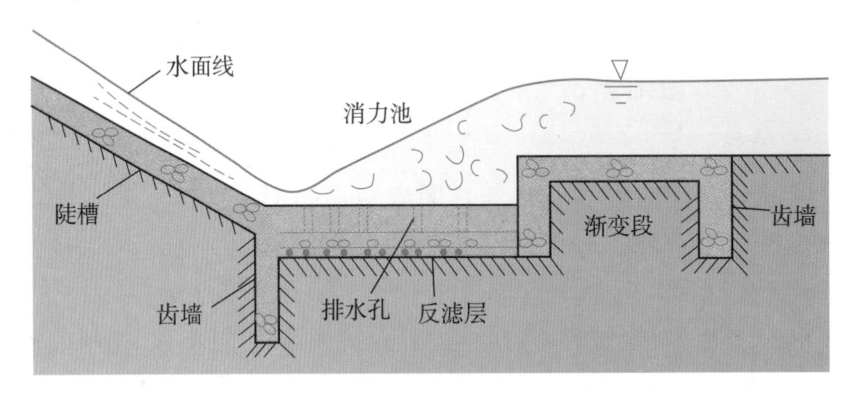

图 1.2-8　底流消能结构示意图

（二）挑流消能

挑流消能是使下泄水流以自由水舌形式挑射至下游尾水中的消能方式。一般采用挑流鼻坎形式。挑流消能将水舌挑射至坝后一定距离处，坝后可不需修筑消力池等护底工程，冲坑范围小，是岩基上广为采用的一种消能方式。但挑流水舌会产生“雾化”现象，对水电站等建筑物和设备的运行有一定影响。挑流消能结构及工程实拍如图 1.2–9 所示。

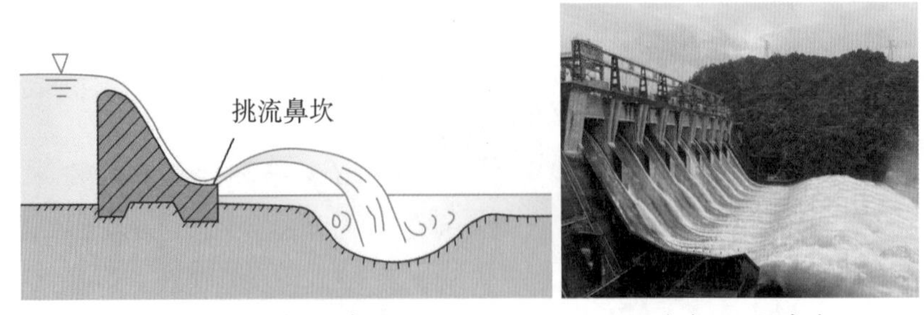

（a）结构示意图　　（b）工程实拍

图 1.2-9　挑流消能结构及工程实拍

（三）面流消能

面流消能是使溢流坝下泄的主流与尾水表层衔接并逐渐扩散的消能方式。表层主流与河床之间形成逆溯漩滚以消减水流的部分能量。常用一定的鼻坎与下游连接。一般用于尾水较深，单宽流量变化较小，水位变幅不大或有排冰、漂木等要求的场合。面流消能结构及工程实拍如图 1.2-10 所示。

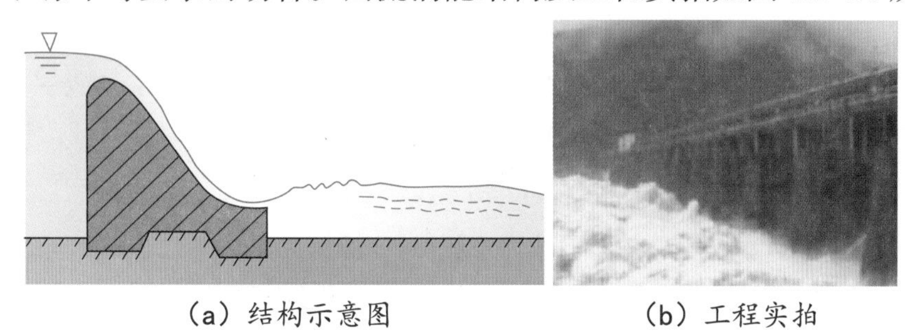

（a）结构示意图　　（b）工程实拍

图 1.2-10　面流消能结构及工程实拍

六、渗流

（一）渗流基本概念

渗流是指液体在孔隙介质中的流动。孔隙介质包括土壤、岩层等多孔介质和裂隙。在水利工程中，渗流主要指水在地表面以下土壤或岩层中的流动，亦称“地下水流动”，一般服从达西定律。单位时间内通过某渗流断面的水体体积称为渗流量。

（二）浸润线

浸润线即无压渗流中的渗流水面线。浸润线以下的土体处于饱和状态，土体的自重由于水的浮力作用而减小，饱和区土体的抗剪强度、黏着力等均因之而降低，对土体的稳定性不利。各类土石坝浸润线如图 1.2-11 所示。

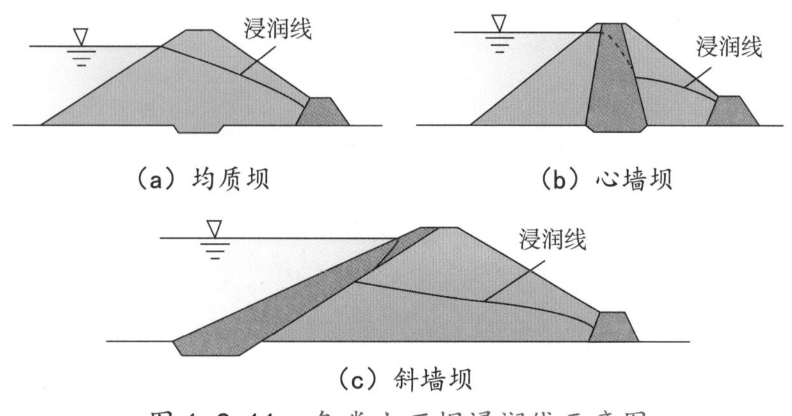

（a）均质坝　　（b）心墙坝

（c）斜墙坝

图 1.2-11　各类土石坝浸润线示意图

（三）渗透压力

渗透压力是指在上下游水位差的作用下，渗流作用于建筑物底面上的水压力。建筑于透水地基上的闸坝，挡水以后，水从上游河底进入地基，通过土壤或岩层的孔隙渗向下游，从下游河床溢出，由于水位差的作用，渗流对闸坝底面产生压力。常将基底上铅直渗流总压力（亦称“扬压力”）分为渗透压力和浮托力，如图 1.2–12 所示。

图 1.2–12 中 *abcd* 是下游水深产生的浮托力；*defc* 是上、下游水位差产生的渗透压力，在排水孔幕处的渗透压力为 $\alpha\gamma H$，其中，α 为扬压力折减系数；γ 为水的容重；H 为上、下游水位差。

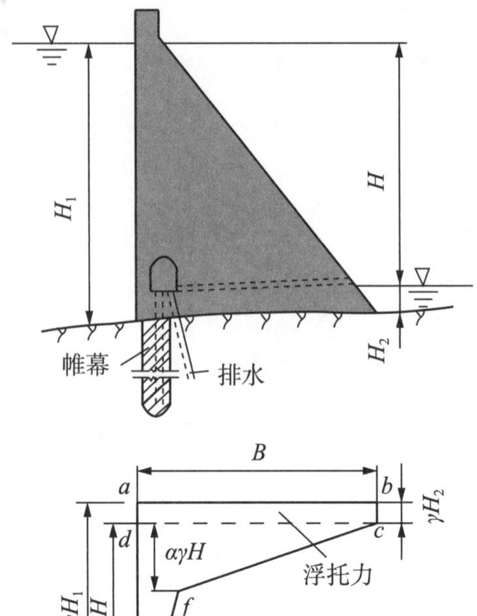

图 1.2–12　扬压力示意图

（四）达西定律

达西定律是根据砂土实验总结而得出的渗透定律，描述饱和土中水的渗透流速与水力坡降之间的线性关系的规律，又称线性渗流定律。关系为

$$v=kJ$$

式中：v 为渗透流速；k 为渗透系数，J 为水力坡降。

渗透系数是透水性的定量指标，也称导水率。渗透系数值越大，表示透水能力越强。其数值需要通过现场或室内试验进行测定。水力坡降亦称“水力比降”。流体从机械能较大的断面向机械能较小的断面流动时，沿流程每单位距离的水头损失，即总水头线的坡度，恒为正值，是无量纲参数。

第三节　小型水库基础知识

一、基本概念

水库是指在山谷、河道或低洼地修建坝、堤、水闸、堰等工程，形成蓄集水的人工水域。它是用于径流调节以改变自然水资源分配过程的主要措施，对社会经济发展有重要作用。水库结构如图 1.3–1 所示。

水库主要建筑物包括：大坝、溢洪道、放水洞和其他建筑物。

图 1.3-1 水库结构示意图

水库管理设施包括：水文站网、观测设施、通信设施、交通道路、突发事件应急设施、安全消防管理设施、备用电源及照明设施、生产及生活用水用电设施、办公生产用房及文化设施等。

水库管理范围包括：大坝及其附属建筑物、管理用房及其他设施；设计兴利水位线以下的库区；大坝坡脚、坝端、主要建筑物外延一定范围的区域。

水库保护范围包括：水库设计兴利水位线至校核洪水位线之间的库区；管理范围外延一定范围的区域。某水库管理范围和保护范围如图 1.3-2 所示。

图 1.3-2 某水库管理范围和保护范围示意图

（一）水库等级划分

水库根据其总库容的大小划分为大、中、小型水库，见表 1.3-1。小型水库是指库容在 10 万（含）~ 1000 万 m^3 的水库，其中小（1）型水库是指库容在 100 万（含）~ 1000 万 m^3 的水库；小（2）型水库是指库容在 10 万（含）~ 100 万 m^3 的水库。

表 1.3–1　水库工程等级划分表

工程等别	工程规模	水库总库容 /10^8m^3	永久建筑物级别
Ⅰ	大（1）型	≥ 10	1
Ⅱ	大（2）型	＜ 10，≥ 1.0	2
Ⅲ	中型	＜ 1.0，≥ 0.10	3
Ⅳ	小（1）型	＜ 0.1，≥ 0.01	4
Ⅴ	小（2）型	＜ 0.01，≥ 0.001	5

（二）小型水库的分类

根据水库在河流上位置的地形状况，水库可分为山谷水库、丘陵水库、平原水库等三类。山东省平原水库是指引蓄黄河水、长江水或其他水作为水源，以供水、灌溉为目的的水库。

据 2020 年统计数据，山东省现有注册登记的小型水库有 5639 座，其中山区水库（山谷水库、丘陵水库）有 5543 座，占小型水库总量的 98.30%；平原水库有 96 座，占小型水库总量的 1.70%，山东省小型水库分类情况见表 1.3–2。由表 1.3–2 可知，山东省小型水库以土石坝为主、多数无闸控制。

表 1.3–2　山东省小型水库数量统计表

分类依据		数量 / 座	所占比例 /%
按水库所在位置与形态分类	山区水库	5543	98.30
	平原水库	96	1.70
	合计	5639	100
按库容大小分类	小（1）型	931	16.51
	小（2）型	4708	83.49
	合计	5639	100
按大坝结构分类	心墙坝	3070	54.44
	均质坝	2336	41.43
	斜墙坝	9	0.16
	堆石坝	2	0.04
	重力坝	120	2.13

续表

分类依据		数量／座	所占比例/%
按大坝结构分类	拱坝	70	1.24
	其他	32	0.57
	合计	5639	100
按溢洪道控制方式分类	有闸溢洪道	110	1.95
	无闸溢洪道	5529	98.05
	合计	5639	100

（三）小型水库的功能

山东省小型水库的主要功能是防洪和兴利。

1. 防洪

利用水库库容拦蓄洪水，削减进入下游河道的洪峰流量，达到减免洪水灾害的目的。水库对洪水的调节作用有两种不同方式：滞洪和蓄洪。

（1）滞洪。滞洪就是使洪水在水库中暂时停留。当水库的溢洪道上无闸门控制，水库蓄水位与溢洪道堰顶高程平齐时，则水库起到暂时滞留洪水的作用。

（2）蓄洪。溢洪道未设闸门的情况下，在水库管理运用阶段，如果能在汛期前用水，将水库水位降到水库防洪限制水位，且水库防洪限制水位低于溢洪道堰顶高程，则防洪限制水位至溢洪道堰顶高程之间的库容，就能起到蓄洪作用。

当溢洪道设有闸门时，水库可以通过改变闸门开启度来调节下泄流量的大小，能在更大程度上起到蓄洪作用。由于有闸门控制，所以这类水库防洪限制水位可以高出溢洪道堰顶，并在泄洪过程中随时调节闸门开启度来控制下泄流量，具有滞洪和蓄洪双重作用。

2. 兴利

水库的兴利作用就是进行径流调节，蓄丰补枯，使天然的水能在时间上和空间上较好地满足用水部门的要求，实施农业灌溉、城乡供水、生态保护、养殖、旅游、水力发电等。

二、小型水库安全运行管理的任务和工作内容

（一）小型水库安全运行管理的任务

（1）做好水库安全管理，确保工程安全度汛。

（2）保证水库安全运行、防止溃坝。

（3）做好水库调度运用，充分发挥水库防洪、灌溉、供水、生态等功能。

（4）做好工程巡查与维修养护，防止和延缓工程老化、自然和人为破坏、开展库区清淤，延长水库使用年限。

（5）不断提高现代化管理水平。

（二）小型水库安全运行管理的工作内容

（1）明确小型水库安全管理责任主体，落实防汛“三个责任人”，做好岗位培训。

（2）建立健全各项管理制度，关键岗位制度明示。

（3）开展水库大坝注册登记和安全鉴定，及时对病险水库进行除险加固或降等报废。

（4）开展确权划界，依法开展水库工程管理和保护。

（5）开展工程巡视检查，做好工程维修养护。

（6）做好工程监测，及时报送雨情、水情、工情。

（7）编制水库调度运用方案，做好水库调度，发挥水库综合利用效益。

（8）做好防汛准备，编制大坝安全管理（防汛）应急预案，开展防汛值守，做好预案、预报、预警、预演等工作。

（9）加强信息化建设，提升管理能力。

（10）加强体制机制建设，落实运行管护资金。

三、小型水库主要建筑物

小型水库主要建筑物包括大坝、溢洪道、放水洞和其他建筑物等，其中大坝、溢洪道和放水洞俗称小型水库的“三大件”。

（一）大坝

水库的大坝是指修建在河道或山谷中拦截水流、抬高水位、调蓄水量的挡水建筑物。大坝按筑坝材料分为土石坝、混凝土坝和浆砌石坝等。山东省小型山区水库大坝多为土石坝，小型平原水库大坝一般采用碾压式土坝，其他坝型采用较少。

1. 土石坝

土石坝是指用土、砂、砂砾石、卵石、块石、风化岩等当地材料填筑而成的坝，是历史最为悠久的一种坝型，也是世界坝工建设中应用最为广泛和发展最快的一种坝型。

（1）土石坝的类型 。

1）土石坝按坝高可分为：低坝（30m 以下）、中坝（30 ~ 70m）和高坝（70m 以上）。

2）按施工方法一般可分为：碾压式土石坝、水力冲填坝、水中填土坝和定向爆破坝等。应用最为广泛的是碾压式土石坝。

3）按防渗体材料可分为：土质防渗体土石坝、混凝土面板堆石坝、沥青混凝土防渗土石坝和土工膜防渗土石坝等。

4）按防渗体在坝内的位置，可分为：均质坝、心墙坝、斜墙坝等类型，如图 1.3–3 所示。坝体由一种土料填筑而成的坝，称为均质坝。在坝体中部用渗透系数小的黏性土料作为防渗体的土石坝，称为心墙坝。在靠近坝体上游坡用黏性土料填筑斜墙作为防渗体的土石坝，称为斜墙坝。山东省小型水库土石坝类型一般为心墙坝和均质坝。

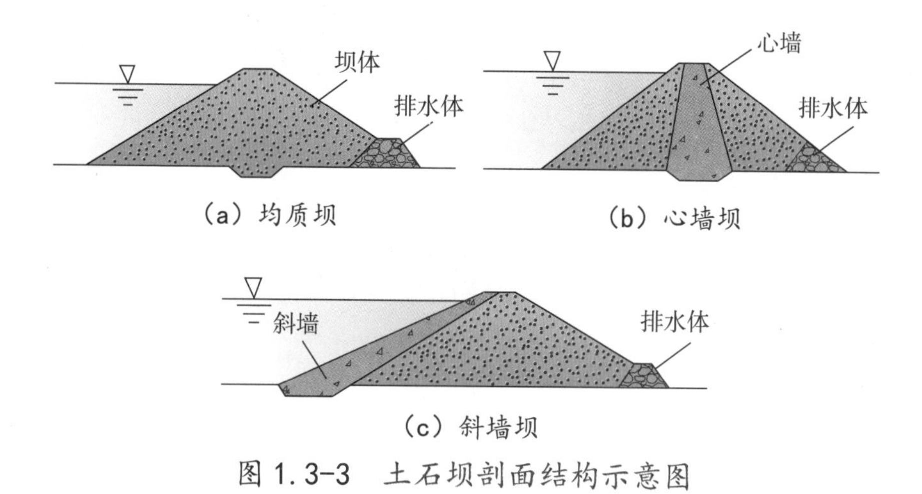

图 1.3–3　土石坝剖面结构示意图

（2）土石坝的构造。土石坝的构造包括坝壳、坝顶、坝坡、防渗体、坝体排水、反滤层等。

1）坝壳。砂、砾石、卵石、漂石、碎石等无黏性土料以及料场开采的石料和由枢纽建筑物中开挖的石渣料，均可用作坝壳料，但应根据其性质配置于坝壳的不同部位。

坝壳料是维持坝体稳定的主体，是采用材料类型最多的分区，故坝壳料应具有比较高的强度。下游坝壳的水下部位以及上游坝壳的水位变动区内则要求具有良好的排水性能。

2）坝顶、防浪墙和坝坡。

坝顶：土石坝坝顶护面一般采用密实的砂砾石、碎石、单层砌块或沥青混凝土等柔性材料。为排除坝顶雨水，坝顶面一般向上游、下游侧或下游侧放坡，坡度为 2% ~ 3%。坝顶宽度根据构造、施工、运行和抗震等因素要求确定。

防浪墙：防浪墙是指为防止风浪爬高漫顶，在土石坝坝顶上游设立的挡水墙。防浪墙应坚固而不透水，一般采用浆砌石或混凝土筑成，墙顶应高于坝顶 1.00 ~ 1.20m，墙底应和坝体防渗体紧密连接。

坝坡：为防止波浪、冰层和漂浮物、顺坝水流等对上游坝坡的危害，使下游坝坡免遭雨水、大风、动物穴居、冻胀干裂等危害，土石坝上下游必须设置护坡。山东省小型水库上游坝坡护坡常见形式为砌石护坡、混凝土护坡，下游坝坡护坡常见形式为草皮护坡、碎石护坡。土石坝坝顶和坝坡如图 1.3–4 所示。土石坝护坡常见形式如图 1.3–5 所示。

图 1.3–4　土石坝坝顶和坝坡

为避免雨水漫流冲刷坝坡坡面，应设坝面排水系统，包括坝顶、坝坡、坝头及坝下游等部位的集水、截水和排水设施 [图 1.3–5（e）]。下游坝坡排水沟可采用浆砌石或混凝土块砌筑，小型水库坝面排水系统以纵横向排水沟为主，横向排水沟一般每隔 50 ~ 100m 设置一条，应从坝顶延伸至坝脚排水沟或下游最低水位以下，纵向（顺坝轴线方向）排水沟设置在马道内侧，纵向、横向排水沟应互相连通。坝体与岸坡连接处也应设置排水沟。

3）防渗体。防渗体是水工建筑物中防止和减小水流渗透的部分，其主要作用是减少渗漏损失，延长渗流路径，降低渗透压力，保证坝体防渗安全。防渗体土料除防渗外，还应具有压缩性小和一定的塑性，以适应坝壳和坝基变形而不致产生裂缝，同时需要有良好的抗冲蚀性，以免发生渗流破坏，也应具有一定的抗剪强度，以抵御各种荷载作用。

防渗体通常用防水性能优良的材料筑成，如黏土、水泥、混凝土、沥青、土工膜等。防渗体按结构型式分为心墙、斜墙等。

（a）上游浆砌石护坡　（b）上游干砌石护坡

（c）上游预制混凝土联锁块护坡　（d）上游现浇混凝土护坡

（e）下游草皮护坡及坝面排水

图 1.3-5　土石坝护坡常见形式示意图

4）坝体排水。土石坝渗流控制的基本原则是防、排结合，排水和反滤是其重要的组成部分。排水的作用是控制和引导渗流，降低浸润线，加速孔隙水压力消散，以增强坝的稳定，并保护下游坝坡免遭冻胀破坏。坝体排水主要有棱体排水、褥垫排水、贴坡排水等型式。

棱体排水，又称为滤水坝趾，指在土石坝下游坡脚处设置的棱形排水体[图 1.3-6（a）]。棱体顶宽不小于 1.0m，顶部高程应超出下游最高水位不小于 0.5m，而且保证浸润线位于下游坝坡面的冻层以下。棱体排水的内、外坡可根据石料和施工情况确定，内坡可取 1 ∶ 1.0，外坡可取不陡于 1 ∶ 1.5。

棱体排水可以降低浸润线，防止坝坡冻胀，保护尾水范围内的下游坝脚不受波浪淘刷，还可与坝基排水相连接。当坝基强度足够时，可发挥支撑坝体、增加稳定的作用。但所需石料用量大，费用较高，与坝体施工有干扰，检修较困难。适用于较高的坝或石料较丰富的地区。

褥垫排水，指沿坝基面平铺一层约 0.4 ~ 0.5m 厚的卵砾石、砂，外包反滤层[图 1.3–6(b)]。排水倾向下游的纵坡一般为 0.005 ~ 0.05。当下游无水时，坝内褥垫排水能有效降低坝的浸润线，防止土的渗流破坏和坝坡土的冻胀；也有助于坝基排水，加速软黏土地基的固结；其造价较低。主要缺点是对不均匀沉降的适应性差，易断裂，且难以维修。适用于下游无水的情况。

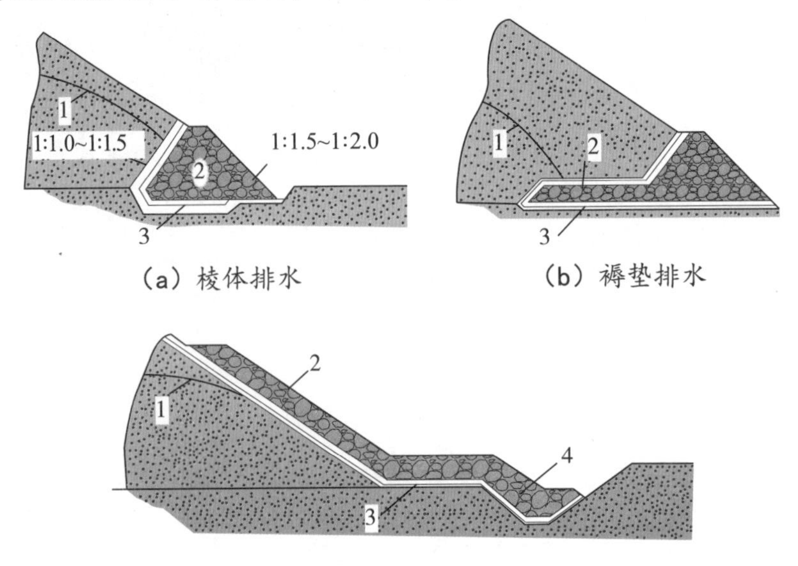

图 1.3-6　坝体排水形式示意图

1—浸润线；2—各种型式的排水；3—反滤层；4—排水沟

贴坡排水，又称为表面排水 [图 1.3–6（c）]。指将坝体下游坡脚附近渗水排出并保护土石坝下游边坡不受冲刷的表层排水设施。排水顶部须高出浸润线逸出点，对 1 ~ 2 级坝不小于 2.0m，对 3 ~ 5 级坝不小于 1.5m。排水体的厚度应大于当地的冻结深度。排水底脚处应设置排水沟或排水体，并具有足够的深度，以便在水面结冰后，其下部仍保持足够的排水断面。贴坡排水构造简单，用料节省，施工方便，易于检修，可以防止坝坡坡土发生渗流破坏，保护坝坡免受下游波浪淘刷。但不能有效地降低浸润线，且易因冰冻而失效。常用于土质防渗体分区坝。

5）反滤层。反滤层的作用是滤土排水，防止土工建筑物在渗流逸出处遭受管涌、流土等渗流变形的破坏以及不同土层界面处的接触冲刷。在土质防渗体（包括心墙、斜墙、铺盖、截水槽等）与坝壳和坝基透水层之间以及下游渗流逸出处，需设置反滤层。非均质坝的坝壳内各土层之间，宜满足反滤准则。下游坝壳与透水基的接触区，与岩基中发育的断层、破碎带和强风化带的接触部位，也应设置反滤层。反滤层对于土坝抗渗稳定性十分重要。

反滤层一般由 1 ~ 3 层级配均匀，耐风化的砂、砾、卵石或碎石构成，每层粒径随渗流方向由小到大，反滤层的厚度根据材料的级配、料源、用途、施工方法等综合确定。人工施工时，水平反滤层的最小厚度可采用 0.3m；垂直或倾斜反滤层的最小厚度可采用 0.5m；采用机械施工时，最小厚度可根据施工方法确定。反滤层结构如图 1.3–7 所示。反滤材料也可采用土工织物，但应防止淤堵。软土地基上填筑的反滤层应适当加厚。

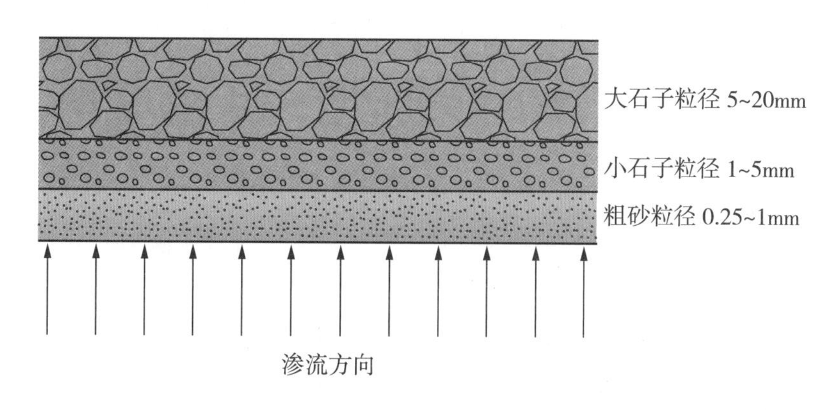

图 1.3–7 反滤层结构示意图

（3）土石坝的特点。

1）土石坝可就地、就近取材，节省大量水泥、木材和钢材，减少工地的外线运输量。

2）能适应各种不同的地形、地质和气候条件。

3）土石坝的经济性。土石坝坝体断面为重力坝坝体断面的 4 ~ 6 倍，而混凝土的单价为土石坝单价的 8 ~ 12 倍。

4）抗冲能力低，易产生溃坝等险情，上下游坝坡均要采取护坡保护措施。

5）透水性大，如透水带走土颗粒，造成土体渗透破坏，故必须采取防渗排水措施。

6）易产生裂缝和滑坡。土石坝坝坡平缓，土石坝不会整体滑动，但存在坝坡滑动的失稳现象。压缩变形量较大，易产生裂缝和滑坡，要加强巡查和应急处理。

2. 混凝土坝（砌石坝）

（1）重力坝。重力坝是用混凝土或石料等材料修筑，主要依靠自身重量抵抗水的作用力等荷载以维持稳定的坝。重力坝按是否溢流可分为溢流重力坝和非溢流重力坝；按筑坝材料可分为混凝土重力坝和浆砌石重力坝；按结构型式分为实体重力坝、宽缝重力坝和空腹重力坝。山东省小型水库重力坝多为浆砌石重力坝。浆砌石重力坝结构及实例如图 1.3–8、图 1.3–9 所示。

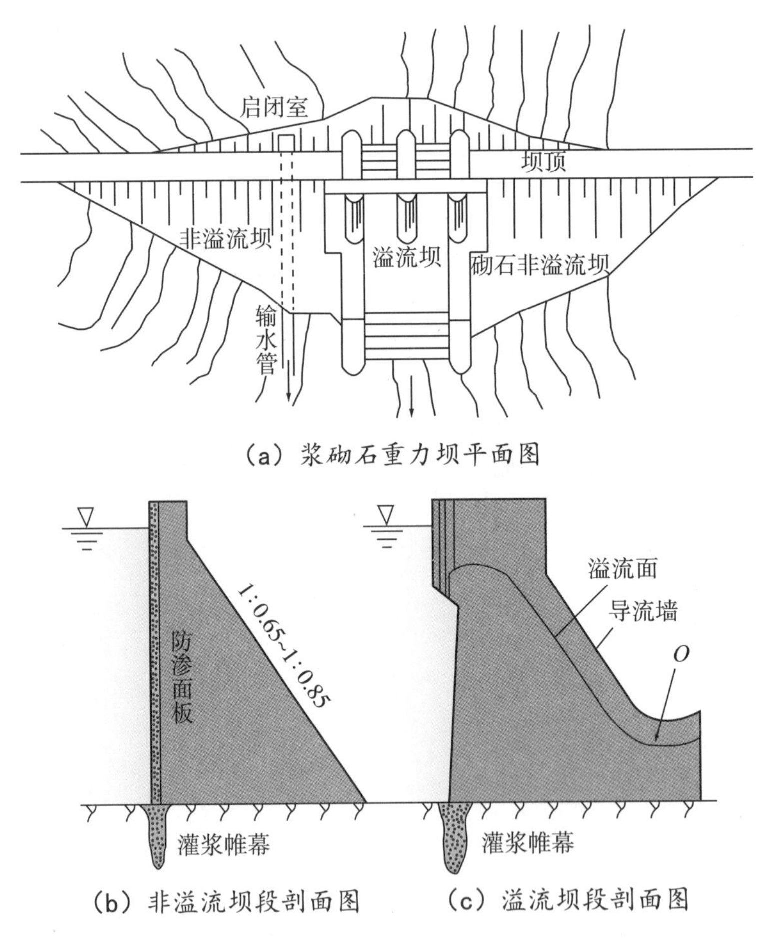

图 1. 3–8　浆砌石重力坝结构示意图

（2）拱坝。拱坝是固接于基岩的空间壳体结构，在平面上呈凸向上游的拱形，其拱冠剖面呈竖直的或向上游凸出的曲线形。坝体结构既有拱作用又有梁作用，其所承受的荷载一部分通过拱的作用压向两岸，另一部分通过竖直梁的作用传到坝底基岩。山东省小型水库拱坝多为浆砌石拱坝。浆砌石拱坝结构及实例如图 1.3–10、图 1.3–11 所示。

图 1.3-9　浆砌石重力坝

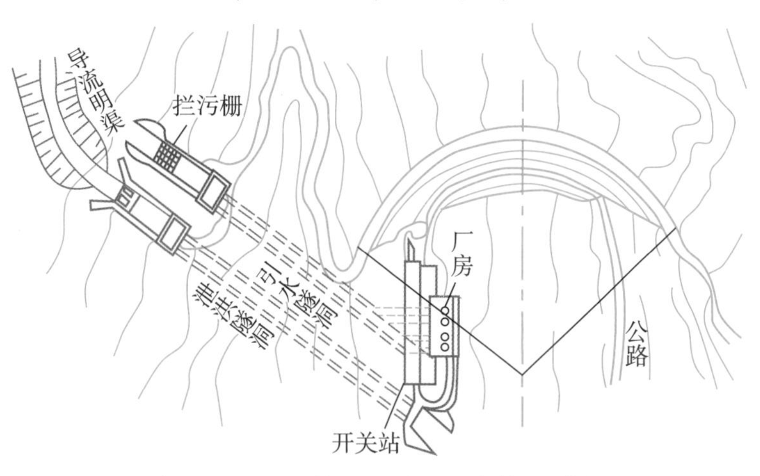

图 1.3-10　浆砌石拱坝结构示意图

图 1.3-11　浆砌石拱坝

（3）混凝土坝（砌石坝）工作特点。

1）筑坝材料强度较高，耐久性好，抵抗洪水漫顶、渗漏、侵蚀、地震的能力都比较强，工作安全，运行可靠。

2）泄洪方便，可采用坝顶溢流，或在坝内设泄水孔。

3）易发生整体滑动的失稳现象。

4）常见病害是裂缝和渗漏。

（二）溢洪道

溢洪道是指从水库向下游泄放洪水，保证工程安全泄水的一种建筑物。可由进水渠、控制段、泄槽、消能防冲设施及出水渠等建筑物组成。

1. 溢洪道的分类

（1）按控制方式分为有闸溢洪道和无闸溢洪道。

（2）按泄洪标准和运用情况，分为正常溢洪道和非常溢洪道。非常溢洪道亦称“应急溢洪道”，为宣泄超过设计洪水标准的非正常洪水的溢洪道，宜选在库岸有通往天然河道的垭口处或平缓的岸坡上。

（3）按所在位置分为河床式溢洪道和岸边式溢洪道，岸边式溢洪道按其结构型式可分为正槽式溢洪道、侧槽式溢洪道、井式溢洪道和虹吸式溢洪道等。正槽式溢洪道是指泄槽轴线与进口溢流堰轴线正交，过堰水流与泄槽轴线方向一致的开敞式溢洪道（图 1.3–12）。侧槽式溢洪道指泄槽轴线与进口溢流堰轴线大致平行，过堰水流与泄槽轴线方向接近垂直的开敞式溢洪道。山东省小型水库多采用正槽式溢洪道，且控制段为开敞式宽顶堰。

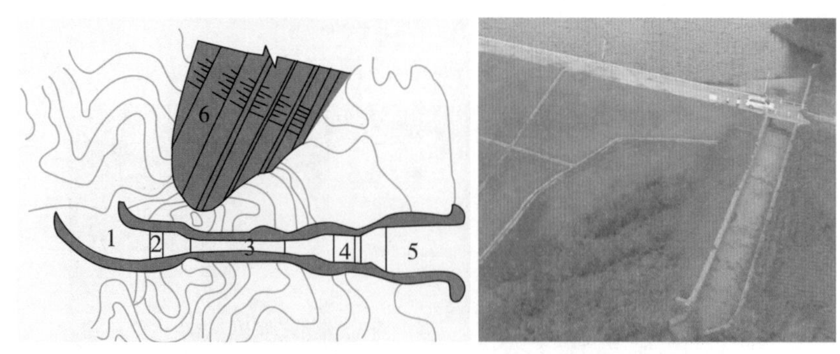

图 1. 3–12　正槽式溢洪道结构及实例图

1—进水渠；2—控制段；3—泄槽；4—消能防冲设施；5—出水渠；6—大坝

2. 溢洪道结构

（1）进水渠。横断面在岩基上接近矩形，土基上采用梯形。渠底一般为平底或坡度不大、倾向上游的反坡，渠底高程比堰顶高程低些。

（2）控制段。位于进水渠与泄槽间控制溢洪道泄量的堰或闸及两侧连接建筑物。溢流堰按其横断面的形状和尺寸可分为薄壁堰、宽顶堰、实用堰；按其在平面布置上的轮廓形状可分为直线形堰、折线形堰、曲线形堰和环形堰；按堰轴线与上游来水方向的相对关系可分为：正交堰、斜堰和侧堰等。

（3）泄槽。溢流堰后多用泄水陡槽与出口消能段相连接，以便将过堰洪水安全地泄向下游河道。泄槽平面布置形式一般设置收缩段、扩散段或弯曲段。泄槽的横剖面在岩基上一般接近矩形，在土基上多采用梯形。

（4）消能防冲设施。为避免高速水流与下游河道的正常水流衔接不当，造成下游河床和岸坡冲刷破坏，甚至危及大坝安全，溢洪道需采取有效的消能防冲措施。在较好的岩基上，一般多采用挑流消能；在土基或破碎弱岩基上的溢洪道，一般采用底流消能。

（5）出水渠。当下泄水流不能直接归入原河道时，需布置一段出水渠，底坡与下游原河道的平均坡降基本一致，且尾水渠短、直、平顺。

（三）放水洞

山东省小型水库土石坝放水洞多为坝下涵管型式，亦称坝下埋管或坝下涵洞，布置在土石坝下或穿过坝体来满足泄水、引水等要求。

重力坝和拱坝工程中放水洞一般采用水工隧洞型式。水工隧洞是开凿在岩体中的一种输水孔道，用于引水、泄洪或导流。

放水洞主要由进口段、洞身段、出口段组成。

1. 进口段

进口段主要有塔式、竖井式、卧管式、斜拉闸门式。

塔式进水口指在从水库取水的水工隧洞或坝下埋管的首部修建的、不依傍岸边山体的、形似塔而内设闸门以控制水流的深式取水建筑物。如图 1.3–13 所示。

竖井式进水口指在水工隧洞山体或坝下埋管的坝体内修建的、形似竖井而内设闸门以控制水流的取水建筑物，如图 1.3–14 所示。

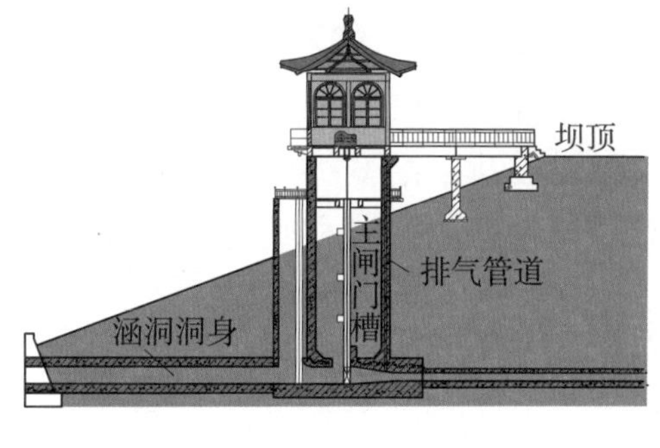

图 1.3–13　塔式进水口

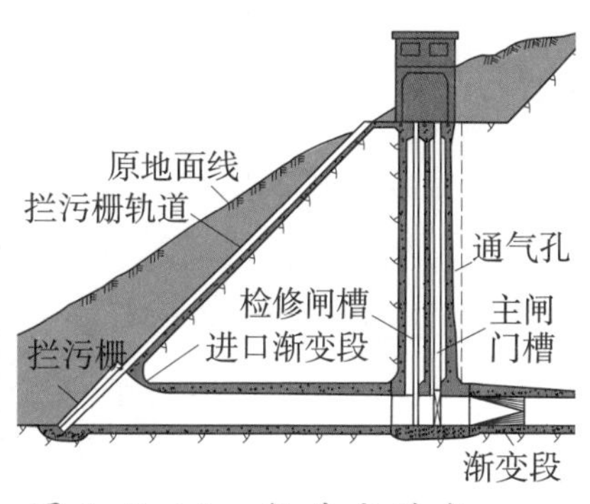

图 1.3–14　竖井式进水口

卧管式进水口指斜置于土石坝上游坝坡或水库岸坡上的、在库水位变动范围内不同高程处设有控制闸门的管式取水建筑物，如图 1.3–15 所示。

斜拉闸门式进水口是沿着库区山坡或上游坝面布置斜坡，在斜坡上设置闸门轨道，进水口在斜坡底部，启闭机安装在山坡平台或坝顶，如图 1.3–16 所示。

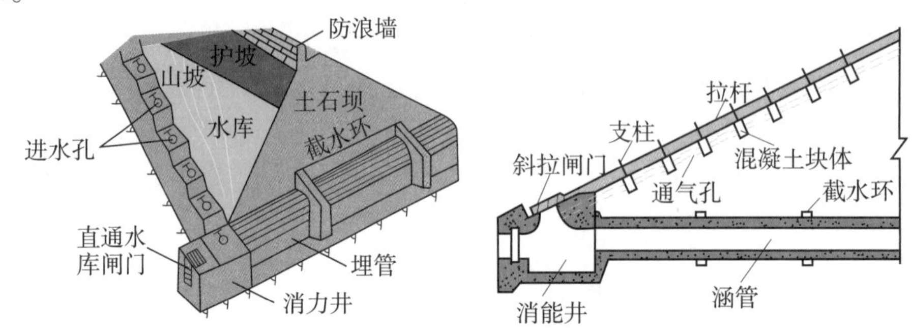

图 1.3–15　卧管式进水口　图 1.3–16　斜拉闸门式进水口

2. 洞身段

洞身段分为无压和有压两种型式，一般做成无压洞更利于坝体安全，洞身断面通常有圆形、矩形、城门洞形、马蹄形等。有压洞一般采用圆形断面。洞身断面形式如图 1.3–17 所示。

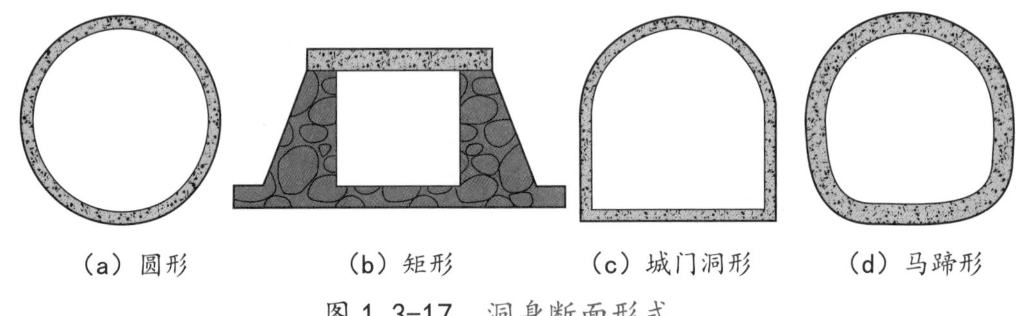

（a）圆形　（b）矩形　（c）城门洞形　（d）马蹄形

图 1.3–17　洞身断面形式

3. 出口段

出口段包括渐变段和消能设施。无压洞的出口段仅有门框，与消能设施两侧的边墙相衔接。有压洞出口段大多设有工作闸门或闸阀、蝶阀，以及启闭机室，闸门前设有渐变段，将洞身从圆形断面渐变为闸门处的矩形孔口，出口后即为消能设施。消能设施常用形式为挑流消能和底流消能。

4. 放水洞主要破坏形式

放水洞洞身多为坝下埋涵（管）型式，属于大坝的软硬结合部，为大坝运行管理的薄弱环节。洞身与坝体间易发生结构破坏和渗透破坏。

（1）结构破坏。涵（管）整体结构受到破坏，出现结构自身坍塌、管道破裂、移位、裂缝等。

（2）渗透破坏。根据渗流水方向分两类：一类为垂直于洞壁方向的。由外到内：由坝体内渗水通过涵（管）的裂缝、接头处进入涵（管）。由内到外：坝后控制的涵（管）内压强等于库水位产生的压强，涵（管）内形成有压管道，若结构出现裂隙，将形成从结构内向结构外坝体内的反向渗透。另一类为沿洞壁方向的，沿涵（管）与坝体之间层面进行渗流，严重时形成接触冲刷，导致渗透破坏。

四、工程特征参数

（一）流域面积

流域即是地面分水线所包围的集水区。流域面积亦称“集水面积”“汇水面积”。是指流域地面分水线包围的地面区域在水平面上投影的面积，以 km^2 计。

（二）特征水位和特征库容

水库特征水位主要包括死水位、正常蓄水位、汛期限制水位、防洪高水位、设计洪水位、校核洪水位。特征库容包括死库容、兴利库容、结合库容、防洪库容、拦洪库容、调洪库容、总库容。水库特征水位及特征库容如图 1.3–18 所示。

（1）死水位（$Z_{死}$）和死库容（$V_{死}$）。水库在正常运用情况下，允许消落到的最低水位，称为死水位。死水位以下的水库容积称为死库容。

（2）正常蓄水位（$Z_{蓄}$）和兴利库容（$V_{兴}$）。正常蓄水位又称为兴利水位，是指水库在正常运用的情况下，为满足设计的兴利要求在供水期开始时应蓄到的最高水位。正常蓄水位与死水位之间的水库容积，是水库实际可用于调节径流的库容，称为兴利库容。

（3）汛期限制水位（$Z_{限}$）和结合库容（$V_{结}$）。水库在汛期允许兴利蓄水的上限水位，也是水库在汛期防洪运用时的起调水位，称为汛期限制水位，又称防洪限制水位或汛限水位。正常蓄水位至汛期限制水位之间的水库容积，称为结合库容，兼作防洪与兴利之用，以减少专门的防洪库容，也称重叠库容、重复库容。因此水库溢洪道上装设闸门是设置结合库容的必要条件。

（4）防洪高水位（$Z_{防}$）和防洪库容（$V_{防}$）。当水库下游有防洪要求时，下游防洪要求的设计洪水从汛期限制水位经水库调节后所达到的最高库水位，称为防洪高水位。防洪高水位至汛期限制水位之间的库容称为防洪库容。

（5）设计洪水位（$Z_{设}$）和拦洪库容（$V_{拦}$）。当发生大坝设计标准洪水

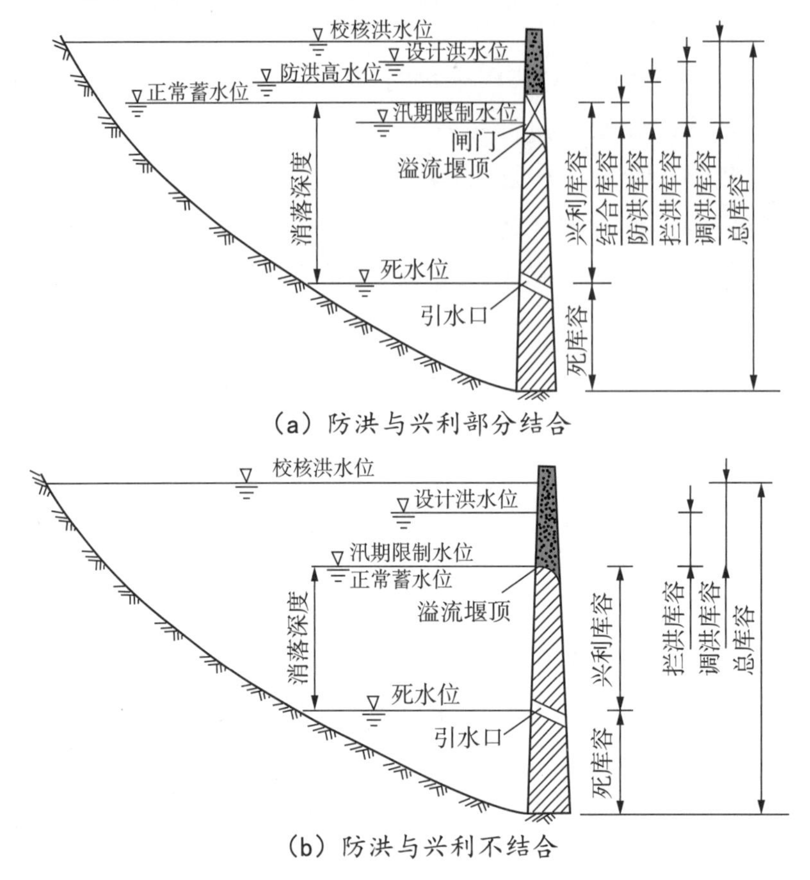

图 1.3-18 水库特征水位及特征库容示意图

时，坝前达到的最高水位，称为设计洪水位。设计洪水位至汛期限制水位之间的水库容积称为拦洪库容。

（6）校核洪水位（$Z_{校}$）和调洪库容（$V_{调}$）。当发生大坝校核标准设计洪水时，水库坝前所达到的最高水位，称为校核洪水位。它至汛期限制水位之间的库容称为调洪库容。

（7）总库容（$V_{总}$）。在防洪与兴利部分结合的情况下，水库总库容为

$$V_{总}=V_{死}+V_{兴}-V_{结}+V_{调}$$

山东省小型水库，特别是溢洪道上不设闸门的水库，正常蓄水位与汛期限制水位相同，没有结合库容，水库总库容为

$$V_{总}=V_{死}+V_{兴}+V_{调}$$

五、高程系

为了建立全国统一的高程系统，必须确定一个高程基准面，高程基准面

就是地面点高程的统一起算面，由于大地水准面所形成的体形——大地体是与整个地球最为接近的体形，因此通常采用大地水准面作为高程基准面。大地水准面是假设海洋处于完全静止和平衡状态时的海水面，并延伸到大陆地面以下所形成的闭合曲面。大地水准面是通过设在海边的验潮站根据多年的验潮资料取其平均值的方法获得。我国经常使用的高程系统有大地高系统、正高系统和正常高系统。由于正常高既能准确求得，又与正高接近，我国规定水准点的高程采用正常高系统。正常高是地面点到大地水准面的铅垂距离，又称绝对高程或者海拔，正常高可通过水准观测，再加上一些重力改正项而求得。

按照验潮站所采用的历史验潮资料观测时期和水准原点选取不同，山东省常见的高程系统主要包括“废黄河零点高程”“1956 年黄海高程”“1985 国家高程基准”等。

（一）废黄河零点高程

江淮水利测量局，以民国元年（1921 年）11 月 11 日下午 5 时废黄河口的潮水位为零，作为起算高程，称“废黄河口零点”。后该局又用多年潮位观测的平均潮水位确定新零点，其大多数高程测量均以新零点起算。“废黄河口零点”高程系的原点，已湮没无存，原点处新旧零点的高差和换用时间尚无资料查考。在该系统内，存在“江淮水利局惠济闸留点”和“蒋坝船坞西江淮水利局水准标”两个并列引据水准点。该高程系统与 1985 国家高程基准的换算关系，不同地区取值不同。比如南四湖片区：废黄河零点高程=1985 国家高程基准＋ 0.21（m）；临沂费县某中型水库：废黄河零点高程=1985 国家高程基准＋ 0.178（m）。

（二）1956 年黄海高程

在新中国成立前，我国没有统一的高程系统，高程基准较为混乱，曾经在不同时期以不同方式建立了坎门、吴淞口、青岛、大连等地验潮站，得到不同高程面基准系统。

1957 年，当时的中国东南部地区精密水准网平差委员会，邀请有关专家综合分析，根据验潮站应具备的条件，对以上各验潮站进行了实地调查与分析，认为青岛验潮站符合作为我国基本验潮站的基本要求，最终确定青岛验潮站为我国基本验潮站，验潮井建在地质结构稳定的花岗岩基岩上，以该站 1950 年至 1956 年 7 月间的潮汐资料推求的平均海水面作为我国的高程基准面，由此计算的水准原点高程为 72.289m。以此高程基准面作为我国统一起算面的高程系统，命名为“1956 年黄海高程”。

（三）1985 国家高程基准

由于“1956 年黄海高程”的高程基准面的确立，是当时客观条件下的最佳方案，对统一全国高程有重要的历史意义。但随着科学技术的进步，验潮资料的积累，采用青岛验潮站 7 年（1950—1956 年）的观测资料太少、潮汐数据记录存在个别错误以及对我国沿海海面状况缺乏深入了解等原因，有必要确定新的国家高程基准。

新的国家高程基准是根据青岛验潮站 1952—1979 年中 19 年的验潮资料求得的，根据这个高程基准面作为国家高程的统一起算面，命名为“1985 国家高程基准”，并用精密水准测量位于青岛的中华人民共和国水准原点，由此推算出国家水准原点的高程为 72.260m。1987 年经国务院批准，于 1988 年 1 月正式启用，今后凡涉及高程基准时，一律由原来的“1956 年黄海高程”改用“1985 国家高程基准”。

（四）假定高程

在局部地区，如果引用绝对高程有困难时，可采用假定高程系统。即假定一个水准面作为高程基准面，地面点至假定水准面的铅垂距离，称为相对高程或假定高程。

第二章 管理制度与相关法规

第一节 管理制度

一、安全管理基本制度

（一）水库大坝注册登记制度

水库大坝的注册登记是水库大坝安全管理的一项基本制度。水库大坝注册登记是掌握所有已建运行水库的基本情况与安全状况的有效方法，是加强和规范水库大坝安全管理、监督水库安全运行的一项重要措施。《水库大坝安全管理条例》规定“大坝主管部门对其所管辖的大坝应当按期注册登记，建立技术档案。”为明确水库大坝注册登记程序及相关职责，水利部发布了《水库大坝注册登记办法》。

1. 水库大坝注册登记的适用范围

适用于库容在 10 万 m^3 以上已建成的水库大坝，所指大坝包括永久性挡水建筑物以及与其配合运用的泄洪、输水等建筑物。

2. 水库大坝注册登记的时限要求

水库大坝注册登记的数据和情况应实事求是、真实准确，不得弄虚作假。注册登记机构有权对大坝管理单位的登记事项进行检查，并每隔 5 年对大坝管理单位的登记事项普遍复查一次。水库大坝注册登记的时限要求，如图 2.1-1 所示。

新　建	工程技术指标变化	安全鉴定	废　弃
小型水库工程验收合格后 3 个月内，应当按照规定向所在地县（市、区）人民政府水行政主管部门申请注册登记	已注册登记的大坝完成扩建、改建的；或经批准升、降级的；或大坝隶属关系发生变化的，应在此后 3 个月内，向登记机构办理变更事项登记。大坝失事后应立即向主管部门和登记机构报告	水库大坝应按国务院各大坝主管部门规定的制度进行安全鉴定。鉴定后，大坝管理单位应在 3 个月内，将安全鉴定情况和安全类别报原登记机构，大坝安全类别发生变化者，应向原登记受理机构申请换证	经主管部门批准废弃的大坝，其管理单位应在撤销前，向注册登记机构申请注销，填报水库大坝注销登记表，并交回注册登记证

图 2.1-1　水库大坝注册登记的时限要求

3. 水库大坝注册登记的分级负责制

水库大坝注册登记实行分部门分级负责制，县级及以上水库大坝主管部门是注册登记的主管部门，各级水库大坝主管部门可指定机构受理大坝注册登记工作。县一级各大坝主管部门负责登记所管辖的库容在10万（含）~ 1000万m^3（不含）的小型水库大坝，登记结果应进行汇编、建档，并逐级上报。

国务院水行政主管部门负责全国水库大坝注册登记的汇总工作。国务院各大坝主管部门和省、自治区、直辖市水行政主管部门负责所管辖水库大坝注册登记的汇总工作，并报国务院水行政主管部门。

4. 水库大坝注册登记的程序

根据《水库大坝注册登记办法》规定，已建成运行的大坝管理单位，应到指定的注册登记机构申报登记。没有专管机构的大坝，由乡镇水利站（中心）申报登记。水库大坝注册登记需履行申报、审核、发证三个程序。

（1）申报：已建成运行的大坝管理单位应携带大坝主要技术经济指标资料和申请书，向大坝主管部门或指定的注册登记机构申报登记。注册登记受理机构认可后，即应发给相应的登记表，由大坝管理单位认真填写，经所管辖水库大坝的主管部门审查后上报。

（2）审核：注册登记机构收到大坝管理单位填报的登记表后，即应进行审查核实。

（3）发证：经审查核实，注册登记受理机构应向大坝管理单位发给注册登记证。注册登记证要注明大坝安全类别，属险坝者，应限期进行安全加固，并规定限制运行的指标。

（二）水库大坝安全鉴定制度

水库大坝安全鉴定是加强水库大坝安全管理、保证大坝安全运行的一项重要的基础工作。《水库大坝安全管理条例》规定"大坝主管部门应当建立大坝定期安全检查、鉴定制度"。为进一步加强水库安全管理，水利部先后发布了《水库大坝安全鉴定办法》《坝高小于15米的小（2）型水库大坝安全鉴定办法（试行）》。坝高15m以上或库容100万m^3以上水库的大坝按照《水库大坝安全鉴定办法》要求进行安全鉴定工作；库容10万（含）~ 100万m^3（不含）且坝高小于15m（不含）的水库，按照《坝高小于15米的小（2）型水库大坝安全鉴定办法（试行）》要求进行安全鉴定工作。

1. 水库大坝安全鉴定的时限要求

（1）根据《水库大坝安全鉴定办法》规定，大坝实行定期安全鉴定制度，首次安全鉴定应在竣工验收后 5 年内进行，以后应每隔 6~10 年进行一次。运行中遭遇特大洪水、强烈地震、工程发生重大事故或出现影响安全的异常现象后，应组织专门的安全鉴定。

（2）根据《坝高小于 15 米的小（2）型水库大坝安全鉴定办法（试行）》规定，大坝实行定期安全鉴定制度，新建、改（扩）建、除险加固的水库，首次安全鉴定应在竣工验收后 5 年内完成，未竣工验收的应在蓄水验收或投入使用后 5 年内完成，以后应每 10 年内完成一次。运行中遭遇大洪水、强烈地震等影响安全的重大事件，工程发生重大事故或出现影响安全的异常现象后，应及时组织安全鉴定。

2. 水库大坝安全鉴定的程序

县级以上地方水行政主管部门应按照水利部《水库大坝安全鉴定办法》《坝高小于 15 米的小（2）型水库大坝安全鉴定办法（试行）》，组织有关单位对本辖区所属小型水库进行安全鉴定。大坝安全鉴定包括安全评价、技术审查和意见审定三个基本程序。

（1）安全评价：鉴定组织单位委托具有水利水电勘察和设计相应资质的单位或省级以上水行政主管部门公布的具备安全评价能力的有关单位开展安全评价，提出安全评价报告。

（2）技术审查：鉴定审定部门或委托有关单位组织并主持召开大坝安全鉴定会，对大坝安全评价报告开展技术审查，通过大坝安全鉴定报告书。

（3）意见审定：鉴定审定部门审定并印发大坝安全鉴定报告书。

水库主管部门或业主单位（产权所有者）负责组织所管辖的水库大坝安全鉴定工作。乡镇人民政府、农村集体经济组织所管辖的水库大坝的安全鉴定工作，由水库所在乡镇人民政府或其委托的单位负责组织。《水库大坝安全鉴定办法》规定，按分级管理原则对水库大坝安全鉴定意见进行审定，市（地）级水行政主管部门审定影响县城安全或坝高 30 米以上小型水库的大坝安全鉴定意见；县级水行政主管部门审定其他小型水库的大坝安全鉴定意见。

3. 水库大坝安全鉴定分类标准

根据《坝高小于 15 米的小（2）型水库大坝安全鉴定办法（试行）》，大坝安全类别分为一类坝、二类坝、三类坝。

（1）一类坝：大坝现状防洪能力满足《防洪标准》（GB 50201）和《水利水电工程等级划分及洪水标准》（SL 252）要求，大坝工作状态正常，不存在影响工程安全的质量缺陷，能按设计标准正常运行的大坝。

（2）二类坝：大坝现状防洪能力满足《防洪标准》（GB 50201）和《水

利水电工程等级划分及洪水标准》（SL 252）要求，大坝工作状态基本正常，但存在部分工程质量缺陷或一般安全隐患，不会对工程安全造成重大影响，在一定控制运用条件下能安全运行的大坝。

（3）三类坝：大坝现状防洪能力不满足《防洪标准》（GB 50201）和《水利水电工程等级划分及洪水标准》（SL 252）要求，或者存在影响工程安全的严重工程质量缺陷或安全隐患，不能按设计标准正常运行的大坝。

鉴定组织单位应根据安全鉴定结果，加强大坝安全管理，对鉴定为三类坝、二类坝的水库，应及时采取相应措施，尽快消除安全隐患；隐患消除前，应采取限制运用措施，加强巡视检查，加密监测，完善应急预案。对超出安全鉴定时限的水库，应及时开展安全鉴定，并采取降低水位或空库运行等限制运用措施。

4. 安全鉴定后做的主要工作

（1）鉴定审定部门应当将审定的大坝安全鉴定报告书及时印发鉴定组织单位。

（2）大坝安全评价相关报告和大坝安全鉴定报告书应当及时归档，并于1个月内 在水库运行管理信息化平台更新数据。

（3）大坝安全类别改变的，自大坝安全鉴定报告书印发之日起3个月内办理水库大坝注册登记变更手续。

（4）鉴定组织单位应当按照档案管理的有关规定及时对大坝安全评价报告和大坝安全鉴定报告书进行归档，并妥善保管。

（5）省级水行政主管部门负责组织实施本辖区鉴定为三类坝的水库大坝安全鉴定成果核查。安全鉴定成果核查承担单位出具的核查意见必须具体指出病险的内容、部位、程度等，明确大坝安全类别。

（三）水库降等与报废制度

水库大坝实行降等与报废制度也是加强水库安全管理的一项基本制度。为规范水库降等与报废工作，根据《中华人民共和国水法》（简称“水法”）和《水库大坝安全管理条例》的有关要求，水利部制定了《水库降等与报废管理办法（试行）》。水库降等与报废论证报告应按照《水库降等与报废标准》（SL 605—2013）、《水库降等与报废评估导则》（SL/T 791—2019）等标准编制，对于无防洪任务、影响范围较小的小型水库，降等、报废论证报告内容可根据实际情况适当简化。

1. 水库降等与报废的条件及处理措施

降等是指因水库规模减小或者功能萎缩，将原设计等别降低一个或者一个以上等别运行管理，以保证工程安全和发挥相应效益的措施。报废是指对病险严重且除险加固技术上不可行或者经济上不合理的水库以及功能基本丧失的水库所采取的处置措施。符合下列条件之一的水库，应当予以降等或报废，降等或报废后需采取下列处理措施，见表 2.1–1。

表 2.1–1 水库降等与报废的条件及处理措施

项目	降 等	报 废
条件	1. 因规划、设计、施工等原因，实际工程规模达不到《水利水电工程等级划分及洪水标准》（SL 252）规定的原设计等别标准，扩建技术上不可行或者经济上不合理的； 2. 因淤积严重，现有库容低于《水利水电工程等级划分及洪水标准》（SL 252）规定的原设计等别标准，恢复库容技术上不可行或者经济上不合理的； 3. 原设计效益大部分已被其他水利工程代替，且无进一步开发利用价值或者水库功能萎缩已达不到原设计等别规定的； 4. 实际抗御洪水标准不能满足《水利水电工程等级划分及洪水标准》（SL 252）规定或者工程存在严重质量问题，除险加固经济上不合理或者技术上不可行，降等可保证安全和发挥相应效益的； 5. 因征地、移民或者在库区淹没范围内有重要的工矿企业、军事设施、国家重点文物等原因，致使水库自建库以来不能按照原设计标准正常蓄水，且难以解决的； 6. 遭遇洪水、地震等自然灾害或战争等不可抗力造成工程破坏，恢复水库原等别经济上不合理或技术上不可行，降等可保证安全和现阶段实际需要的； 7. 因其他原因需要降等的	1. 防洪、灌溉、供水、发电、养殖及旅游等效益基本丧失或者被其他工程替代，无进一步开发利用价值的； 2. 库容基本淤满，无经济有效措施恢复的； 3. 建库以来从未蓄水运用，无进一步开发利用价值的； 4. 遭遇洪水、地震等自然灾害或战争等不可抗力，工程严重毁坏，无恢复利用价值的； 5. 库区渗漏严重，功能基本丧失，加固处理技术上不可行或者经济上不合理的； 6. 病险严重，且除险加固技术上不可行或者经济上不合理，降等仍不能保证安全的； 7. 因其他原因需要报废的
措施	1. 必要的加固措施； 2. 相应调度运用方案的制定； 3. 富余职工安置； 4. 资料整编和归档； 5. 批复意见确定的其他措施	1. 安全行洪措施的落实； 2. 资产以及与水库有关的债权、债务合同、协议的处置； 3. 职工安置； 4. 资料整编和归档； 5. 批复意见确定的其他措施

2. 水库降等与报废的程序

县级以上人民政府水行政主管部门按照分级负责的原则对水库降等与报

废工作实施监督管理。水库主管部门（单位）负责所管辖水库的降等与报废工作的组织实施；乡镇人民政府负责农村集体经济组织所管辖水库的降等与报废工作的组织实施。

水库降等与报废，必须经过论证、审批等程序后实施。报废的国有水库资产的处理，执行国有资产管理的有关规定。

（1）水库降等与报废工作组织实施责任单位根据水库规模委托具有相应资质的单位提出水库降等或者报废论证报告。

（2）水库降等或者报废论证报告完成后，需要降等或者报废的，水库降等与报废工作组织实施责任单位应当逐级向有审批权限的机关提出申请。

1）水行政主管部门及农村集体经济组织管辖的水库降等，由水行政主管部门或者流域机构按照规定权限审批，并报水库原审批部门备案：小（1）型水库由市（地）级水行政主管部门审批，小（2）型水库由县级水行政主管部门审批。在一个省（自治区、直辖市）范围内的跨行政区域的水库报共同的上一级水行政主管部门审批。

2）水行政主管部门及农村集体经济组织管辖的水库报废的审批，根据《山东省水利厅关于进一步加强我省水库大坝安全鉴定和降等报废工作的通知》（鲁水运管函字〔2020〕16号），由市、县水行政主管部门组织实施，审批成果报山东省水利厅备案；对于小（1）型水库，以及坝高15m以上或下游涉及防洪、重要基础设施的小（2）型水库，由市级水行政主管部门审批；对于无防洪任务、影响范围小的小（2）型水库，由县级水行政主管部门审批。

3）其他部门（单位）管辖的水库降等与报废，审批权限按照该部门（单位）的有关规定执行。审批结果应当及时报同级水行政主管部门及防汛抗旱指挥机构备案。

（3）审批机关应当组织或委托有关单位组成由计划、财政、水行政等有关部门（单位）代表及相关专家参加的专家组，对水库降等或者报废论证报告进行审查，并在自接到降等或者报废申请后3个月内予以批复。

水库降等与报废工作组织实施责任单位应当根据批复意见，及时组织实施水库降等或者报废的有关工作。水库降等与报废实施方案实施后，由水库降等与报废工作组织实施责任单位提出申请，审批部门组织验收。水库降等与报废工作经验收后，应当按照《水库大坝注册登记办法》的有关规定，办理变更或者注销手续。水库报废的组织实施责任单位应当妥善安置原水库管理人员，库区和管理范围内的设施、土地的开发利用要优先用于原水库管理人员的安置。

（四）水库工程规模认定制度

水库工程规模认定是指对未定工程规模的水库或经改扩建、加固等达到上一工程等级的水库规模的认定。根据山东省水利厅《山东省水库工程规模认定办法（试行）》（鲁水管字〔2018〕7号）文件，有关规定如下。

1. 水库工程规模认定的范围

适用于山东省辖区内总库容在10万m^3以上已建成的山丘区水库与平原调蓄水库，地下水库可参照执行。

（1）原按规定程序进行立项审批并实施建设，但因历史原因，工程未按设计标准完成和竣工验收，一直未明确水库工程规模的。

（2）原按相应工程规模运行管理，后因工程安全或移民等问题而降级管理的水库，工程经维修加固或移民问题得以妥善解决，具备恢复原工程规模等级管理运行条件的。

（3）安全类别达到“二类坝”以上，现状总库容达到原批复设计上一工程规模等级，需进行规模升级的。

（4）原未履行立项、审批与验收程序，但工程已运行多年（1995年以前建成），大坝、输、泄水建筑物具备水库枢纽特征，蓄水与防洪效益显著，总库容达10万m^3及以上，安全类别达到“二类坝”以上，需认定为小型水库的工程。

按现行规定进行立项、设计批复和施工建设，并已通过竣工验收的新建或除险加固的水库，不再进行工程规模认定，可直接提交竣工验收资料，按水行政主管部门批准的设计工程规模进行管理，并按规定进行注册登记。

2. 水库工程规模认定的分级负责制

水库工程规模认定管理实行分级负责制，由相应的水行政主管部门负责组织论证与认定工作。

（1）认定大、中型水库工程规模或大、中型水库提高兴利水位的，由省水行政主管部门负责组织工程规模论证与认定。

（2）认定小（1）型水库或小（1）型水库提高兴利水位的，由设区市水行政主管部门负责组织论证与认定。

（3）认定小（2）型水库或小（2）型水库提高兴利水位的，由县（市、区）级水行政主管部门负责组织论证与认定。

3. 水库工程规模认定的程序

水库工程规模认定的程序分为论证评价报告编制、论证报告审查及认定、备案等程序。

（1）论证评价报告编制：认定水库工程规模等级或提高兴利水位运行的水库，需由水库管理单位或其主管部门委托具备相应水利工程设计资质的单位编制《水库工程规模论证评价报告》，并按规定报上级水行政主管部门论证与认定。

（2）论证报告审查及认定：负责水库工程规模认定的水行政主管部门根据水库主管部门的申请，组织专家对《水库工程规模论证评价报告》进行审查，根据审查意见对水库工程规模履行认定程序。

（3）备案：水库工程规模批准认定后，由审批机关在3个月内报上级水行政主管部门备案，并抄送同级人民政府有关部门。有关市、县（市、区）水行政主管部门在当年12月底前将辖区内当年认定的小型水库汇总后，逐级上报上级水行政主管部门备案。

在启动水库工程规模认定程序之前，须先完成库容曲线审定手续，申请单位应根据水库工程规模，委托具有相应测绘资质的测量单位进行水库库区地形图测量和水位–库容关系曲线复核。水库库区地形图的比例尺应根据工程规模按照《水利水电工程测量规范》（SL 197—2013）等有关规定确定，最高等高线高程一般应高于大坝防浪墙（无防浪墙的按坝顶高程）顶1m以上。图幅大小应满足最高等高线封闭的要求。小（1）型、小（2）型水库分别由市、县（市、区）水行政主管部门组织技术审查，出具的审查结论作为规模认定论证评价报告的主要附件一并提供。

水库工程规模认定文件下发后，水库主管部门应在3个月内组织完成水库大坝注册登记工作；并报同级政府申请组建（完善）水库管理机构，落实水库“运行管理费”与“维修养护费”；按要求划定水库管理与保护范围，设界立桩。水库移民后期扶持工作按有关规定执行。

（五）大坝安全管理责任制度

水利部《小型水库安全管理办法》中规定“小型水库安全管理实行地方人民政府行政首长负责制。小型水库安全管理责任主体为相应的地方人民政府、水行政主管部门、水库主管部门（或业主）以及水库管理单位。农村集体经济组织所属小型水库安全的主管部门职责由所在地乡、镇人民政府承担。”

《水利部办公厅印发〈关于健全小型水库除险加固和运行管护机制的意见〉的通知》中明确，县级人民政府是小型水库运行管护的责任主体，应梳理细化责任清单，加强监管能力建设，指导监督相关部门和乡镇人民政府履职尽责。乡镇人民政府履行属地管理职责，应明确专职工作人员，组织做好相关工作。涉及公共安全的小型水库，县级人民政府或乡镇人民政府应按照工程产权归属，落实安全责任。委托社会力量或相关单位代管的小型水库，管护责任主体不变。地方各级水行政主管部门对小型水库运行管护负有监管责任，应根据本辖区经济社会发展情况，制定完善小型水库运行管护的制度、标准和规范，逐步建立小型水库运行管护评价体系，完成任务目标，保障工程建设质量与运行安全。

二、日常运行管理基本制度

根据《水库大坝安全管理条例》、水利部《小型水库安全管理办法》等有关规定，小型水库应建立和落实调度运用、巡视检查、安全监测、维修养护、档案管理、应急管理、安全生产管理等日常运行管理基本制度，日常运行管理基本制度是实现水库管理规范化、制度化的基础，是水库安全运行的制度保障。

（一）调度运用制度

《水库大坝安全管理条例》中规定“大坝的运行，必须在保证安全的前提下，发挥综合效益。大坝管理单位应当根据批准的计划和大坝主管部门的指令进行水库的调度运用。在汛期，综合利用的水库，其调度运用必须服从防汛指挥机构的统一指挥；以发电为主的水库，其汛限水位以上的防洪库容及其洪水调度运用，必须服从防汛指挥机构的统一指挥。任何单位和个人不得非法干预水库的调度运用。”

小型水库主管部门和水库管理单位（产权所有者）应根据《小型水库防汛“三个重点环节”工作指南（试行）——小型水库调度运用方案编制指南》要求组织编制水库调度运用方案，也可委托专业技术单位编制。调度运用方案由县级以上水行政主管部门审查批准，当调度运用条件或依据发生变化时，应及时修订，并履行审批程序。

调度运用方案是小型水库调度运用的依据性文件，每座水库都应编制，功能单一、调度简单的水库可根据实际适当简化。小型水库调度运用方案编制应坚持“安全第一、统筹兼顾”的原则，在保证水库大坝安全的基础上，协调防洪、灌溉、供水、发电等任务的关系，发挥水库综合利用效益。小型水库调度运用方案应明确挡水、泄水、放水“三大件”建筑物及泄水、放水等设施的使用规则；应明确防洪调度、兴利调度、应急调度方式，根据调度条件及依据，规定水行政主管部门、水库主管部门及水库管理单位（产权所有者）责任与权限，落实操作要求。对于坝高 15m 以上或总库容 100 万 m^3

以上且具备调度设施条件的水库，调度运用方案宜按照《水库调度规程编制导则》（SL 706—2015）编制。

水库主管部门和水库管理单位（产权所有者）负责执行调度指令，建立调度值班、检查观测、水情测报、运行维护等制度，做好调度信息通报与调度值班记录。

（二）巡视检查制度

水利部《小型水库安全管理办法》中规定“水库管理单位或管护人员应按照有关规定开展日常巡视检查，重点检查水库水位、渗流和主要建筑物工况等，做好工程安全检查记录、分析、报告和存档等工作。”

小型水库管理单位应当根据工程的具体情况和特点，根据《小型水库防汛“三个责任人”履职手册（试行）——小型水库巡视检查工作指南》要求制定并落实巡视检查制度，应具体规定巡视的时间、部位、内容和方法，并确定其路线和顺序，应由有经验的技术人员负责。

对于有管理单位的，防汛巡查责任人由水库管理单位负责人或管理人员担任；对于无管理单位的，由水库主管部门或负责落实有相应能力的人员担任，或督促产权所有者落实。采取政府购买服务方式实行社会化管理的，可由承接主体聘请有相应能力的人员担任。巡查责任人主要职责为：负责大坝巡视检查、做好大坝日常管护、记录并报送观测信息、坚持防汛值班值守、及时报告工程险情、参加防汛安全培训。巡查责任人履职要点为：掌握了解水库基本情况、开展巡查并及时报告、做好大坝日常管理维护、坚持防汛值班值守、接受岗位技术培训。

（三）安全监测制度

《水库大坝安全管理条例》中规定“大坝管理单位必须按照有关技术标准，对大坝进行安全监测和检查；对监测资料应当及时整理分析，随时掌握大坝运行状况。发现异常现象和不安全因素时，大坝管理单位应当立即报告大坝主管部门，及时采取措施。”

根据水利部《小型水库雨水情测报和大坝安全监测设施建设与运行管理办法》规定，县级以上水行政主管部门负责组织监测设施建设，监督运行管理。

雨水情测报要素主要包括降水量、库水位、视频图像等，大坝安全监测要素主要包括渗流量、渗流压力、表面变形等。

县级以上水行政主管部门应加强监测设施运行维护的监督指导，建立健全监测设施运行维护制度，严格落实运行维护岗位职责，明确信息报送、日常维护、检测校验、数据应用、技术培训等要求。监测设施运行维护单位由县级以上地方水行政主管部门确定，水库运行管理单位负责组织做好监测信息报送工作，应按照监测频次要求及时将监测信息上传至监测平台，做好数据存档备份与管理。遇到紧急情况或重大安全问题，应及时发布预警信息，并落实安全管理措施。

（四）维修养护制度

《水库大坝安全管理条例》规定“大坝管理单位必须做好大坝的养护修理工作，保证大坝和闸门启闭设备完好。”

小型水库管理单位应根据《土石坝养护修理规程》（SL 210—2015）、《混凝土坝养护修理规程》（SL 230—2015）等规程制定水库大坝维修养护制度，及时组织开展维修养护工作，使大坝工程、设施设备处于完好状态，延长工程使用寿命。水库管理单位（或管护人员）应按照已批准的年度维修养护计划进行工程维修养护，保持坝体表面完整、溢洪道完好、放水设施畅通，备用电源可靠，保证闸门及启闭设备运行正常。影响安全度汛的工程维修应在汛前完成，汛前不能完成的，应采取临时安全度汛措施，并报告上级主管部门。工程维修养护完成后，应及时做好技术资料的整理、归档。

（五）档案管理制度

《山东省实施〈水库大坝安全管理条例〉办法》中规定“大坝管理单位应当建立完整的技术档案，包括工程的勘测、设计、施工、管理运行、事故处理等资料。大坝主管部门对所管辖的大坝应当按期注册登记，建立大坝档案。”

小型水库主管部门（或产权所有者）应参照水利部《水利工程建设项目档案管理规定》《水利科学技术档案管理规定》等规范要求，按照一库一档原则建立小型水库管理档案。档案应集中存放、集中管理。档案应包括以下内容：

（1）水库工程建设及除险加固的规划、地质、设计、招标、投标、施工、安装、监理、验收等技术文件、图纸和技术总结等。

（2）水库工程注册登记、安全鉴定、工程降等、升级等资料。

（3）工程调度运用方案、安全管理（防汛）应急预案等。

（4）水库维修养护的设计、招标、投标、施工、安装、监理、验收等技术文件、图纸和技术总结等。

（5）工程检查、监测的原始记录、整理整编资料；水文、气象监测原始资料、整编资料等。

（6）闸门启闭记录、调度运用、防汛抢险等日常运行管理资料。

（7）自动监测、监控技术文件、图纸及软件，仪器设备维修资料、使用说明书等。

（8）水库工程管理范围和保护范围划界确权的文件、图件以及产权证书等划界确权资料。

（9）水库管理范围内开发利用建设项目的相关资料。

（六）应急管理制度

小型水库主管部门和水库管理单位（产权所有者）应根据《小型水库防汛“三个重点环节”工作指南（试行）——小型水库大坝安全管理（防汛）应急预案编制指南》组织编制大坝安全管理（防汛）应急预案，报县级以上水行政主管部门备案 。应急预案审批应按照管理权限，由所在地县级以上人民政府或其授权部门负责，并报上级有关部门备案。当水库工程情况、应急组织体系、下游影响等发生变化时，应及时组织修订，履行审批和备案程序。

大坝安全管理（防汛）应急预案是针对小型水库可能发生的突发事件，为避免和减少损失预先制定的方案，每座水库都应编制。应急预案编制应以保障下游公众安全为首要目标，重点做好突发事件监测、险情报告、分级预警、应急调度、工程抢险和人员转移方案，明确应急救援、交通、电力、通信等保障措施。为便于宣传、演练和使用，可依据应急预案编制适宜张贴或携带的简明应急组织体系图、应急响应流程图、人员转移路线图和分级响应表（简称“三图一表”）。

应急预案应针对水库情况和下游影响，分析可能发生的突发事件及其后果，制定应对对策，明确应急职责，预设处置方案，落实保障措施。对于坝高 15m 以上或总库容 100 万 m^3 以上，且对下游城镇、村庄或厂矿人口，以及交通、电力、通信基础设施等有重要影响的水库，宜按照《水库大坝安全管理应急预案编制导则》（SL/Z 720—2015）编制。

（七）安全生产管理制度

水库安全生产管理主要是指水库在日常运行阶段，防止和减少在操作运行、检查观测、维修养护等生产环节可能发生的安全事故，消除或控制危险和有害因素，保障水库运行及管理人员安全，保障水库大坝和设施免遭破坏。

小型水库管理应当按照安全生产有关规定，明确安全生产责任机构，落实安全生产管理人员和相应责任，通过采取有效安全生产措施、开展安全生产培训、建立安全生产档案等，形成事故防控、报告与处置、责任追究的安全生产制度体系。

按照“谁管理、谁负责”的原则，小型水库的安全由水库管理单位直接负责；未设立水库管理单位的，其安全由行使管理权的乡镇人民政府或者农村集体经济组织、企业（个人）直接负责。应当根据工程特点，制定水库运行管理及设备安全操作规程；对有关人员进行安全生产宣传教育；特种人员应经专业培训、考核并持证上岗；除防汛检查外，应定期进行防火、防爆、防暑、防冻等专项安全检查，及时发现和解决问题。发生安全生产事故后，应及时向上级主管部门报告，迅速采取措施，防止事故扩大。

第二节　有关小型水库的法律法规和规章

一、有关禁止性、限制性行为

（一）《水库大坝安全管理条例》

第十二条 大坝及其设施受国家保护，任何单位和个人不得侵占、毁坏。大坝管理单位应当加强大坝的安全保卫工作。

第十三条 禁止在大坝管理和保护范围内进行爆破、打井、采石、采矿、挖沙、取土、修坟等危害大坝安全的活动。

第十四条 非大坝管理人员不得操作大坝的泄洪闸门、输水闸门以及其他设施，大坝管理人员操作时应当遵守有关的规章制度。禁止任何单位和个人干扰大坝的正常管理工作。

第十五条 禁止在大坝的集水区域内乱伐林木、陡坡开荒等导致水库淤积的活动。禁止在库区内围垦和进行采石、取土等危及山体的活动。

第十七条 禁止在坝体修建码头、渠道、堆放杂物、晾晒粮草。在大坝管理和保护范围内修建码头、鱼塘的，须经大坝主管部门批准，并与坝脚和泄水、输水建筑物保持一定距离，不得影响大坝安全、工程管理和抢险工作。

第二十一条 任何单位和个人不得非法干预水库的调度运用。

（二）《山东省实施〈水库大坝安全管理条例〉办法》

第十八条 大坝管理范围内的土地及其附着物，由大坝管理单位管理和使用，其他单位和个人不得侵占。

大坝附属建筑物和测量、观测、通信、动力、照明、交通、消防及其他设施，受国家法律保护，任何单位和个人不得毁坏。

第二十条 在大坝管理和保护范围内修建码头、鱼塘等工程设施，须依照国家和省的有关规定，报经大坝主管部门批准。未经大坝主管部门批准，任何单位和个人都不得在大坝管理和保护范围内修建工程设施。

第二十一条 禁止在大坝管理和保护范围内打井、爆破以及从事其他严重危害大坝安全的活动。在大坝保护范围之外500米范围内不得设置日取水量10000立方米以上的取水工程。

第二十二条 禁止在坝体上放牧、垦植、以及从事其他妨碍管理的活动；防汛期间禁止在坝体上堆放杂物和晾晒粮草。

（三）《山东省小型水库管理办法》

第十三条 任何单位和个人不得从事下列危害小型水库安全运行的活动：

（一）在小型水库管理范围内设置排污口，倾倒、堆放、排放有毒有害物质和垃圾、渣土等废弃物；

（二）在小型水库内筑坝或者填占水库；

（三）侵占或者损毁、破坏小型水库工程设施及其附属设施和设备；

（四）在坝体、溢洪道、输水设施上建设建筑物、构筑物或者进行垦殖、堆放杂物等；

（五）擅自启闭水库工程设施或者强行从水库中提水、引水；

（六）毒鱼、炸鱼、电鱼等危害水库安全运行的活动；

（七）在小型水库管理和保护范围内，从事影响水库安全运行的爆破、钻探、采石、打井、采砂、取土、修坟等活动；

（八）其他妨碍小型水库安全运行的活动。

第十九条 对承担城乡生活供水的小型水库，所在地设区的市、县（市、区）人民政府应当提出饮用水水源保护区划定方案，报省人民政府批准，并在饮用水水源保护区边界设立明确的地理界标和明显的警示标志。保护区内禁止从事污染水体的活动，并逐步实施退耕（果）还林，涵养水源。

第二十条 小型水库经营活动不得影响水库的安全运行和防汛抢险调度，不得污染水体和破坏生态环境。

二、关于大坝管理和保护范围

（一）《山东省实施〈水库大坝安全管理条例〉办法》

第十一条 兴建大坝时，建设单位应当按照批准的设计，报请县级以上人民政府按照本办法附表的规定划定管理和保护范围，并完成确权发证和树立标志等项工作。

大坝管理范围	大坝保护范围
1. 大坝及其附属建筑物、管理房及其他设施。 2. 设计兴利水位线以下的库区。	1. 设计兴利水位线至校核洪水位线之间的库区。

续表

大坝管理范围	大坝保护范围
3. 大型水库主坝河槽段坡脚外200米，阶地段上、下游坡脚外50至200米；中型水库主坝河槽段坡脚外100米，阶地段上、下游坡脚外50至100米；大、中型水库副坝坡脚外50米（若副坝坝高小于5米者，取3~5倍坝高，副坝坝高大于15米者，不小于5倍坝高）；小型水库大坝坡脚外30至50米。大坝坝端以外30至100米。 4. 引水、泄水等各类建筑物边线以外10至50米	2. 大型水库主坝（包括河槽段、阶地段及坝端，下同）管理范围的相连地域外300米；中型水库主坝管理范围的相连地域以外200米；大、中型水库副坝管理范围的相连地域以外150米；小型水库大坝管理范围的相连地域以外70至100米。 3. 引水、泄水等各类建筑物管理范围的相连地域以外250米

（二）《山东省小型水库管理办法》

第十一条 小型水库所在地县级以上人民政府应当按照下列标准，划定小型水库的管理和保护范围：

管理范围为大坝及其附属建筑物、管理用房及其他设施；设计兴利水位线以下的库区；大坝坡脚外延伸30米至50米的区域；坝端外延伸30米至100米的区域；引水、泄水等各类建筑物边线向外延伸10米至50米的区域。

保护范围为水库设计兴利水位线至校核洪水位线之间的库区；大坝管理范围向外延伸70米至100米的区域；引水、泄水等各类建筑物管理范围以外250米的区域。

三、水库管理和保护范围内建设项目管理

（一）《山东省实施〈水库大坝安全管理条例〉办法》

第二十条 在大坝管理和保护范围内修建码头、鱼塘等工程设施，须依照国家和省的有关规定，报经大坝主管部门批准。未经大坝主管部门批准，任何单位和个人都不得在大坝管理和保护范围内修建工程设施。

第二十三条 大坝坝顶以及泄洪、输水建筑物上的交通桥确需兼做公路的，应当经科学论证，落实相应安全防护措施。

（二）《山东省小型水库管理办法》

第十二条 在小型水库管理范围内建设工程项目，其工程建设方案应当经有管辖权的水行政主管部门审查同意，并在建设过程中接受水行政主管部门的监督；需要扩建、改建或者拆除、损坏原有小型水库工程设施的，建设单位应当承担扩建、改建费用或者损失补偿费用。

第三章 调度运用管理

水库调度运用是根据径流预报和用水计划，结合工程的实际调蓄能力和上下游防洪要求，制定合理的水库运用方案，科学地调度天然来水使之适应人们的用水需求，以达到兴利除害的目的。如果水库调度得当，就能充分利用水库的调蓄能力，合理安排蓄、泄关系，多次、重复使用调蓄库容，做到多蓄水、少弃水，同时保证水库下游防护对象的安全，充分发挥工程效益。但是山丘区小型水库多具有地形陡峻、气候条件复杂、汇流时间短、几乎没有洪水预见期且防洪能力低等特点，加上山东省绝大部分小型水库为开敞式溢洪道，如果调度不当，可能会导致既不能保证水库下游防护对象的防洪安全，又无法保障正常的兴利供水，不能充分发挥工程的综合效益。因此，水库调度是水库管理工作中的一项重要内容。

本章主要介绍山东省小型水库调度（兴利调度、防洪调度和综合运用调度）运用的任务、原则和内容，水库调度管理的具体工作和调度运用方案编制内容及其审批修订程序，以及水库调度运用方案实例。

第一节 兴利调度

一、兴利调度的任务

水库兴利调度的主要任务是根据水库的供水任务，在保证水库安全的前提下，充分发挥水库的调蓄能力，根据水库实际蓄水量、预报来水量和各部门不同时期的用水量，通过综合平衡制定供水计划，按批准的供水计划进行供蓄水，保障流域或区域生产、生活基本用水需求，充分发挥水库的综合利用效益。

水库兴利用水项目主要有：生活用水、工业用水、农业灌溉用水、发电用水和其他用水（航运、旅游、生态等为目的的用水）。山东省小型水库兴利调度的主要任务为：农业灌溉用水、乡镇供水和其他用水。

二、兴利调度的原则

水库兴利调度的原则如下：

（1）在制定用水计划时，要首先满足城乡居民生活用水，既要保证重点任务又要尽可能兼顾其他方面的要求，最大限度地综合利用水库水资源。

（2）要在计划用水、节约用水的基础上核定各用水部门用水量，贯彻“一水多用”的原则，提高水的重复利用率。

（3）兴利调度方式，要根据水库调节性能和兴利各部门用水特点拟定。

（4）库内引水，应纳入水库水量的统一分配和统一调度。

三、兴利调度的内容

山东省小型水库兴利用水的项目主要包括农业灌溉用水、乡镇用水和其他用水。兴利调度的主要内容如下：

（1）结合水资源状况和水库调节性能，明确城镇供水、灌溉供水和其他用水等不同供水任务的优先次序。

（2）确定各供水对象的供水过程及供水量。

（3）根据确定的供水对象及其用水需求，做好供水任务的协调，进行水库实时兴利调度运用。

（4）水库遇干旱等特殊供水时期时，服从有调度权限的水利主管部门调度，严格执行经批准的所在流域或区域的抗旱规划和供水调度方案。

第二节　防洪调度

一、防洪调度的任务

水库防洪调度也称水库汛期控制运用，是指在水库度汛过程中，按照经批准的调度运用计划，严格执行有调度权限的水利主管部门的调度指令，有计划地对入库洪水进行的控制、调节的蓄泄安排。主要任务如下：

（1）按照经批准的调度运用计划，严格执行有调度权限的防汛抗旱指挥部门的调度指令，对水库进行调蓄，确保大坝和下游防洪安全。

（2）遇超标准洪水，应力求大坝安全并尽量减轻下游的洪水灾害。

二、防洪调度的原则

水库汛期防洪调度直接关系到水库安全及对下游防洪效益的发挥，并影响汛末蓄水，是水库调度运用管理中十分重要的工作。山东省小型水库防洪调度原则是在保证水库大坝安全的前提下，与下游河道堤防和分、滞洪区防洪体系联合运用，按下游防洪需要对洪水进行调蓄，充分发挥水库的调洪作用。

三、防洪调度的内容

山东省小型水库有防洪任务的多为山区水库，流域面积较小，洪峰型陡、汇流时间短，溢洪道多为开敞式。汛期防洪调度的主要内容如下：

（1）调查水库工程自身安全状况，分析工程有无异常现象及存在的问题，摸清下游河道行洪能力、安全泄量、有无行洪障碍等。

（2）根据水库现状复核水库的防洪能力，编制水库汛期防洪调度方案，确定汛期防洪限制水位、警戒水位、允许最高水位、汛末蓄水位等。

（3）对于无闸门控制的溢洪道，应根据水库规划及除险加固设计核定的水库设计洪水标准和校核标准进行调度；对于有闸门控制的溢洪道，闸门的启闭要严格按照批准的调度运用计划和上级主管部门的指令进行，不得接受任何其他部门或个人有关启闭闸门的指令，运用时要严格按照规定程序通知，由专职人员按操作规程进行启闭。

（4）对可能遭遇的非常洪水、电信中断或其他紧急情况，应开展防洪演练，并制定应急措施，如扩挖溢洪道、抢筑子坝、倒虹吸抽水、泵车抽水和报警撤离等。

总之，每年汛前，各个水库都必须做好防御特大洪水的准备，对防汛队伍、物料和通信、照明设施、开挖溢洪道及如何及时向下游报警和群众安全转移等，均要作出具体安排，以保证人民生命财产的安全。

第三节　综合运用调度

一、综合运用调度的任务

对于综合利用水库，各用水部门在用水数量、时间和质量方面既有互相适应的一面，又有互相矛盾的一面。山东省小型水库的主要任务是防洪、灌溉、供水、养殖等，水库综合利用调度主要任务就是解决防洪、兴利等各部门之间的矛盾，使水库满足各部门对水库水资源的综合利用要求，更好地发挥水库综合效益。

二、综合运用调度的原则

根据来水特点，统筹水库承担各任务的主、次关系，优化水资源配置，在确保大坝安全的前提下用防洪库容来优先满足下游防洪要求，并充分发挥水库兴利效益。

三、综合运用调度的内容

（1）根据设计确定的水库开发任务，明确水库综合利用调度目标，依据水库所承担任务的主、次关系及对水量、水位和用水时间的要求，合理分配库容和调配水量。

（2）正常来水年份或丰水年份，在确保大坝安全的前提下，要按照水库调度任务的主次关系及不同特点，合理调配水量。

（3）枯水年份，需按照区分主次、保证重点、兼顾其他、减少损失、公益优先的原则进行调度，重点保证生活用水需求，兼顾其他生产或经营需求，降低因供水减少而造成的损失。

（4）对设计资料不完整的水库，应委托设计或其他有资质的单位，按照实际运行和需求分析论证，确定水库综合利用调度目标。

第四节 调度管理

依据《水库大坝安全管理条例》、水利部《小型水库安全管理办法》等的有关规定，小型水库日常运行管理应建立和落实调度运用制度，小型水库主管部门和管理单位应依据《小型水库调度运用方案编制指南》[对于坝高15m以上或总库容100万m^3以上且具备泄洪调度设施条件的水库，参照《水库调度规程编制导则》（SL 706）]，组织编制水库调度运用方案，规范水库调度运用，并负责执行调度指令。水库调度管理的主要内容有：

（1）水库主管部门负责组织运行管理单位制定水库调度计划、下达水库调度指令（在汛期，水库调度运用必须服从水库主管部门的统一指挥）、组织实施应急调度等，并收集掌握流域水雨情、水库工程情况、供水区用水需求等资料。

（2）运行管理单位负责执行水库调度指令，建立调度值班、巡视检查与安全监测、水情测报、运行维护等制度，做好水库调度信息通报和调度值班记录。

（3）水库调度各方应严格按照水库调度文件进行水库调度运用，建立有效的信息沟通和调度磋商机制；编制年度调度总结并报上级主管部门；妥善保管水库调度运行有关资料并及时归档。

（4）按水库大坝安全管理（防汛）应急预案的要求，明确应对大坝安全、防汛抢险、抗旱、水污染等突发事件的应急调度方案。

（5）被鉴定为“三类坝”的水库要立即纳入除险加固计划，制定除险加固工作方案，明确工作时限；对病险水库，应复核水库的各项特征水位和泄洪设施安全泄量等调度指标是否满足安全运用要求，对于不满足要求的水库应及时修订水库调度运用方案并在汛期执行，必要时空库运行，确保水库安全度汛。

第五节　调度运用方案编制

调度运用方案应明确挡水、泄水、放水“三大件”建筑物及泄水、放水等设施的使用规则，是小型水库调度运用编制的依据性文件，每座水库都应编制。功能单一、调度简单的水库，可根据实际情况适当简化。

调度运用方案中水库工程概况、水库特征指标（视水库不同情况）应明晰，调度方式应符合当前工程现状（有闸、无闸、病险库），应急措施可行。

一、调度运用方案的编制原则

小型水库调度运用方案编制，应坚持“安全第一、统筹兼顾”，在保证水库大坝安全的基础上，协调防洪、灌溉、供水、发电等任务关系，发挥水库综合利用效益。

二、调度运用方案的编制单位

水库调度运用方案由水库主管部门和水库管理单位（产权所有者）组织编制，也可委托专业技术单位编制。

三、调度运用方案的编制内容及要点

调度运用方案应当明确防洪调度、兴利调度、应急调度方式，根据调度条件及依据，规定水行政主管部门、水库主管部门及水库管理单位（产权所有者）责任与权限，落实操作要求。对于坝高 15m 以上或总库容 100 万 m^3 以上且具备泄洪调度设施条件的水库，调度运用方案宜按照《水库调度规程编制导则》（SL 706）编制。

根据水库承担的任务和调度设施条件，小型水库调度运用方案主要内容包括：调度条件与依据、防洪调度、兴利调度、应急调度、调度管理、附表

附图等。

（一）调度条件与依据

调度条件与依据中应说明水库基本情况、泄（输）水设施及下游行洪条件、调度任务与条件、大坝安全状况及存在的主要问题、水库上下游基本情况及与水库调度相关的其他资料。

（二）防洪调度

防洪调度应说明防洪调度运用的原则，结合地方实际与经验合理确定防洪调度时段，设定防洪限制水位，拟定防洪调度方式。泄洪设施有闸控制的，防洪调度应明确控制水位、调度方式、调度权限、执行程序；泄洪设施无闸控制的，防洪调度内容可适当简化，主要结合水雨情测报信息，明确防汛管理措施和防洪限制水位控制要求。

对设计洪水、水位库容关系、泄洪条件无明显变化的，按原定调度方式和参数进行防洪调度。对无设计洪水，或设计洪水、水位库容关系、泄洪条件之一发生明显变化的，进行设计洪水、水位库容关系与泄洪条件复核，通过调洪演算确定防洪调度方式和参数。

对泄洪设施无闸控制的，以库水位超过堰顶高程自由泄流为防洪运用基本方式。对泄洪设施有闸控制的，当降水量和库水位低于一定条件时，采取逐渐开启闸门的控制泄量方式调度；当降水量和库水位超过一定条件时，采取闸门全开的敞泄调度方式；洪水过后，尽快将库水位回落至防洪限制水位以下。

（三）兴利调度

兴利调度应依据灌溉、供水需求和蓄水情况，结合调度经验明确相关要求，确定灌溉、供水、发电等调度原则；明确调度任务，根据灌溉、供水、发电等功能和调度要求，合理调配水量，发挥水库的综合效益；说明取水水位和水量。

（四）应急调度

应急调度应重点考虑超标准洪水、工程险情、水污染等情况，说明水库应急调度的原则、启动和结束水库应急调度的条件与部门，说明水库遇超标准洪水、重大工程险情、地震、水污染等突发事件时的调度要求。应急调度应与水库大坝安全管理（防汛）应急预案相衔接，协调相应的应急调度方案，并根据事件发展变化调整调度方式。

（五）调度管理

按照“分级负责、责权对等”原则，明确水行政主管部门、水库主管部门、水库管理单位（产权所有者）的相应责任与权限，落实管护人员调度操作要求；建立水库调度信息、闸门操作、防汛值守等工作制度；明确水雨情监测、调度指令、巡视检查、泄洪预警信息沟通机制；明确水雨情信息、闸门启闭、洪水过程、工程情况、调度指令等调度信息的记录方式，做好调度信息记录，及时整理档案。

四、控制运用

小型水库应根据水库工程设施安全状况科学设定防洪限制水位，汛期严禁违规超防洪限制水位蓄水。对于无闸门控制的水库，防洪限制水位即溢洪道堰顶高程；对于有闸门控制的水库，要遵循“在确保大坝安全的前提下，最大限度地保障下游安全和蓄水兴利”的原则，根据大坝安全状况、下游河道行洪能力、当地洪水规律等方面综合确定防洪限制水位，进行综合比较后选定最佳方案。对于工程存在严重安全隐患或安全鉴定为三类坝的水库，应限制蓄水或空库运行。

限制运用水位或防洪限制水位低于溢洪道堰顶高程的，应落实相关泄水措施，满足水位限制要求。

五、调度运用方案的审批修订

调度运用方案由县级以上水行政主管部门审查批准，当调度运用条件或依据发生变化时，应及时修订，并履行审批程序。

附件：水库调度运用方案实例

山东省小型水库大多无闸门控制，为开敞式泄洪，应根据《小型水库调度运用方案编制指南》编制小型水库调度运用方案。对于坝高 15m 以上或总库容 100 万 m^3 以上且具备泄洪调度设施条件的水库，调度运用方案宜参照《水库调度规程编制导则》（SL 706）编制。

下面就以某小（1）型水库为例，编制无闸门控制的小型水库调度运用方案，案例如下。

××× 水库调度运用方案

一、前言

1. 编制目的

为规范 ××× 小型水库调度运用管理，提高水库运行调度水平，解决好水库防洪安全与兴利蓄水的矛盾关系，最大限度地发挥水库综合利用效益，制定该方案。

2. 适用范围

本方案阐明了水库的调度条件和依据，规定了防洪、兴利、应急调度原则及内容，明确了调度责任及权限，适用于 ××× 水库的防洪、兴利、应急调度。

3. 编制单位

××× 单位

4. 审批部门

××× 县水利局（或其他主管部门）

5. 审定时间

× 年 × 月 × 日

二、调度条件与依据

1. 水库基本情况

××× 水库为小（1）型水库，位于 ××× 县 ××× 镇 ××× 村 ××× 河上，于 1966 年建成蓄水，水库控制流域面积 7.2km^2，主要功能是防洪和灌溉，工程等别为Ⅳ等，主要建筑物级别为 4 级。水库为 30 年一遇洪水标准设计，500 年一遇洪水标准校核，设计洪水位为 238.41m（采用 1985 国家高程基准，下同），相应库容为 114.4 万 m^3，校核洪水位 239.18m，相应总库容为 126.5 万 m^3，兴利（汛限）水位 236.60m，兴利库容 82.0 万 m^3，死水位 224.40m，死库容 4.0 万 m^3。水库设计灌溉面积 3000 亩，实际灌溉面积 2100 亩。水库保护着下游 G1511 高速、S335 省道以及山海路等重要交通设施的安全，以及 6 个村庄 1.1 万余人生命财产和 1.3 万余亩耕地的安全。

水库枢纽建筑物由大坝、溢洪道、放水洞等三个部分组成。

大坝为黏土心墙坝，坝顶高程 239.91m，坝长 238.0m，坝顶宽 4.5m，混凝土路面，坝顶上游侧设浆砌石防浪墙，墙高 1.0m，顶高程为 240.91m。大坝上游坝坡坡比 1∶2.5，采用浆砌石护坡；下游坝坡坡比为 1∶2.0 ～ 1∶2.5，采用草皮护坡，坡面设浆砌块石纵向排水沟和混凝土砌筑的横向排水沟。

无闸控制开敞式溢洪道位于大坝左侧，两岸为浆砌乱石挡墙，堰顶高程为 236.60m，净宽 26.0m，最大泄量 249.81m^3/s。溢洪道建有生产桥 1 座，共 4 孔，单孔净宽 6.5m，桥面宽 5.0m。消能方式为底流消能。

放水洞位于大坝桩号 0+200 处，为浆砌石结构，方涵内衬 PE 管，管径 500mm，进、出口底高程分别为 224.40m、223.90m，洞长 70m，最大泄量 0.35m^3/s。下游设闸阀室，有 1 个控制阀，2 个分水闸阀，开启正常。

水库防汛道路为混凝土路面，防汛期间能保证道路安全畅通。通信和供电设施运行良好，供电稳定，水库雨情、水情、汛情信息能及时有效传达。

水库上游坝坡安装有观测水尺，能够读取水库水位；上游坝坡安置自动雨量计及水位自动监测计，能够及时测报水库水情。

2. 泄输水建筑物及下游行洪条件

溢洪道位于大坝左侧，为开敞式溢洪道，无闸门控制，控制段净宽 26.0m，溢洪道底高程为 236.60m，30 年一遇设计泄量为 146.26m^3/s，500 年一遇校核泄量为 249.81m^3/s。下游河道防洪标准为 20 年一遇，安全泄量为 120m^3/s。

放水洞位于大坝桩号 0+200 处，与大坝坝轴线呈 90° 夹角，为涵洞内衬 PE 管结构型式，进口底高程 224.40m，出口底高程 223.90m，坝后闸阀控制，开启正常。

3. 调度任务与条件

××× 水库是一座以防洪为主，兼顾农业灌溉的综合利用的小（1）型水库，同时保护下游 G1511 高速、S313 省道以及山海路等重要交通设施的安全运行，以及 6 个村庄 1.1 万余人、1.3 万余亩耕地的安全，下游 2.5km 处 G1511 高速、2.3km 处 S313 省道、0.6km 处山海西路、河道沿线村庄等工程设施防洪标准分别为 100 年一遇、50 年一遇、50 年一遇和 20 年一遇。

水库设计灌溉面积 3000 亩，实际灌溉面积 2100 亩，年均灌溉用水量约 44.1 万 m^3。

4. 大坝安全状况及存在的主要问题

2019 年水库大坝进行了安全鉴定，鉴定结论为三类坝，2020 年水库进行除险加固，并通过竣工验收。验收结论为：工程已按批复的设计内容全部完成，工程质量合格，财务管理较规范，投资控制较合理，竣工决算已通过审计，档案资料基本齐全；工程初期运行正常，社会和经济效益良好。同意通过水库除险加固工程竣工验收。

近年来，水库分别于2007年、2018年、2019年遭遇较大洪水，汛期水库最高水位分别达到237.50m、237.31m和238.20m。

目前水库大坝安全状况良好，无影响工程安全的问题。

5. 水库上下游基本情况

水库上游流域范围内有3座小（2）型水库，2个村庄，约2000人，下游为G1511高速、S313省道等重要交通设施，6个村庄，1.1万余人、1.3万余亩耕地。

6. 其他资料

其他资料为和水库调度相关的基础资料，主要有水库工程位置、水库工程平面布置情况、水库大坝和放水洞结构、水库特征参数、水库水位－库容－泄流量关系、水库汛期调度运用主要指标、水库防洪调度运用计划等，详见附表和附图。

三、防洪调度

1. 调度原则

××× 水库防洪调度原则是根据水库安全标准、防洪调度方式及各特征水位对入库洪水进行调蓄，保障大坝安全。遇超标准洪水，应力求保大坝安全，并尽量减轻下游的洪水灾害。

2. 防洪调度运用

（1）防洪调度时段。水库防洪调度时段为汛期，具体为每年的6月1日—6月20日（汛初）、6月21日—8月15日（汛中）、8月16日—9月30日（汛末）。具有管理权限的防汛指挥机构若宣布汛期提前或者延长的，按其规定执行。

（2）汛期限制水位。由于本水库溢洪道为无闸门控制，且水库大坝已于2020年完成除险加固，并通过竣工验收，目前无影响水库运行安全的问题。该水库的汛期限制水位设置为236.60m，与水库正常蓄水位相同，即溢洪道堰顶高程。

（3）防洪调度方式。水库溢洪道为开敞式无闸门控制，该水库防洪调度方式采用库水位超过溢洪道堰顶高程自由泄流方式进行调度。

1）库水位上升至236.60m时，溢洪道自由溢流，出库流量由水库各水位对应的溢洪道泄洪能力决定。

2）当预报水库将要泄洪时，水库管理单位（产权所有者）应做好预警工作，通知下游 ××× 镇 ××× 村等相关单位做好应对水库泄洪安全工作，同时报 ××× 县水行政主管部门和防汛指挥机构。

（4）防汛调度要求。

1）汛期库水位应严格按照汛限水位控制，不得擅自超越，不得在泄洪设施上设置任何影响泄洪的子埝、拦鱼网等挡水阻水障碍物。

2）在泄洪过程中，应加强泄洪设施安全、挡水建筑物安全（重点关注接触渗流、坝脚冲刷等问题）、下游行洪通道安全的巡查，发现问题及时报告。

3）若水库长期低水位或空库运行，遭遇洪水时应采取放水洞预泄等措施控制水位上涨速度，加强大坝安全巡查。

4）根据降水和下垫面条件，推算降水与入库水量关系，编制降水－库水位－泄量查算表，提升防洪调度预测预警能力。

5）当预报库水位将达到或超过设计洪水位时，防汛抢险队必须上坝加强防守，并做好采取非常应急措施的准备。

（5）超标准洪水应对措施。

1）当水库水位预计将要超过大坝校核洪水位 239.18m，或预报水库所在流域内可能发生超标准洪水，要做好洪水调度，防止洪水漫顶，应力保大坝安全，采取以下应急措施：

A. 立即按照 ××× 水库防汛应急预案中应急处置措施进行处置。

B. 利用已有放水洞预泄，尽可能降低库水位。

C. 加高加固大坝防浪墙或抢筑子埝或开挖新的泄洪通道。

D. 加强对大坝的巡视检查。

2）水库遭遇超标准洪水时，应及时通知下游和库区尽早完成人员转移工作，努力减小洪水对下游和库区造成的灾害或不利影响；有组织地做好事故抢险工作，降低事故造成的损失。

四、兴利调度

1. 调度原则

××× 水库兼有防洪和灌溉的任务，其兴利调度的原则是：协调灌溉蓄水与防洪的关系，灌溉蓄水服从防洪，在确保防洪安全前提下，发挥灌溉效益。

2. 调度任务

××× 水库兴利任务主要是为水库周边农田提供灌溉用水，其兴利调度的任务是：合理调配水库水量，在保证大坝安全的前提下，保证灌溉供水。

3. 取水水位和用水量

水库灌溉供水最低取水位为死水位224.40m，放水洞最大输水流量0.35m^3/s，灌溉用水量根据灌区用水计划确定。

五、应急调度

1. 调度原则

最大限度保证大坝安全，与水库大坝安全管理（防汛）应急预案充分衔接。

2. 应急调度启动与结束

（1）启动条件：水库遭遇超标准洪水、重大工程险情、地震、水污染等突发事件，启动水库大坝安全管理（防汛）应急预案时启动应急调度。

（2）结束条件：当洪水过程过去，水位下降至安全水位，工程隐患或险情排除后，结束水库大坝安全管理（防汛）预案时结束应急调度。

（3）启动和结束权利部门：××× 县水利局。

3. 应急调度任务

（1）遭遇超标准洪水时调度要求。

1）水库遭遇超标准洪水时，应及时通知下游和库区尽早完成人员转移工作，努力减小洪水对下游和库区造成的灾害或不利影响；有组织地做好事故抢险工作，降低事故造成的损失。

2）所有抢险队上坝，加高加固大坝防浪墙或抢筑子埝或开挖新的泄洪通道。

（2）遭遇超重大工程险情、地震等的调度要求。水库大坝应采取开挖溢洪道、打开放水洞闸阀、调配抽水泵、倒虹吸等泄洪措施，降低库水位运行。

（3）遭遇水污染突发事件的调度要求。遭遇水污染突发事件时，应立即停止供水，尽快进行水质检测，确定水污染的类型与程度，按照应急处置要求进行调度。

六、调度管理

1. 调度管理原则

按照“分级负责、责权对等”的原则，明确水行政主管部门、水库主管部门、水库管理单位的相应责任与权限，落实水库管理员调度操作要求。

××× 水库属小（1）型水库，水行政主管部门是水库所在县水利局，水库主管部门为水库所在镇人民政府，水库管理单位为 ××× 水利工程公司。水库所在县人民政府对本水库防汛安全负总责，统筹落实防汛“三个责任人”，乡镇人民政府履行属地管理职责；水库主管部门负责水库防汛安全监督管理；水库管理单位（产权所有者）负责水库调度运用、日常巡查、维修养护、险情处置及报告等防汛日常管理工作。各级水行政主管部门对水库防汛安全实施监督指导。××× 水库相关管理人员名单见表 1。

表 1　××× 水库相关管理人员名单

政府责任人		水库主管部门责任人		水库管理单位责任人		技术责任人		巡查责任人		水库安全管理员
姓名	职务	姓名	职务	姓名	职务	姓名	职务	姓名	职务	姓名

2. 工作制度

水库管理单位应建立水库调度信息、闸门操作、防汛值守、险情报告制度等工作制度，并严格执行。

3. 水雨情监测

水库上游坡安装有观测水尺，能够读取水库水位，并且上游坝坡安置自动雨量计及水位自动监测计，能够正常运行，能够及时测报水库水情。

4. 泄洪预警信息沟通机制

水库泄洪前，泄洪预警信息由水库管理员上报水库技术责任人，然后由技术责任人同时向水库行政责任人、水库所在镇人民政府、县水利局、县防汛指挥机构报告，由所在镇人民政府通知下游村庄和相关单位做好防洪安全措施。

5. 信息的记录

水库管理单位应明确雨水情信息、闸门启闭、洪水过程、工程情况、调度指令等调度信息的记录方式，做好调度信息记录，及时整理档案。

七、附表、附图

1. 附表

附表 1　水库特征参数表

附表 2　水库水位 - 库容 - 泄流量关系表

附表 3　水库汛期调度运用主要指标表

附表 4　水库防洪调度运用计划简表

2. 附图

附图 1　水库工程位置图

附图 2　水库工程平面布置图

附图 3　水库大坝横断面图

附图 4　水库放水洞纵剖面图、平面图

附图5 水库水位－库容－泄量关系曲线图
附图6 水库防洪调度图（有闸时）
附图7 水库上游淹没影响及风险图
附图8 水库下游淹没范围及群众转移路线图

第四章　巡视检查

巡视检查是通过眼看、耳听、手摸、鼻嗅以及一些简单的工具，对水库工程表面状态的变化进行经常性的巡视、查看等工作的总称，是水库日常运行管理中一项必不可少的基础性工作，是及时发现大坝安全隐患的主要措施之一。巡视检查一般分为日常巡查、防汛检查和特别检查三类。从施工期开始，至运行期均应进行巡视检查。根据国内外有关资料统计，通过大坝巡视检查发现的重大安全隐患，占出险水库总数的70%以上。尤其是在大多数小型水库缺少大坝安全监测设施的情况下，巡视检查显得更为重要。

本章主要介绍巡视检查的基本要求、方法、项目和内容、常见问题的检查以及异常情况的上报等，为小型水库的巡视检查工作提供指导。学习本章应熟练掌握巡视检查路线、方式和频次、不同运用期的检查重点、如何记录和报告、常用检查方法、巡查前准备工作、巡查内容等，了解和掌握水库易发生的常见问题和险情，以及如何对常见问题进行检查和判别，发现异常情况如何上报等。水库巡查管护人员应按照要求开展巡视检查，做好巡查记录，出现异常情况或险情时，应及时上报。

第一节　巡视检查的基本要求和方法

一、巡视检查的基本要求

（一）水库巡视检查的组织

（1）水库大坝巡视检查由水库管理单位负责实施，没有专管机构的小型水库，一般由当地水行政主管部门或水库主管部门组织实施，或通过政府购买服务的方式实行社会化管理，委托具备相应能力的专业化公司负责。

（2）开展重点巡视检查或特别检查时，必须有专业技术人员参加。必要时，可报请水行政主管部门及有关单位专家会同检查。

（3）水库大坝的巡视检查工作应根据工程的实际情况制定相应的工作程序，工作程序应包括检查项目、检查方式、检查顺序、检查路线、记录表格式、每次巡查的文字材料及检查人员的组成和任务等内容，水库大坝巡视检查情况应归入水库技术档案。

（4）当地水行政主管部门在每年汛前应组织小型水库管理人员和参加巡查的乡（镇）、村干部进行有关专业知识的培训。

（二）巡视检查的方式和频次

巡视检查分为日常巡查、防汛检查和特别检查三类。

（1）日常巡查。日常巡查是由水库管理单位（产权所有者）、巡查管护人员或巡查责任人开展的大坝日常检查工作，重点检查工程和设施运行情况，及时发现挡水、泄水、输水建筑物和近坝库岸、管理设施存在的问题和缺陷。检查部位、内容、频次等应根据运行条件和工程情况及时调整，做好检查记录和重要情况报告。汛期每天至少巡查1次、非汛期每周至少巡查1次，对初蓄期及强降雨期间应加大频次。具体频次各水库结合实际确定，详见表4.1–1。

表 4.1–1 小型水库大坝日常巡查频次

序号	巡查时段	巡查频次		备注
		初蓄期	运行期	
1	非汛期	1 ~ 2次 / 周	1次 / 周	具体频次各水库结合实际确定
2	汛 期	1 ~ 2次 / 天	1次 / 天	

注 表中巡查频次，均系正常情况下最低要求，初蓄期及强降雨期间应加大频次；初蓄期是指从水库新建、改（扩）建、除险加固下闸蓄水至正常蓄水位的时期，若水库长期达不到正常蓄水位，初蓄期则为下闸蓄水后的前3年。

每次巡查结束后，巡查人员都要认真填写日常巡查记录表，参见附表4.7–1。

（2）防汛检查。防汛检查分别在汛前、汛中和汛后开展，每年至少3次，详见第七章。防汛检查情况由防汛技术责任人填写巡查记录表，参见附表4.7–2。

（3）特别检查。当水库遭遇到强降雨、大洪水、有感地震，以及库水位骤升骤降或持续高水位等情况，或发生比较严重的破坏现象或出现危险迹象时，应由水库主管部门或水库管理单位（产权所有者）组织特别检查，必要时可邀请专家或委托专业技术单位进行检查。特别检查需对工程进行全面检查，异常部位及周边范围应重点检查。发生特殊情况或接到险情报告，应及时组织检查。特别检查应当形成检查报告。

（三）不同运用期巡视检查的重点

在不同运用情况和外界因素影响下，应加强对容易发生问题部位的巡视检查。

（1）高水位期。应加强对大坝背水坡、反滤坝趾、坝体与库岸相接处、下游坝脚和其他渗流逸出部位的观察以及对建筑物和闸门变形的观察。

（2）大风浪期。应加强对大坝上游护坡以及受风浪影响的闸门的观察。

（3）暴雨期。应加强对建筑物表面及其两岸山坡的冲刷、排水情况以及可能发生滑坡、坍塌部位的观察。

（4）泄流期。应加强对水流形态、冲刷、淤积、振动、水面漂浮物的观察。

（5）水位骤降期。应加强对大坝迎水坡可能滑坡部位的观察。

（6）泄流间歇期。应加强对泄水建筑物可能发生冲刷、磨损、空蚀等部位的观察。

（7）冰冻期。应加强对冰冻情况、防冻、防凌措施的效果以及混凝土建筑物伸缩缝变化情况和渗水情况的观察。

（8）地震期。应对建筑物进行全面的检查观察，注意有无裂缝、滑坡、塌陷、翻砂、冒水及渗流异常等现象。

（四）巡视检查的记录和报告

水库巡视检查实行记录和报告制度，基本要求如下：

（1）每次巡视检查时，巡查人员要带好必要的辅助工具和记录笔、记录簿。

（2）巡视检查中如发现问题，巡查人员要在记录表中详细记录时间、部位、问题，必要时应拍照、摄像、绘出简图等，如图 4.1–1 所示。

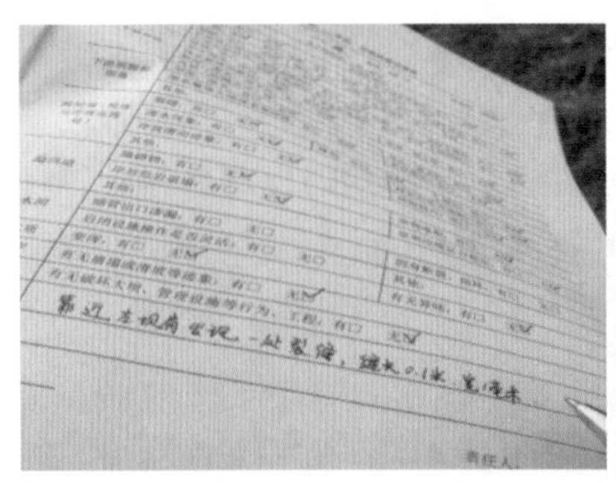

图 4.1–1　巡查过程中发现问题应及时记录

（3）现场巡查结束后，巡查人员要认真填写记录表，有关人员均要签名。

（4）巡查现场记录必须及时整理，并将每次检查结果与以往记录对比分析，对异常情况进行复查，以保证记录的准确性。

（5）复查确认为异常情况后，应立即采取应急措施，并及时上报主管部门。

（6）开展防汛检查和特别检查时，除认真填写记录表外，还要提出简要报告。

（7）巡视检查的记录、图件、报告等均要整理归档，以备查考。

（五）巡查前的准备工作

为方便巡查时记录和处理简单事项，每次巡查时，巡查人员都要带好必要的辅助工具和记录笔、簿。巡视检查人员要有足够的安全意识，保证自身安全。巡查前的准备工作主要如下：

（1）巡查前应掌握天气情况。巡查员要密切关注天气情况，定时收看或收听天气预报，了解未来几天的天气变化情况，当预报有台风或中到大雨时要提高警觉性，一方面要关注台风对本地的影响情况，另一方面要关注降雨强度及持续时间。

（2）巡查前应准备好需要的工具和装备。为方便巡查时记录和处理简单事项，巡查前应准备好可能用到的检查工具和装备，常用的有：

1）检查工具：钢卷尺、铁锹、镰刀、锤子等。巡查前应根据水库实际情况准备检查工具。

2）记录工具：巡查记录簿（表）、记录笔。

3）装备：手机，雨天巡查时要穿上雨衣、雨鞋，不要打雨伞，夜间巡查时还要带上应急灯。

（3）信息化巡查前准备工作。

1）确保手机有充足的电量。

2）确保手机网络连接正常。

3）确保手机未停机，可正常使用。

（4）遇事不能巡查时的准备工作。当巡查员遇事或因身体原因不能去巡查时，应及时报告技术责任人，经同意后委托专人代替，在台风、洪水影响期间和高水位运行期则应尽可能由本人巡查，确有特殊情况的，应将情况及时向上级报告。

（六）责任追究

依据水利部《小型水库运行管护监督检查与责任追究办法（征求意见稿）》，对防汛巡查责任人以下9类行为进行责任追究：

（1）巡查责任人未参加过岗位培训。

（2）巡查责任人履责情况差，如：不清楚自身工作职责；不掌握水库基本情况；不了解水库安全运行状况。

（3）不清楚如何看护或巡查水库，不能说出巡查时间和次数，不能提供巡查记录。

（4）不清楚特征水位。

（5）不清楚水库出现险情隐患时报告的对象及采取的抢险措施。

（6）不清楚防汛物资储备情况。

（7）不清楚水库有无必要通信设备，以及通信设备是否满足汛期报汛和紧急情况报警的要求。

（8）未通过天气预报等有效方式了解库区水情雨情。

（9）检查期间无法与巡查责任人取得联系等。

二、巡视检查的方法

（一）常规检查方法

巡视检查的常规检查通常采用眼看、耳听、脚踩、手摸、鼻嗅等直观方法，或辅以锤子、铁锹、钢卷尺等一些简单的工具对工程表面和异常现象进行检查测量。对于已安装视频监控系统的水库，可利用视频图像辅助跟踪检查。

（1）眼看。察看迎水面大坝附近水面有无漩涡；迎水面护坡块石有无移动、凹陷或突鼓；防浪墙、坝顶是否出现新的裂缝或原存在的裂缝有无变化；坝顶有无塌坑；背水坡坝面、坝脚及附近范围内有无雨淋沟；排水设施有无淤堵；有无出现渗漏突鼓现象，尤其对长有喜水性草类的地方要仔细检查，判断渗漏水的浑浊度及渗漏量的变化；大坝附近及溢洪道两侧山体岩石有无错动或出现新裂缝；通信、电力线路是否畅通等。

（2）耳听。用耳听坝体、涵洞出口等有无不正常水流声或振动声。

（3）脚踩。检查坝坡、坝脚是否出现土质松软、鼓胀、潮湿或渗水现象。

（4）手摸。当通过眼看、耳听、脚踩发现异常情况时，则用手作进一步临时性检查，对长有杂草的渗漏出逸区，则用手感测试水温是否异常。

（5）鼻嗅。库水有无异常气味，作为水质检查的一种辅助手段。

（6）简易量测。利用钢卷尺等简单工具对工程表面异常现象进行检查量测，例如：裂缝宽度和长度、凹坑大小等。

（二）专项特殊检查

防汛检查和特别检查除采用日常检查的方法外，还可根据检查目的和要求，采用开挖探坑（槽）、探井、钻孔取样或孔内摄影、注水或抽水试验、投放示踪剂、超声波探测、潜水员探摸或水下摄影、水下机器人等探测技术和方法进行。

（三）走访调查

对库区附近的群众进行走访调查，了解有无特殊事件发生。

第二节　土石坝的巡视检查

一、土石坝巡视检查路线

水库巡视检查的范围包括坝体、坝区（坝基、坝肩），各类泄洪、输水设施，如放水洞、溢洪道、闸门及启闭设施等，以及对水库大坝安全有重大影响的近坝库岸和其他与水库大坝安全有直接关系的建筑物和设施。

水库巡视检查要求做到检查全覆盖，不留死角，不出现遗漏，具体水库可根据工程布置情况设计巡视检查路线。土石坝推荐巡查路线如下：

（1）对坝脚排水、导水设施及坝脚区排水沟或渗水坑区进行巡查。

（2）对下游坝坡和下游岸坡进行巡查，确保检查整个下游坝坡和岸坡。

（3）对坝顶进行巡查。

（4）对上游坝面进行巡查，同时观察水面情况。

（5）对输水涵洞（管）、溢洪道、闸门等建筑物和设施进行巡查。

（6）对近坝区岸坡进行巡查。

某小型水库巡查路线如图 4.2–1 所示。

图 4. 2–1　某小型水库巡查路线示意图

二、土石坝巡视检查的项目和内容

土石坝（挡水建筑物）巡视检查重点是对大坝整体形貌、防洪安全、变形稳定、渗流情况进行检查。整体形貌检查结构是否规整、断面是否清晰、坝面是否整洁，防洪安全检查挡水高程是否不足、水库淤积是否严重、历史蓄水位是否过高，变形稳定检查有无明显变形和滑坡迹象，渗流情况检查下游坝坡或两坝肩是否有明显渗水，应特别关注穿坝建筑物渗漏问题等。土石坝巡视检查的项目及内容见表 4.2–1。

表 4.2–1　土石坝巡视检查项目及内容

检查项目		内容与情况
坝顶	坝顶路	坝顶路面是否平整，有无排水设施，有无裂缝、异常变形、积水或植物滋生等现象
		路缘石是否损坏
		坝顶兼做道路的有无危害大坝安全和影响运行管理的问题
	防浪（护）墙	是否规整，有无缺损、开裂、挤碎、架空、错断、倾斜等现象
	坝肩及坝端	有无裂缝、滑动、塌陷、变形等现象
上游坝坡	坝坡	是否规整，有无滑塌、塌陷、隆起、裂缝、淘刷等现象
	护坡	是否完整，有无缺失、破损、塌陷、松动、冻胀、植物滋生等现象
	近坝水面	近坝水面线是否规整，水面有无漩涡（漂浮物聚集）、冒泡等异常现象
	上游铺盖	有条件时检查上游铺盖有无裂缝、塌坑等
下游坝坡	坝坡	有无滑动、隆起、塌坑、裂缝、雨淋沟等
		有无散浸（积雪不均匀融化、亲水植物集中生长）、集中渗水、流土、管涌等现象
		有无动物洞穴等
	护坡	草皮护坡是否完好
	排水系统	排水沟是否完整、通畅，有无破损、淤堵等现象
下游坝脚与坝后	坝脚和坝基	排水体、滤水坝趾、减压井等导渗降压设施有无异常或损坏
		渗透水的水量、颜色、气味及浑浊度、酸碱度、温度有无变化
		有无阴湿、渗水、管涌、流土或隆起等现象
	坝后	坝后有无影响工程安全的建筑、鱼塘、人为取土等侵占现象
其他	近坝岸坡	近坝岸坡有无滑坡、危岩、掉块、裂缝、异常渗水等现象
	管理范围和保护范围	管理范围和保护范围内是否存在危害大坝安全的活动，如垃圾、杂物堆放，有无非法侵占、爆破、打井等

三、土石坝常见问题的检查

土石坝主要分为土坝和堆石坝两大类。由于山东省内堆石坝数量很少，本书不作为重点，仅就土坝常见问题的检查和判别进行介绍。

根据土坝的特性，土坝易发生的问题主要包括渗漏、裂缝、滑坡、塌坑、护坡破坏，以及其他危害大坝安全的问题等。

（一）渗漏

1. 基本概念

土坝具有一定程度的透水性。水库蓄水后，在水压力作用下，库水会通过坝体、坝基、坝肩的孔隙，或其之间的接触面，或大坝与输（泄）水建筑物之间接触面等渗出，称之为渗漏。

渗漏分正常渗漏和异常渗漏。如果渗水从坝后排水体或坝后基础中渗出，清澈见底、不含土粒，且渗漏量变化很小，属正常渗漏；若渗漏量过大或出逸点过高，渗水为浑水，属异常渗漏。巡查过程中，一旦发现坝下游出现散浸（渗水）、集中渗漏、流土、管涌等异常渗漏情况，应及时查明原因并处理。

因此，在水库检查和观测工作中，发现土坝渗水，既不能疏忽大意，也不能草木皆兵，将所有渗漏情况都列为隐患或病险。

2. 渗漏分类

土坝渗漏按其发生部位，可分为坝体渗漏、坝基渗漏、穿坝建筑物接触渗漏及绕坝渗漏。

（1）坝体渗漏。坝体异常渗漏一般可以分为散浸（渗水）和集中渗漏（漏洞）。

1）散浸（渗水）。由于土坝的透水性，库水必定会渗入坝体。这使坝体形成上干下湿两部分，干湿部分的分界线，就是浸润线。在持续高水位情况下，如果土坝存在土料选择不当、夯实不密实、施工质量差等问题，渗透到坝体内部的水就会较多，浸润线也就明显抬高，这时在下游坡渗水出逸点也相应抬高，通常在排水体以上出逸，使出逸点以下局部土体湿润或发软，甚至在坝坡面形成细小、分布广的渗流，使下游坝面形成大片散浸区，这就是散浸，也称渗水，如图 4.2–2 所示。

散浸（渗水）是土坝坝体较常见的险情之一，如不及时处理，可能会发展成集中渗漏、塌坑等险情，甚至会引起下游滑坡。

2）集中渗漏（漏洞）。由于各种原因大坝存在裂缝、孔隙、强透水层等薄弱环节，在高水位情况下，下游坝坡或坝脚附近出现横贯坝体或坝基的渗漏孔洞，渗水成股流出，称为集中渗漏，也称漏洞，如图 4.2-3 所示。

集中渗漏通常会带走坝体土粒，长时间后易形成管涌，甚至淘成孔穴逐渐形成塌坑。心墙或斜墙等防渗体被击穿形成的集中渗漏、大坝与坝下涵管等建筑物接触面形成的集中渗漏，都是严重的渗漏问题，易出现重大险情，需慎重对待、及早处理。如集中渗漏出流浑水、或由清变浑、或时清时浑，均表明渗漏正在迅速扩大。

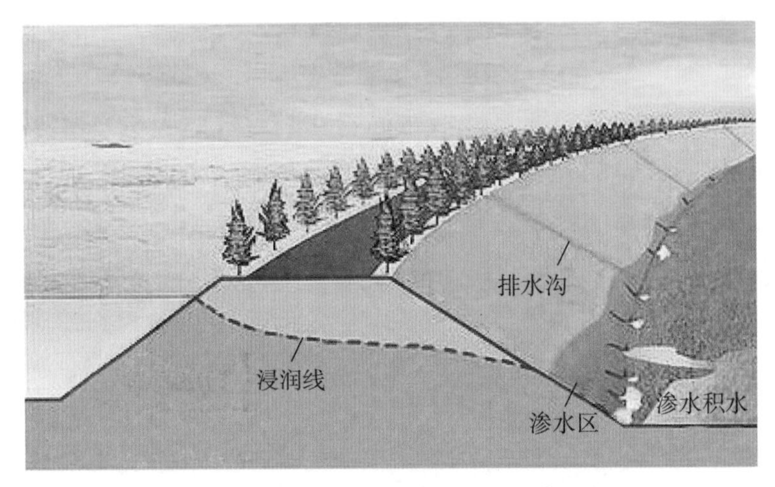

图 4.2-2　散浸（渗水）示意图

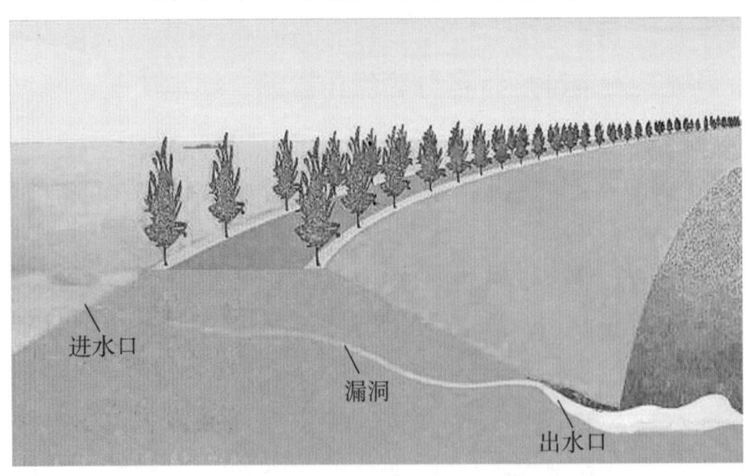

图 4.2-3　集中渗漏（漏洞）示意图

（2）坝基渗漏。如果大坝施工时未清基或清基不彻底、坝基未进行防渗或防渗措施不到位，容易发生坝基渗漏。在反滤排水体附近或排水沟以外的地面，有明显的渗水出逸、冒水翻砂、沼泽化（芦草茂盛）等现象，均属坝基渗漏。坝基渗漏通常有可能导致坝下游坡脚附近发生管涌或流土。

1）管涌。管涌是指坝基中沙砾土的细粒被渗透水流带出基础以外，形成孔道，产生集中涌水的现象，如图 4.2–4 所示。管涌对土坝的危害，一是如果被带走的细颗粒堵塞下游反滤排水体，将使渗漏情况恶化；二是细颗粒被带走，容易使坝体或坝基产生较大沉陷，破坏大坝的稳定。

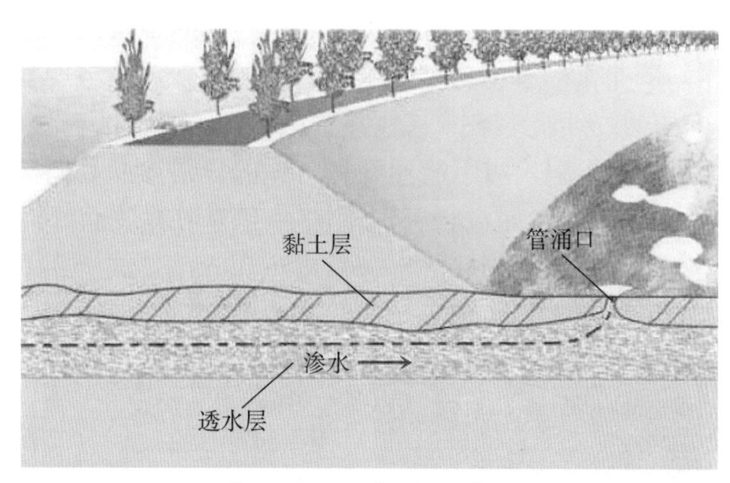

图 4.2–4 管涌示意图

2）流土。流土是指在渗流作用下，坝基局部土体表面隆起或大块土体松动而随渗水流失的现象。流土常发生在下游坝基的渗流出逸处，而不发生于坝基土体内部。流土发展速度很快，一旦出现必须及时抢护。

（3）穿坝建筑物接触渗漏。穿坝建筑物与坝体结合面如果处理不当，易成为防渗薄弱部位，水库蓄水后，在水压力作用下沿结合面产生接触渗漏，有明显渗流、出水浑浊或细颗粒带出等现象，主要发生在坝下涵管、溢洪道等建筑物与土坝结合部位。穿坝建筑物接触渗漏产生的主要原因有：①穿坝建筑物周围土体填筑质量差、夯压不实、护壁黏土浆涂刷不当等造成建筑物外壁与周围填土结合不严密；②坝体与混凝土或浆砌石建筑物连接处未设防渗刺墙或防渗刺墙长度不足；③坝下涵管未设截水环或截渗环高度不够等。

近年来，我国已有多座小型水库因坝下涵管与土坝发生接触渗漏而导致险情发生，甚至溃坝。因此，穿坝建筑物接触渗漏对大坝安全危害极大，巡查过程中一旦发现应立即上报。

（4）绕坝渗漏。坝下游两端与岸坡连接处或附近岸坡，若有明显的渗水出逸，则属绕坝渗漏。绕坝渗漏产生的主要原因有：①坝肩两岸地质条件差且未进行有效处理；②施工时两岸取土；③动物打洞或植物根系腐烂形成孔洞；④因风浪淘刷破坏了岸坡铺盖，形成渗漏通道。

3. 渗漏的检查与判别

渗漏现象一般用肉眼就可以观察到，如果大坝渗漏，一般可以通过外观上的一些迹象看出来。因此，要对土坝的渗漏情况进行经常性检查、观察。发现异常渗漏情况，要及时分析渗漏的原因，并采取必要的修理措施予以整治。

基本判别方法：如渗水从坝后排水体或坝后基础中渗出，清澈见底、不含土粒，且渗漏量变化很小，属正常渗漏；如渗水变浑，或明显看到水中有土颗粒，可能已转变成异常渗漏。其他部位（如坝坡、坝肩、建筑物连接处等）的各种渗漏均属异常渗漏。以下简述几种常见的异常渗漏如何检查和判别。

（1）散浸（渗水）。如在晴天无雨时，下游坝坡坡面湿润、或有明显细小渗水、或潮湿松软并陷脚、或部分草皮色深叶茂、或严寒季节冻结变硬等，都是坝体散浸（渗水）的特征，如图 4.2–5 所示。

图 4. 2–5　下游坝坡散浸（渗水）

（2）集中渗漏（漏洞）。下游坝脚、坝体与两岸山体结合部位、坝下涵管出口附近、发生散浸部位、横向裂缝部位等，都是可能出现集中渗漏现象的重点部位，如图 4.2–6 所示，需要重点观察。

图 4. 2–6　集中渗漏（漏洞）

（3）坝基渗漏。若反滤排水体附近、或排水沟以外的地面，在晴天无雨的情况下，有明显的渗水出逸、或冒水翻砂、或沼泽化（芦草茂盛，如图 4.2–7 所示）等现象，属坝基异常渗漏。

图 4. 2-7 坝后沼泽化

管涌和流土是两种严重的坝基异常渗漏，一般发生在大坝背水坡坡脚附近，如图4.2-8所示。一旦发现，应立即上报主管部门，如不及时进行险情处置，极易导致垮坝事故发生。

图 4. 2-8 坝后渗漏导致管涌或流土

1）管涌的基本特征。

A. 管涌的出水口多呈孔状，出口处“翻砂鼓水”，形如“泡泉”，冒出黏土粒或细砂，形成“砂环”。

B. 出水口的大小不一，小的如蚁穴，大的可达几十厘米。

C. 出水口的多少也不一样，少的只有 1 ~ 2 个，多的成群出现。

如果任由管涌险情发展下去，坝基土将被淘空，继而引起建筑物塌陷，造成垮坝事故。

2）流土的基本特征。

A. 发生流土时会出现坝坡上部凹陷、下部隆起或浮动等现象，因此流土又称“牛皮胀”。

B. 若坝基土是较均匀的细砂，往往会出现小泉眼、冒气泡，继而土颗粒向上鼓起，发生浮动、跳跃，这种现象也称为“砂沸”。

（4）穿坝建筑物接触渗漏。在晴天无雨的情况下，若穿坝建筑物与坝体连接处有明显的渗水，则属接触渗漏，如图 4.2-9 所示，主要包括以下几

（a）大坝与溢洪道连接部位渗漏严重

（b）放水洞出口闸室渗水

图 4.2-9　穿坝建筑物接触渗漏

种情形：

1）坝下埋涵（管）出口与坝体接触部位有明显渗流，出水浑浊或有细颗粒带出。

2）开敞式溢洪道侧墙与坝体连接部位有明显渗流，出水浑浊或有细颗粒带出。

3）建筑物出口与坝体接触部位有明显出水口，水流呈泉状涌出。

4）坝下埋涵（管）因不均匀沉陷断裂或止水破坏，内水外渗或外水内渗。

5）建筑物出口与坝体连接部位土体湿软，甚至出现出口附近土体变形塌陷等。

（5）绕坝渗漏。若坝下游两端与岸坡连接处或附近岸坡，在晴天无雨的情况下，有明显的渗水出逸，则属绕坝渗漏。绕坝渗漏主要包括以下情形：

1）坝体与岸坡结合部明显漏水且有细颗粒带出。

2）坝体与岸坡结合部局部土体表面隆起或有细颗粒带出。

3）坝体与岸坡结合部上、下游出现塌坑。

4）相同水库水位下，绕坝渗流量或渗流压力持续增加。

5）坝体与岸坡结合部有明显的出水口，水流呈泉状涌出。

如果绕坝渗漏量较大、有明显的集中渗漏或渗水浑浊等，则属异常现象。

土石坝渗漏检查记录表参见表 4.2-2。

表 4.2-2　土石坝渗漏检查记录表

日期（年－月－日）	渗水点编号	渗漏部位	渗漏流量 /（m^3/s）	渗漏范围	上游水位 /m	渗水浑浊情况	备注

（二）裂缝

1. 基本概念

坝体裂缝（图 4.2–10）是土坝常见的病害现象之一。细小的裂缝对坝体都存在潜在的危险性，对大坝安全不利。如细小的横向裂缝，因水位升高易发展成集中渗漏通道；细小的纵向裂缝，因雨水灌入易导致或加剧滑坡危险。因此，土坝裂缝均应及时采取措施处理，以防止裂缝发展和扩大。

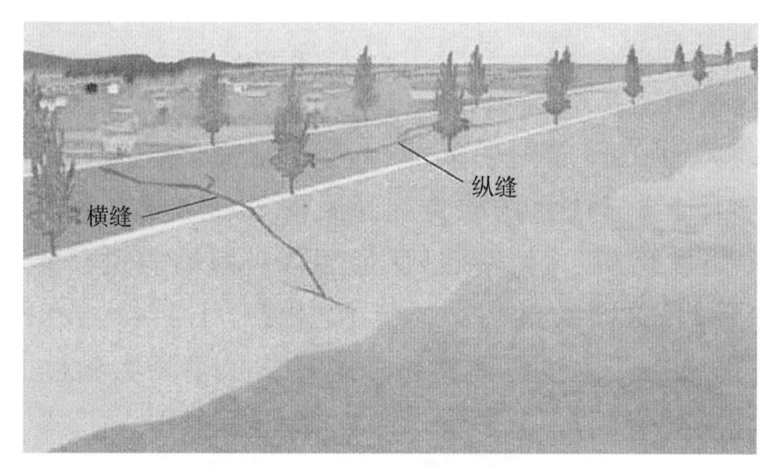

图 4. 2–10　裂缝示意图

2. 裂缝分类

土坝常见的裂缝一般分布在坝面上（坝顶和上下游坝坡），也有隐藏在内部的。按裂缝的存在部位一般分为表面裂缝和内部裂缝，巡查中发现的一般是表面裂缝；按裂缝的走向一般分为横向裂缝（垂直坝轴线）、纵向裂缝（平行坝轴线）；按裂缝产生的原因一般分为干缩缝、沉陷缝、冻融缝、滑坡裂缝和震动裂缝等。其中，横向裂缝和滑坡裂缝的危害性最大。

3. 裂缝成因

裂缝产生通常不是由单一的原因造成，往往是多种原因并存，需要仔细分析。主要原因包括：①坝体或坝基不均匀沉陷引起裂缝；②坝体与输、泄水建筑物结合处，由于结合不良，夯实不够，或沉陷不均引起裂缝；③高水位渗流作用下，坝体湿陷不均，库水位骤降时，易引起滑坡裂缝，特别是坝脚基础有软弱夹层时，更易发生；④由于阳光暴晒，使坝体表面水分蒸发干缩，产生干缩裂缝；⑤寒冷地区，易因冰冻产生冻融裂缝；⑥地震、强烈震动引起裂缝；⑦坝体内存在白蚁、老鼠、蛇等洞穴，引起局部裂缝。

4. 裂缝特征

（1）横向裂缝 [图 4.2–11（a）] 特征：①发生在坝顶的表面和坝坡上，

走向与坝轴线垂直或斜交；②一般从坝顶接近铅直或稍有倾斜伸入坝体一定深度；③缝深几米到几十米，缝宽几毫米到几厘米，甚至更宽。

（2）纵向裂缝[图 4.2–11（b）]特征：①多发生在坝顶和坝坡的表面，走向与坝轴线平行或接近平行；②一般多垂直向下延伸，缝长多达数十米，甚至上百米。

（3）滑坡裂缝[图 4.2–11（c）]特征：①滑坡裂缝主要发生在坝顶和坝坡的表面，走向与坝轴线平行或接近平行；②裂缝在平面上一般呈弧形，裂缝两端延伸时弯向上游或下游；③裂缝会不断延长和增宽；④裂缝两侧分布有众多的平行小缝，主缝上下侧有错动，错距逐渐加大；⑤滑坡裂缝开始发展缓慢，后期逐渐加快，同时在坝面或坝基相应部位出现隆起现象。

（4）干缩裂缝[图 4.2–11（d）]特征：①干缩裂缝多呈龟裂状，密集交错，没有特定的走向；②缝的间距比较均匀，无上下错动；③缝与表面垂直，缝不宽，深度较浅。

（a）横向裂缝　（b）纵向裂缝

（c）滑坡裂缝　（d）干缩裂缝

图 4.2–11　坝体裂缝

（5）冻融裂缝特征：①冻融裂缝规律性差，纵横分布，呈龟裂状；②一般深度较浅，多为铅直开裂，上宽下窄呈楔形状。

5. 常见裂缝检查与判别

裂缝是建筑物内部发生某种变化的表现，根据裂缝的特征，可以判断建筑物的安全状况。

发生在坝顶、坝坡的裂缝，一般可以用眼睛观察到。如果发现坝顶防浪（护）墙、坝坡踏步、护栏等有裂缝迹象，则反映坝顶和坝坡可能发生不均匀沉陷或滑坡，要做进一步的检查。

水库长期高水位运行或大暴雨期间，坝坡含水量大，稳定性降低，容易发生滑坡裂缝。水库连续放水，库水位骤降时，上游坝坡也最容易发生滑坡裂缝。发生地震也容易引起大坝裂缝。遇上述情况时都要加强检查观察。

检查发现裂缝后，要及时做好检查记录，记录裂缝发生的时间、位置、走向、裂缝的宽度和长度等，裂缝检查记录表参见表 4.2–3。在未判明裂缝性质及处理前，要设置标志进行观察，并把缝口保护起来，防止雨水流入或人为破坏使裂缝失去原状。

表 4.2–3　土石坝裂缝检查表

日期（年－月－日）	裂缝编号	裂缝位置及走向	缝长 / mm	缝宽 / mm	缝深 / mm	上游水位 /m	渗漏情况	备注

（三）滑坡

1. 基本概念

土石坝出现滑坡（也叫脱坡，如图 4.2–12 所示），主要是边坡失稳，土体下滑力超过了抗滑力，使坝体的一部分（有时还包括部分坝基）失去平衡，下滑脱离原来位置，造成滑坡险情。如不及时处理，将会严重影响大坝安全。

图 4. 2–12　滑坡示意图

2. 滑坡分类

滑坡可分为浅层滑坡和深层滑坡两大类，滑坡可导致输泄水建筑物进口及排水沟阻塞、更大规模的深层滑坡、表层侵蚀等问题。

（1）浅层滑坡。如果上游坝坡过于陡峭，在库水位骤降时发生浅层滑坡，上游坝坡的浅层滑坡一般不会对大坝的完整性构成直接威胁。

下游坝坡过陡时也会发生浅层滑坡（图 4.2-13）。此外坝体强度低也会发生浅层滑坡。坝体强度降低可能是由于压实度不够，也可能是由于渗流、地表径流或排水沟阻塞造成坝坡土体饱和。雪荷载或建筑物的额外荷载会使这种情况变得更严重。

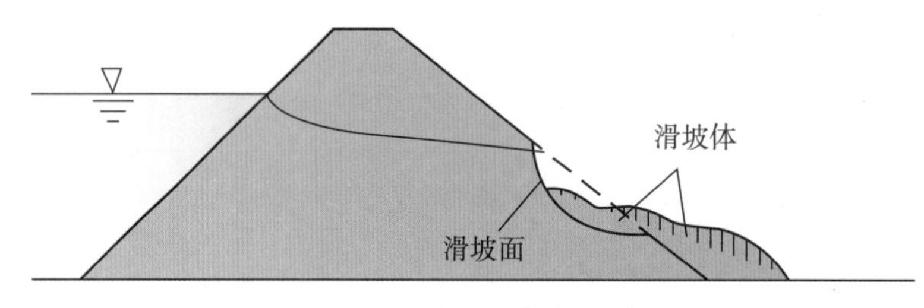

图 4.2-13　浅层滑坡示意图

观察到浅层滑坡时应注意：

1）拍摄并记录滑坡的位置。

2）测量并记录滑坡的范围、前缘、中缘和后缘位移。

3）寻找周围的裂缝，特别注意滑坡上部的裂缝。

4）检查整个区域以确定滑动的深度和范围。

5）确定滑坡附近或滑坡内是否有渗水区域。

6）监测该区域以确定是否正在恶化。

（2）深层滑坡。深层滑坡对大坝的安全会构成严重威胁，如图 4.2-14 所示。

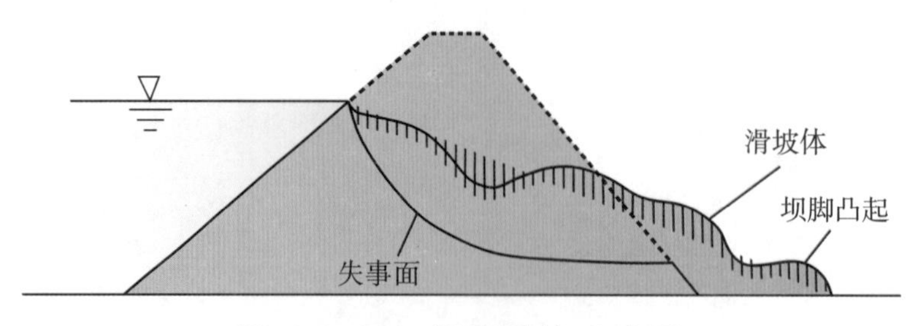

图 4.2-14　深层滑坡示意图

要识别深层滑坡，巡视检查中应特别注意：

1）界限明确的陡坎。陡坎是在一个相对平坦的地区出现一个陡峭的后坡。

2）坝脚隆起。坝脚隆起是由于下部的深埋破坏，是由土坝坝体材料的旋转或水平运动引起的。

3）弧形裂缝。坝坡上弧形裂缝表明滑坡开始了。这种类型的裂缝可能在滑坡顶部的斜坡上形成一个大陡坡。

上游或下游坝坡的深层滑坡或陡坡表明大坝存在严重的结构问题。一旦发现深层滑坡，应立即上报水库主管部门，必要时可邀请专家或委托专业技术单位咨询：①决定是否需要降低库水位或放空水库以防止发生溃坝；②查找深层滑坡的原因；③确定处理措施。

3. 滑坡成因

土坝滑坡的原因很多，情况比较复杂，往往是多种因素组合造成的。通常产生滑坡的原因主要包括：①持续高水位造成浸润线升高，土体抗剪强度降低，渗透压力和土重增大，导致背水坡失稳，特别是边坡过陡，更易引起滑坡；②坝基有淤泥层或液化砂层，筑坝时未处理或处理不彻底；③施工碾压质量差，致使填筑土体的抗剪强度不能满足稳定要求；④土坝加高培厚，新旧土体之间结合不好，在渗水饱和后，形成软弱层；⑤坝下游排水设施堵塞，浸润线抬高，土体抗剪强度降低；⑥高水位时，上游坡土体处于大部分饱和、抗剪强度低的状态下，水位一旦骤降，容易引起上游坡失稳滑动；⑦持续特大暴雨或发生强烈地震、震动等，也可能引起滑坡。

4. 滑坡检查与判别

对滑坡的检查，除日常巡视检查外，当处于以下滑坡的多发时期时，应严密监视，具体情况包括：①高水位时期；②水位骤降时期；③持续特大暴雨时期；④蓄水时期；⑤春季解冻时期；⑥强烈地震后等。

某水库在经历持续暴雨后，其背水坡发生滑坡，如图 4.2-15 所示。

图 4. 2-15 大坝背水坡发生滑坡

滑坡主要是通过对滑坡性裂缝进行检查观测和判断来加以判别，具体方法参见滑坡裂缝基本判别方法。已判明发生滑坡的大坝，需查清滑坡体范围，查清是浅层滑动还是深入坝基的深层滑动。

（四）塌坑（跌窝）

1. 基本概念

在持续高水位情况下，在坝顶、上下游坡、坝脚等部位突然发生局部下陷而形成的险情，成为塌坑（跌窝），如图 4.2–16 所示。塌坑既破坏坝体完整性，又有可能缩短渗径，有时还伴有渗漏、管涌、流土等险情同时发生，危及大坝安全。

图 4.2–16　塌坑（跌窝）示意图

2. 塌坑成因

塌坑产生的原因主要包括：①施工质量差，土坝分段施工，接头处未处理好，夯压不实；②基础、两岸边坡未处理或处理不彻底；③坝体与输水涵管和溢洪道结合部填筑质量差，在高水头渗透水流的作用下，或砂壳浸水湿陷，形成塌坑；④坝身有隐患，如白蚁的蚁穴、蚁路或动物巢穴等形成的空洞，遇高水头的浸透或暴雨冲蚀，隐患周围土体湿软下陷，形成塌坑；⑤伴随坝基管涌渗水或坝身漏洞的形成，未能及时发现和处理，使坝身或基础内的细土料局部被渗透水流带走、架空，最后上部土体支撑不住，发生下陷，也能形成塌坑。

3. 塌坑检查

塌坑现象肉眼极易观察到，大部分塌坑多由渗流破坏引起，如图 4.2–17 所示。因此，要从引起渗漏的原因来检查塌坑可能发生的部位。例如进水塔（竖井或卧管）附近、坝体内放水洞轴线附近，可能因断裂漏水而引起塌坑；

反滤坝趾上游坝坡部位，可能因反滤体发生破坏而引起塌坑；坝体与山坡接合不好产生绕坝渗漏而引起塌坑等。

图 4.2-17 背水坡塌坑

发现塌坑后要做好记录，记录表格式参见表4.2-4。记录塌坑发生的时间、直径大小、形状和深度、相对位置、上游水位、洞内渗水情况等，绘出草图，必要时进行拍照。

表 4.2-4 土石坝塌坑检查记录表

日期（年－月－日）	塌坑编号	塌坑位置（高程）	塌坑形状	塌坑范围	上游水位 /m	塌坑深度 /m	备注

（五）护坡破坏

1. 护坡基本型式

为保证土坝坝体完整，免遭破坏，我们通常在上下游坝坡设置护坡保护。常见的护坡型式有：

（1）上游坝坡：干砌石护坡、浆砌石护坡、混凝土预制板护坡、现浇混凝土护坡等。

（2）下游坝坡：草皮护坡、碎石护坡等。

2. 护坡破坏检查

护坡型式不同，破坏产生的原因也不同，要根据具体情况分析，这里不再细述。护坡破坏检查用肉眼均可完成，包括：①检查护坡表面是否松动、散落、风化剥落、隆起、塌陷、淘空，有无杂草、雨淋沟、空隙等；②检查沿护坡的库水是否变浑，护坡垫层下面的土体是否松软、淘刷和滑动；③检查坝面排水沟是否通畅，坝坡有无积水，排水沟两侧及底部填土有无冲刷。常见的几种典型护坡破坏如图 4.2–18 ～图 4.2–20 所示。

（a）上游浆砌石护坡破损、缺失

（b）上游预制块护坡脱空

图 4.2–18　上游护坡破坏

（a）下游坡植被不足造成雨淋沟

（b）下游坡大树成林、杂草丛生

图 4.2–19　下游护坡养护不到位

图 4.2–20　排水沟淤堵

（六）其他典型问题

除以上几类典型问题外，水库近坝岸坡和管理范围内还有可能存在以下几类危害大坝安全的问题：①人为开挖、取土；②垃圾、杂物等堆放；③非法侵占等。以上均为严重危害大坝安全的行为，一经发现，应立即上报，及时拆除、清理或恢复。水库近坝岸坡和管理范围内常见的几种典型问题如图4.2-21 ~图 4.2-26 所示。

图 4.2-21 下游坝坡人为取土

图 4.2-22 建筑物侵占坝体

图 4.2-23 坝脚建有鱼塘

图 4.2-24 坝脚被鱼塘长期浸泡造成坍塌

图 4.2-25 管理范围内违规建设房屋

图 4.2-26 管理范围内违规开挖地窖

第三节 混凝土坝（砌石坝）的巡视检查

一、混凝土坝（砌石坝）巡视检查路线

混凝土坝（砌石坝）推荐巡视检查路线如下：

（1）对坝脚排水、导水设施及坝脚区排水沟或渗水坑区域进行巡查。

（2）对下游岸坡进行巡查。

（3）对坝顶进行巡查，同时观察水面情况。

（4）对输水涵洞（管）、溢洪道、闸门等建筑物和设施进行巡查。

（5）对近坝区岸坡进行巡查。

（6）上下坝有困难时，可借助一些设备及工具，如船只、梯子、绳索、无人机等对上下游坝面进行巡查，有条件的水库可利用视频监控进行辅助巡查。

二、混凝土坝（砌石坝）巡视检查的项目和内容

混凝土坝（砌石坝）巡视检查的项目和内容包括坝体、坝基和坝肩，以及近坝库岸、管理范围和保护范围等，详见表 4.3–1。

表 4.3–1 混凝土坝（砌石坝）巡视检查项目和内容

检查项目		内容与情况
坝体	相邻坝段	相邻坝段之间有无错动、不均匀变形
		伸缩缝和止水工作情况是否正常
	上下游坝面	坝顶、上下游坝面、廊道壁有无裂缝，裂缝有无渗漏和溶蚀
	混凝土	有无渗漏、溶蚀、侵蚀等情况
	排水孔	工作状态是否正常，渗漏水量和水质有无显著变化
	砌石	查看砌石结构是否完整；砌石缝间砂浆是否完好；检查接缝有无渗漏、损坏和裂缝；查看砌石块有无松动迹象
坝基和坝肩	坝基	基础岩体有无挤压、错动、松动和鼓出
	坝肩	坝体与基岩（岸坡）接合处有无错动、开裂、脱离及渗漏
		两岸坝肩区有无裂缝、滑坡、溶蚀、绕渗及水土流失
	基础防渗排水设施	基础防渗排水设施的工况是否正常，有无溶蚀，渗漏水量和水质（浑浊度）有无变化，扬压力是否超限
其他	近坝岸坡	近坝岸坡有无崩塌及滑坡迹象
	管理范围和保护范围	管理范围和保护范围内是否存在危害大坝安全的活动等

三、混凝土坝（砌石坝）常见问题的检查

混凝土坝易发生的问题主要包括混凝土裂缝、渗漏、剥蚀、碳化等。砌石坝可参照执行。

（一）裂缝

1. 裂缝种类及特征

（1）种类。混凝土裂缝按成因可分为塑性收缩裂缝、干缩裂缝、温度裂缝、沉降裂缝、应力裂缝、化学反应引起的裂缝、冻胀裂缝、钢筋锈蚀裂缝等。按深度可分为表层裂缝、深层裂缝和贯穿裂缝。按裂缝开度变化可分为死缝、

活缝和增长缝等。裂缝种类可根据裂缝的性状和特征来判断。

（2）特征。

1）塑性收缩裂缝：混凝土在凝结之前，表面因失水较快而收缩产生的裂缝。其裂缝较细小（微裂缝），多呈中间宽、两端细且长短不一，互不连贯状态，大都长度不大，较短的裂缝一般长 20 ~ 30cm，较长的裂缝可达 2 ~ 3m，宽 1 ~ 5mm。走向不定，布满整个表面。

2）干缩裂缝：裂缝宽度在 0.05 ~ 0.2mm 之间，深度不大，主要在混凝土表面，裂缝无规律，纵横交错，形似龟纹。

3）温度裂缝：走向不定，缝宽较小，深度随温度变化（气温高，裂缝变窄；气温低，裂缝变宽）。

4）沉降裂缝：走向与主拉应力方向垂直，缝宽较大，不随温度变化。通常自底部向上发展贯穿至坝顶，坝体有错动。

5）钢筋锈蚀裂缝：沿筋裂缝，使混凝土剥落。

6）碱骨料反应裂缝：混凝土受碱骨料反应膨胀开裂，在少钢筋约束的部位为网状裂缝，在受钢筋约束的部位多沿主筋方向开裂，在很多情况下可以看到从裂缝溢出白色或透明胶体的痕迹。

裂缝基本特征详见表 4.3-2。

表 4.3-2　裂缝基本特征表

种类	形成时间	特征	示意图	备注
塑性收缩裂缝	浇筑后几小时	在干燥条件下浇筑时板表面出现龟裂或长裂缝		裂缝可能很大（2 ~ 4mm）
干缩裂缝	施工后几个月或几年后	同受弯、受拉裂缝类似		如有钢筋，通常较小（< 0.4mm）
温度裂缝	施工后几个月或几年后	沿筋裂缝，使混凝土剥落		
沉降裂缝	施工后几个月或几年后	沿筋裂缝，在截面形状变化处开裂		裂缝可能很大（> 1mm）
钢筋锈蚀裂缝	施工后几个月或几年后	沿筋裂缝，使混凝土剥落		开始小（0 ~ 2mm），随时间增长而增大；在潮湿环境下可见锈斑
碱骨料反应裂缝	施工后几个月或几年后	在湿环境下，通常是锡裂，特定骨料时才发生		裂缝可能很大（> 1mm）

2. 裂缝检查

裂缝检查的主要目的是查明裂缝的分布特征、宽度、长度、深度以及发展情况等，为裂缝的成因分析和处理提供基础资料。大坝裂缝的检查主要是用肉眼观察，距离较远看不清楚时，可用望远镜观察，上游坝面可坐船观察；发现裂缝时应测出裂缝所在的坝段、高程、宽度、长度、深度、走向等，并详细记载。裂缝检查记录表参见表 4.3–3。检查的主要内容包括以下几方面：

（1）首先查明裂缝的分布位置和走向，并对需要进一步观察的裂缝统一编号。如裂缝为发展状态，则每次检查时要明确记录检查时间，便于分析趋势。

（2）宽度：裂缝宽度沿其长度方向一般是不均匀的，一条裂缝的宽度测量位置至少两处，本处所讲的裂缝宽度是指裂缝最大宽度，可用读数显微镜、塞尺（最薄的为 0.02mm；最厚的为 3mm）和应变计测量。

（3）长度：在裂缝两端做标记，量测长度，并绘图。

（4）深度：裂缝深度沿其长度方向一般是不均匀的，检查一般只针对裂缝宽度最大处。可选用凿开法和超声波法检测。

（5）观察混凝土建筑物的两个对应表面裂缝的位置是否对称，廊道内是否漏水，判断裂缝是否贯穿。

（6）观察裂缝形态有无规律性。

（7）检查裂缝开裂部位有无钢筋锈蚀和盐类析出。

（8）检查裂缝附近混凝土表面的干、湿状态，污物和剥蚀情况。

（9）检查裂缝及其端部附近有无细微裂缝等。

表 4.3–3　混凝土坝（砌石坝）裂缝检查记录样表

日期：____年___月___日　　　　　气温：___℃

裂缝编号	位置	走向				缝长 /mm	缝宽 /mm	缝深 /mm	渗漏	溶蚀	备注
		垂直	水平	倾斜	环向						

3. 裂缝是否需要修补的基本判别

（1）对钢筋混凝土结构，从耐久性或防水性的要求判断是否需要修补时，要将调查测得的裂缝宽度与表 4.3–4 对照判断。

（2）对大坝上游面、廊道和大坝下游面渗水裂缝应判断为需要修补或加固。对坝顶和大坝下游面不渗水裂缝，经研究后判断是否需要修补。

（3）裂缝开裂处混凝土局部脱落、剥离、松动已威胁人和物的安全，应判断为需要修补。

（4）根据裂缝开裂原因分析构件的承载能力可能下降时，必须通过计算确定构件开裂后的承载能力，判断是否需要补强加固。

表 4.3-4 钢筋混凝土结构需要修补的裂缝宽度表 单位：mm

环境条件类别	按耐久性要求		按防水性要求
	短期荷载组合	长期荷载组合	
一类	＞ 0.40	＞ 0.35	＞ 0.10
二类	＞ 0.30	＞ 0.25	＞ 0.10
三类	＞ 0.25	＞ 0.20	＞ 0.10
四类	＞ 0.15	＞ 0.10	＞ 0.05

注 1. 一类为室内正常环境；二类为露天环境，长期处于地下或水下的环境；三类为水位变动区，或有侵蚀性地下水的地下环境；四类为海水浪溅区及盐雾作用区，潮湿并有严重侵蚀性介质作用的环境。

2. 大气区与浪溅区的分界线为设计最高水位加 1.5m；浪溅区与水位变动区的分界线为设计最高水位减 1.0m；水位变动区与水下区的分界线为设计最低水位减 1.0m，盐雾作用区为离海岸线 500m 范围内的地区。

3. 冻融比较严重的三类环境条件下的建筑物，可将其环境类别提高为四类。

（二）渗漏

1. 渗漏种类

大坝渗漏，按发生部位可分为坝体渗漏、坝基渗漏、绕坝渗漏、伸缩缝渗漏，其中坝体渗漏又分为集中渗漏、裂缝渗漏和散渗。混凝土坝、砌石坝坝体渗漏如图 4.3-1 所示。

（a）混凝土坝

（b）砌石坝

图 4.3-1 混凝土坝、砌石坝坝体渗漏

2. 渗漏检查

大坝渗漏的检查一般采用肉眼观察，除记录渗漏的地点、特征外，还要测定渗流量。对于集中渗漏，可用导管将渗水引入量杯或量筒内，直接量取单位时间内的渗流量；对于散浸渗漏，可用纱布包上棉花，并称出干重量，再铺在渗漏面上吸水，经一定时间后，记下时间，再称出湿棉花的重量，前后重量相减，即得出单位时间内的渗漏量；对于坝基渗漏，可采用量水堰的方法测定渗漏流量。渗漏情况检查后应填写渗漏情况统计表，参见表 4.3–5。

表 4.3–5　混凝土坝（砌石坝）渗漏检查记录样表

日期：____年___月___日　气温：___℃　　库水位：_____m

渗水点编号	渗漏部位	高程 /m	桩号	渗漏情况	渗漏性质

渗漏检查的主要内容包括以下两方面：

（1）渗漏状况：渗漏类型、部位和范围，渗漏水来源、途径、是否与水库相通、渗漏量、压力和流速、浑浊度等。

（2）溶蚀状况：部位、渗析物的颜色、形状、数量。

3. 渗漏是否处理的基本判别

根据检查结果，有下列情况之一的应判断为需要处理：

（1）作用（荷载）、变形、扬压力值超过设计允许范围。

（2）影响大坝耐久性、防水性。

（3）基础出现管涌、流土及溶蚀等渗透破坏。

（4）伸缩缝止水结构、基础帷幕、排水等设施损坏。

（5）基础渗漏量突变或渗流比降超过设计允许值。

（三）剥蚀和碳化

1. 剥蚀

混凝土坝表面剥蚀现象有磨损、空蚀、冻融和钢筋锈蚀引起的剥蚀等类型。

2. 碳化

混凝土碳化是指混凝土本身含有大量的毛细孔，空气中二氧化碳与混凝土内部的游离氢氧化钠反应生成碳酸钙，造成混凝土疏松、脱落。

碳化后使混凝土的碱度降低，当碳化超过混凝土的保护层时，在水与空气存在的条件下，就会使混凝土失去对钢筋的保护作用，钢筋开始生锈。

混凝土碳化情况一般需要经过专门的机构检测才能够得出结论。

3. 砌石坝老化

（1）砌石坝老化的类型。砌石坝老化包括砂浆老化、砌石松动或移出、块体带出三种类型。砂浆等胶凝材料的老化是砌石坝老化的主要原因，随着龄期的增长，部分砂浆会开裂产生空隙。不牢固的砂浆又会导致渗漏和砌块的松动、移动。如果移动过大，使得坝体漫顶时块体脱落，则可能导致溃坝。

（2）砌石坝老化的检查。

1）检查砂浆，通过声音判断砂浆是否牢靠。使用小凿或冰镐在砂浆上轻敲，若砂浆塌碎或能敲取出来，表明该部位存在问题。

2）检查砌块，寻找沿缝的渗漏、老化和开裂。

3）寻找砌块松动的迹象或已经发生移动的砌块。

4）如果观察到大量不牢靠的砂浆、松动或缺失的砌块，或砌块周围有大量渗漏，应立即上报。

第四节 输（泄）水设施的巡视检查

小型水库的输水设施一般指放水洞，大多数采用坝下涵管（洞）取水形式；泄水设施一般指溢洪道，大多数采用了开敞式溢洪道泄水形式。本节主要阐述放水洞和溢洪道巡视检查的项目和内容、常见问题等。

一、放水洞

（一）巡视检查的项目和内容

水库放水洞的巡视检查主要对整体形貌、穿坝涵管（洞）、运行方式进行检查。整体形貌主要检查结构是否完整可靠，有无重大缺损；穿坝涵管（洞）特别需要关注穿坝结构（含废弃封堵建筑物）防渗处理情况，是否存在变形和渗漏问题；运行方式主要检查无压洞是否存在有压运行情况。放水洞巡视检查项目和内容详见表 4.4–1。

表 4.4–1 放水洞巡视检查项目和内容

<table>
<tr><th colspan="2">检查项目</th><th>内容与情况</th></tr>
<tr><td rowspan="3">进口段</td><td rowspan="2">进口</td><td>进口有无淤积、堵塞</td></tr>
<tr><td>边坡有无裂缝、塌陷、隆起现象</td></tr>
<tr><td>进水塔（或竖井）</td><td>结构有无裂缝、渗水、空蚀等损坏现象</td></tr>
</table>

续表

检查项目		内容与情况
进口段	进水塔（或竖井）	塔体有无倾斜、不均匀沉降变形
	工作桥	有无断裂、变形、裂缝等现象
洞身段	洞（管）身	有无断裂、坍落、裂缝、渗水、淤积、鼓起、剥蚀等现象
		放水时洞（管）身有无异响
	结构缝	结构缝有无错动、渗水，填料有无流失、老化、脱落
出口段	出口周边	出口周边有无集中渗水、散浸问题
	出口坡面	出口坡面有无塌陷、变形、裂缝
	出口处	出口有无杂物带出、浑浊水流

（二）常见问题的检查

1. 常见问题及成因

由于建设标准低、工程质量差、维修养护不到位等原因，放水洞容易发生裂缝、渗漏、断裂、堵塞等问题，严重时会引起坝体塌陷、滑坡，危及大坝安全，甚至溃坝失事。近年来，多座小型水库因坝下埋涵渗漏而导致溃坝，因此，巡查过程中应当特别关注坝下埋涵渗漏问题。在放水洞运用前、运用过程中和运用后进行细致的检查、观察，能够及时发现问题，避免险情发生。

（1）断裂。涵管（洞）断裂会破坏涵管（洞）结构，产生漏水，引起土坝渗透破坏。涵管（洞）断裂的原因主要有：

1）基础处理不当。当涵管（洞）处在两种或两种以上沉陷量不同的基础上，或者铺设在未经处理的软基上，一旦产生不均匀沉降，极易引起管（洞）身裂缝，甚至断裂。

2）本身结构强度不够。很多涵管（洞）选用材料不当，施工质量较差，导致本身结构强度达不到要求，管（洞）身承载能力大大降低，从而出现裂缝，甚至断裂，并导致渗漏。

3）无压涵管（洞）有压运行，小型水库涵管（洞）大多设计成无压涵管（洞），但由于管理运用不当，甚至汛期参与泄洪，加大放水量，满水有压运行，造成管（洞）身断裂。

4）未设置伸缩缝。有一些涵管（洞）较长，但未设置沉陷、伸缩缝，温度变化使其产生裂缝和断裂。

（2）漏水。涵管（洞）除因断裂引起漏水外，还经常发生无断裂漏水。涵管（洞）漏水主要分为沿管（洞）壁外的纵向漏水和穿管（洞）壁的横向漏水。

1）纵向漏水。多是由于管（洞）壁周围土体填筑质量差，夯压不实，使管（洞）外壁填土和管（洞）壁结合不严密，管（洞）壁与土壤等结合处存在一个层面，蓄水后，水在压力作用下沿层面渗透产生接触渗漏，逐步形成渗漏通道。特别是通过心墙、斜墙等防渗体的部分，是纵向漏水易发的部位。另外，由于未设置截水环或截水环损坏，导致渗径缩短，使管（洞）壁和土体间易产生接触渗漏，如图 4.4–1 所示。

图 4. 4–1　放水涵管出口纵向漏水

2）横向漏水。多是由于涵管（洞）存在断裂、伸缩缝填料老化、接头处理不当、冷缝等问题，高压水流沿着这些薄弱环节渗水。一般情况下，涵管（洞）内壁漏水处有结晶物析出或锈斑出现，严重时产生射流，如图 4.4–2 所示。

（3）堵塞。涵管（洞）堵塞主要发生在断面小、强度低的放水洞。由于断面较小，时常被块石、树杈、淤泥及其他杂物堵塞，也常因木、瓦、素混凝土等结构承载能力低而被外力压破堵塞，如图 4.4–3 所示。一旦涵管（洞）堵死后，清理非常困难。

（4）气蚀。气蚀的形成多是由于涵管（洞）进口形状不当、无压变有压等原因，导致水流流态不顺及多变，水流在与管（洞）内壁接触处的压力低于它的蒸汽压力时形成气泡，或溶解在水流中的气体析出形成气泡，当气泡受压力变化溃灭时产生极大的冲击力和高温，管（洞）内壁长期反复经受这种冲击力，材料发生疲劳脱落，使表面出现小凹坑，进而发展成海绵状破坏。气蚀严重时，甚至可形成大片的凹坑，如图 4.4–4 所示。

图 4.4–2　放水涵洞横向漏水

图 4.4–3　放水洞出口堵塞

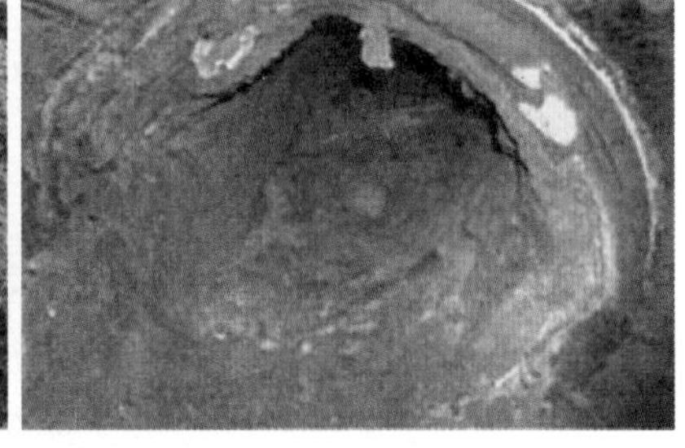

图 4.4–4　涵管发生气蚀

2. 常见问题检查

（1）放水期间的检查。涵管（洞）在放水过程中，要经常观察和倾听管（洞）内有无异常声响。如听到管（洞）内有咕咚咕咚的阵发性响声或轰隆隆的爆炸声，说明管（洞）内有明流、满流交替的情况或产生了气蚀现象。要观察出流有无浑水，出口流态是否正常，流量不变的情况下水跃位置有无变化，主流流向有无偏移，两侧有无漩涡等。若库水不浑而管（洞）内流出浑水，则有可能管（洞）壁断裂且有渗透破坏现象，要关闸检查处理。

（2）放水前后的检查。涵管（洞）在放水之前和放水停止后，要进行全面的检查。主要检查管（洞）内壁有无裂缝、错位变形，漏水孔洞、闸门槽附近有无气蚀等现象。不能进管（洞）内检查时，要在管（洞）口观察管（洞）内是否有水流出，倾听管（洞）内是否有异样滴水声，出口周围有无浸湿或漏水现象。进管（洞）内检查时要特别注意给管（洞）内送风，避免检查人员在管（洞）内缺氧窒息。

二、溢洪道

（一）巡视检查的项目和内容

水库溢洪道巡视检查重点是对整体形貌、结构变形、过水面、出口段进行检查。整体形貌检查是否完好，结构有无重大缺损，有无威胁泄洪的边坡稳定问题；结构变形检查有无结构开裂、错断、倾斜等现象；过水面检查有无护砌，护砌结构是否完整，冲刷是否严重；出口段检查消能工是否完整，有无淘刷坝脚现象。水库溢洪道主要检查项目及内容详见表 4.4–2。

表 4.4–2　溢洪道检查项目及内容

检查项目	内容与情况
进口段（引渠）	有无人为加筑子堰、设障阻塞、拦鱼网或其他影响防洪安全的问题
	进口水流是否平顺，水流条件是否正常，有无必要的护砌
	边坡有无冲刷、开裂、崩塌及变形
控制段	堰顶或闸室、闸墩、胸墙、边墙、溢流面、底板有无裂缝、渗水、剥蚀、冲刷、变形等现象
	伸缩缝、排水孔是否完好
消能工	有无缺失、损毁、破坏、冲刷、土石堆积等现象
工作桥、交通桥	有无异常变形、裂缝、断裂、剥蚀等现象
行洪通道	下游行洪通道有无缺失、占用、阻断现象
	下泄水流是否淘刷坝脚

（二）常见问题的检查

1. 常见问题

开敞式溢洪道容易发生冲刷和淘刷、裂缝和渗漏、岸坡滑塌等问题；应当特别重视溢洪道拦鱼网、子堰等阻水障碍物，一旦发现应及时清理。

（1）冲刷和淘刷。由于施工质量差、不平整、接缝未做止水、底板未设排水设施、底板厚度不足、消力池长度不够等，在动水压力作用下，发生气蚀、底板掀起、底板下淘空、底板变形破坏等现象，造成溢洪道陡坡段、消力池和海漫部分冲刷和淘刷，如图 4.4–5 所示。发生冲刷和淘刷后，必须及时进行处理，以免损坏的部分进一步恶化，导致整个建筑物的破坏。

（a）溢洪道底部混凝土板被冲毁 （b）溢洪道冲沟导致泄洪时冲刷坝体

图 4.4-5 溢洪道冲刷和淘刷

（2）裂缝和渗漏。详见混凝土坝的相关内容。

（3）岸坡滑塌。溢洪道岸坡滑塌一般多发生在进口深挖段，通常该部位边坡较陡，易发生滑塌问题。溢洪道岸坡坍塌，如图 4.4-6 所示。

（4）人为加筑子堰、设障阻塞、设拦鱼网（栅）等。在溢洪道进口处人为加筑子堰、设障阻塞，私设拦鱼网或拦鱼栅，造成水库超汛限水位运行，对大坝安全造成严重威胁，如图 4.4-7 ~ 图 4.4-8 所示。

（5）行洪通道被占用或阻断。溢洪道下游行洪通道堆积杂物，下游出口被阻断或被占用，将严重影响汛期行洪，危害大坝安全，如图 4.4-9 ~ 图 4.4-10 所示。

图 4.4-6 溢洪道岸坡坍塌

图 4.4-7 溢洪道进口人为加筑子堰

图 4.4-8 溢洪道私设拦鱼网

图 4. 4–9 行洪通道内土石堆积 图 4. 4–10 溢洪道下游出口堵塞

2. 问题检查

（1）泄洪前的检查。水库泄洪之前，要组织技术力量进行详细检查。主要看泄洪通道上是否有影响泄水的障碍物，两岸山坡是否稳定，如果发现岩石或土坡松动出现裂缝或塌坡，则要及早清除或采取加固措施，以免在溢洪时突然发生岸坡塌滑，堵塞溢洪道过水断面的险情。检查溢洪道各部位是否完好无损，如闸墩、底板、边墙、胸墙、溢流堰、消力池等结构，有无裂缝、损坏和渗水等现象。对于底板淘刷架空现象的检查，可用锤敲击底板，如发出的是咚咚的声音，则底板下已被淘刷架空。

（2）泄洪过程中的检查。要随时观察建筑物的工作状态和防护工作，严禁在泄水口附近捞鱼或涉水，以免发生事故。

（3）泄洪后的检查。溢洪后要及时检查消力池，护坦、海漫、挑流鼻坎、消力墩、防冲齿墙等有无损坏或淘空，溢流面、边墙等部位是否发生气蚀损坏，上下游截水墙或铺盖等防渗设施是否完好，伸缩缝内、侧墙前后有无渗水现象等。

第五节 设备设施的巡视检查

一、检查的项目和内容

水库的主要设备包括闸门和启闭机，以及必要的电气设备等；管理设施主要包括防汛交通设施、照明设施、管理用房、通信设施、观测设施等。小型水库设备设施巡视检查的主要项目及内容见表 4.5–1。

表 4.5–1 设备设施巡视检查的主要项目及内容

检查项目	内容与情况
闸门	闸门材质、构造是否满足运用要求

续表

检查项目	内容与情况
闸门	闸门有无破损、腐蚀是否严重、门体是否存在较大变形
	行走支承导向装置是否损坏锈死、门槽门槛有无异物、止水是否完好
启闭机	启闭机能否正常使用
	螺杆是否变形、钢丝有无断丝、吊点是否牢靠
	启闭机有无松动、漏油，锈蚀是否严重，闸门开度、限位是否有效
	备用启闭方式是否可靠
电气设备	有无必要的电力供应，电气设备能否正常工作
	重要小型水库有无必要的备用电源，备用电气设备能否正常工作
管理设施	有无达到坝肩或坝下的防汛道路，道路标准能否满足防汛抢险需要
	有无照明设施，照明设施有无损坏，能否满足照明要求
	有无必备的观测设施，观测设施（包括信息化设备）运行是否正常
	是否具备基本的通信条件，重要小型水库有无备用的通信方式，通信条件能否满足汛期报汛或紧急情况下报警的要求
	有无管理用房，管理用房能否满足汛期值班、工程管护、物料储备要求
	是否有管理和警示标识，标牌是否齐备、清晰

二、常见问题的检查

（一）闸门和启闭设备

小型水库的闸门多为平板闸门，少部分为弧形闸门。启闭机多为螺杆式，少数为卷扬式。根据小型水库管理的特点，闸门必须要做到安全可靠，启闭灵活。如果闸门关闭不严，会造成水量损失，影响效益；开启不灵活，会造成水位壅高，严重时会造成大坝漫顶失事。因此，必须认真检查。

1. 闸门常见问题

闸门常见问题包括门体变形、门槽卡阻、止水破损、锈蚀损坏、螺杆弯曲等，如图 4.5–1 ~图 4.5–2 所示。

2. 启闭机常见问题

启闭机常见问题包括老化破损，震动异响，连接闸门的螺杆、拉杆、钢丝绳存在弯曲、断丝、损坏等现象，运行不灵，供电不足，电气陈旧，无备用电源等，如图 4.5–3 ~图 4.5–6 所示。

图 4.5-1 工作闸门漏水

图 4.5-2 螺杆弯曲变形

图 4.5-3 启闭机老化破损

图 4.5-4 启闭机限位器及行程开关损坏

图 4.5-5 配电室内堆放杂物

图 4.5-6 线路拉接混乱

(a) 水尺刻度不清

(b) 水尺设置范围不满足观测要求

图 4.5-7 水尺设置典型问题

（二）管理设施

管理设施常见问题为防汛物资、防汛道路、安全监测、雨水情测报、通信条件、管理用房不满足管理要求，管理标识、标牌缺失或不规范等。其中，水尺设置典型问题如图 4.5–7 所示。

第六节　异常情况的上报

当水雨情、工程险情达到一定程度时，巡查人员应立即报告技术责任人。情况紧急时，可越级向大坝安全政府责任人、防汛行政责任人、当地政府应急部门等报告。发生溃坝险情时，可直接向下游淹没区发布警报信息。

1. 上报条件

当水库遭遇以下情况时，应立即上报：

（1）遭遇持续强降雨，库水位超正常蓄水位或溢洪道堰顶高程，且继续上涨。

（2）遭遇强降雨，库水位上涨，泄洪设施边坡滑坡堵塞进口或行洪通道。

（3）遭遇强降雨，库水位上涨，泄洪设施闸门无法开启。

（4）大坝出现裂缝、塌陷、滑坡、异常渗漏等险情。

（5）供水水库水质被污染。

（6）对控制运用的病险水库，超过限制运用水位。

（7）其他危及大坝安全或公共安全的紧急事件。

发现可能引发水库溃坝或漫顶风险、威胁下游人民生命财产安全的重大突发事件时，应按照应急预案规定，在报告的同时及时向下游地区发出警报信息。

2. 报告内容

报告内容应包含水库名称、地址，事故或险情发生时间、在什么部位出现什么异常情况、当时水库水位及降雨情况等。已配备信息化手机的，要拍相应的照片并上传；没有信息化手机的，可用自己的手机拍照存档，保存好异常情况的第一手资料。

报告格式示例：×××（向谁报告），我是某××水库的巡查员，今天早上巡查时，发现水库左岸坝趾出现异常渗水险情，当前水库水位××米，天气××（降雨××），险情部位的照片已上传，请指示。

3. 报告方式

异常情况上报可采用固定电话、移动电话、超短波电台、卫星电话等方式，确保有效可靠。

4. 报告后要求

报告后还要做好三件事：

（1）继续坚守现场，等待上级部门派人查看情况。

（2）对可能出现险情的部位进行连续观测和记录。

（3）把报告的时间、内容、向谁报告等情况详细地整理记录下来，并及时归档。

现场巡查人员要加强自我保护意识，在向上级报告险情后，要密切注意周边的情况，当出现威胁人身安全的危险情况时，一定要保持冷静，采取正确的避险措施。

5. 配合上级部门处置异常情况

发现异常情况后应保持手机 24 小时开机，以确保上级部门可及时与巡查人员本人取得联系。当上级部门派人到水库查看险情时，要积极配合，把异常情况作详细汇报。加强库水位和险情变化等跟踪观测，做好观测记录与后续报告。

第七节 巡视检查工作流程及检查记录样表

一、工作流程

根据《小型水库巡视检查工作指南》，巡视检查包括日常巡查、防汛检查和特别检查。巡视检查工作要按照规定的频次、内容和巡查路线，检查、记录和确认各建筑物损坏或异常情况，巡视检查相关工作流程图如图 4.7–1 所示。

二、检查记录样表

1. 日常巡查记录样表

附表 4.7–1 ____水库 日常巡查记录样表

日期：___年__月__日 天气：___温度：__℃ 库水位：__m

溢洪道（闸）流量：___m^3/s（或溢洪道堰上水头___m） 放水洞流量：___m^3/s

巡查部位	内容和情况		
坝顶	坝顶路损坏：有□ 无□	排水设施损坏：有□ 无□	路缘石损坏：有□ 无□
	裂缝或异常变形：有□ 无□	积水或杂草滋生：有□ 无□	

续表

巡查部位	内容和情况			
防浪（护）墙	缺损：有□ 无□	开裂：有□ 无□	挤碎：有□ 无□	
	架空：有□ 无□	错断：有□ 无□	倾斜：有□ 无□	
坝肩及坝端	裂缝：有□ 无□	滑动：有□ 无□	塌陷：有□ 无□	变形：有□ 无□
上游坝坡	滑塌：有□ 无□	塌陷：有□ 无□	隆起：有□ 无□	裂缝：有□ 无□
	淘刷：有□ 无□	护面或护坡损坏：有□ 无□	杂草滋生：有□ 无□	
	近坝水面冒泡或漩涡等：有□ 无□	库水变浑、有异味：有□ 无□		
下游坝坡	滑动：有□ 无□	隆起：有□ 无□	塌坑：有□ 无□	裂缝：有□ 无□
	雨淋沟：有□ 无□	杂草滋生：有□ 无□	草皮护坡损坏：是□ 否□	
	动物洞穴：有□ 无□			
	散浸、集中渗水、渗水坑：有□ 无□	管涌、流土等：有□ 无□		
	排水沟破损、淤堵：有□ 无□	其他（如漏水声）等：有□ 无□		
下游坝脚和坝基	排水体损坏、淤堵：有□ 无□	渗水量增大或渗水变浑浊：有□ 无□		
	阴湿、渗水：有□ 无□	管涌、流土或隆起：有□ 无□	绕坝渗水：有□ 无□	
坝后	影响工程安全的建筑、鱼塘、人为取土等侵占现象：有□ 无□			
溢洪道	人为加筑子堰：有□ 无□	设障阻塞：有□ 无□	拦鱼网（栅）：有□ 无□	
	行洪通道被占用或阻断：有□ 无□	冲刷和淘刷：有□ 无□		
	裂缝和渗漏：有□ 无□	剥蚀、变形：有□ 无□	岸坡危岩崩塌：有□ 无□	
	交通桥破损、裂缝：有□ 无□	消能工损毁、土石堆积：有□ 无□		
放水洞	涵管出口渗漏：有□ 无□	放水时洞身有异响：有□ 无□		
	洞身断裂、损坏：有□ 无□	护坡损坏：有□ 无□		
	进口淤积、堵塞：有□ 无□	进水塔裂缝、渗水、倾斜等：有□ 无□		
	工作桥裂缝、断裂、变形等：有□ 无□	出口周边散浸、集中渗水等：有□ 无□		
	出口有杂物带出、混浊水流：有□ 无□	闸门、启闭设施异常：有□ 无□		
管理设施	照明设施损坏：有□ 无□	观测设施异常：有□ 无□	其他：有□ 无□	

续表

巡查部位	内容和情况	
近坝库岸	有无崩塌或滑坡等迹象：有□ 无□	有无人为开挖、取土等现象：有□ 无□
管理范围	有无破坏大坝、管理设施的行为、工程：有□ 无□	
异常情况描述		
处置及上报情况		

检查人： 责任人：

注 本样表主要适用于小型土石坝水库的日常巡视检查记录，具体检查内容可根据水库实际情况进行适当调整。

2. 防汛检查记录样表

附表 4.7-2 小型水库防汛检查记录样表

水库名称：__________ 检查日期：_____年____月____日

基本情况	集水面积__km^2；正常蓄水位__m，相应库容__万 m^3 设计洪水位__m，校核洪水位__m，总库容__万 m^3 大坝：坝型____，最大坝高__m，坝顶宽度__m 溢洪道：型式____，堰顶高程__m，溢流净宽__m 建成年份： 最近一次鉴定时间：	
运行情况	最高库水位__m，时间：_____ （年 / 月 / 日） 最低库水位__m，时间：_____ （年 / 月 / 日） 溢洪道最大泄量 ___ m^3/s 或溢流堰最大过水高度__m 时间_____ （年 / 月 / 日）	
检查情况	大坝	（坝顶及上、下游坝面有无塌坑、裂缝、滑坡、破损等现象及其变化情况；下游坝坡有无渗水、冲刷等现象；下游坝脚渗水浑浊度及渗水量变化情况；两岸排水沟是否通畅，反滤导渗设施能否正常使用；大坝观测设施有无损坏等）
	溢洪道	（溢洪道内有无漂浮物、拦鱼网、子堰等阻水障碍物；底板、边墙等有无裂缝、孔洞、破损；是否存在渗水、漏水现象；排洪渠是否通畅等）

续表

<table>
<tr><td rowspan="6">检查情况</td><td>放水洞</td><td>（进水口附近水面有无漂浮物，淤积是否高于进水口底高程；建筑物有无裂缝、渗水、结构破损；放水期间洞身有无异响；启闭机房有无裂缝、破损）</td></tr>
<tr><td>边坡</td><td>（大坝两岸、溢洪道、输水建筑物进出口等部位边坡及近坝库岸，有无危岩、掉块及滑坡迹象）</td></tr>
<tr><td>闸门、启闭设备及电气设备</td><td>（闸门及启闭机有无锈蚀、变形，启闭是否灵活，闸门全关时有无漏水；电气设备有无超过使用年限，工作是否正常；重要小型水库有无备用电源等）</td></tr>
<tr><td>管理设施</td><td>（防汛物资、水雨情测报以及道路、通信、电力等设施是否满足防汛抢险要求，大坝安全防护设施是否齐全、可靠，管理用房有无裂缝、变形、破损，设施是否齐全等）</td></tr>
<tr><td>巡视检查</td><td>（巡查人员、制度落实情况，巡查记录是否齐全等）</td></tr>
<tr><td>防汛抢险</td><td>（应急预案、抢险队伍、预案演练情况等）</td></tr>
<tr><td>初步评价</td><td colspan="2">（对大坝安全状况进行初步评价，指出目前存在的主要问题）</td></tr>
<tr><td>建议</td><td colspan="2">（对水库调度运行、大坝维修养护等提出建议与意见）</td></tr>
<tr><td colspan="3">检查负责人：（签字）</td></tr>
</table>

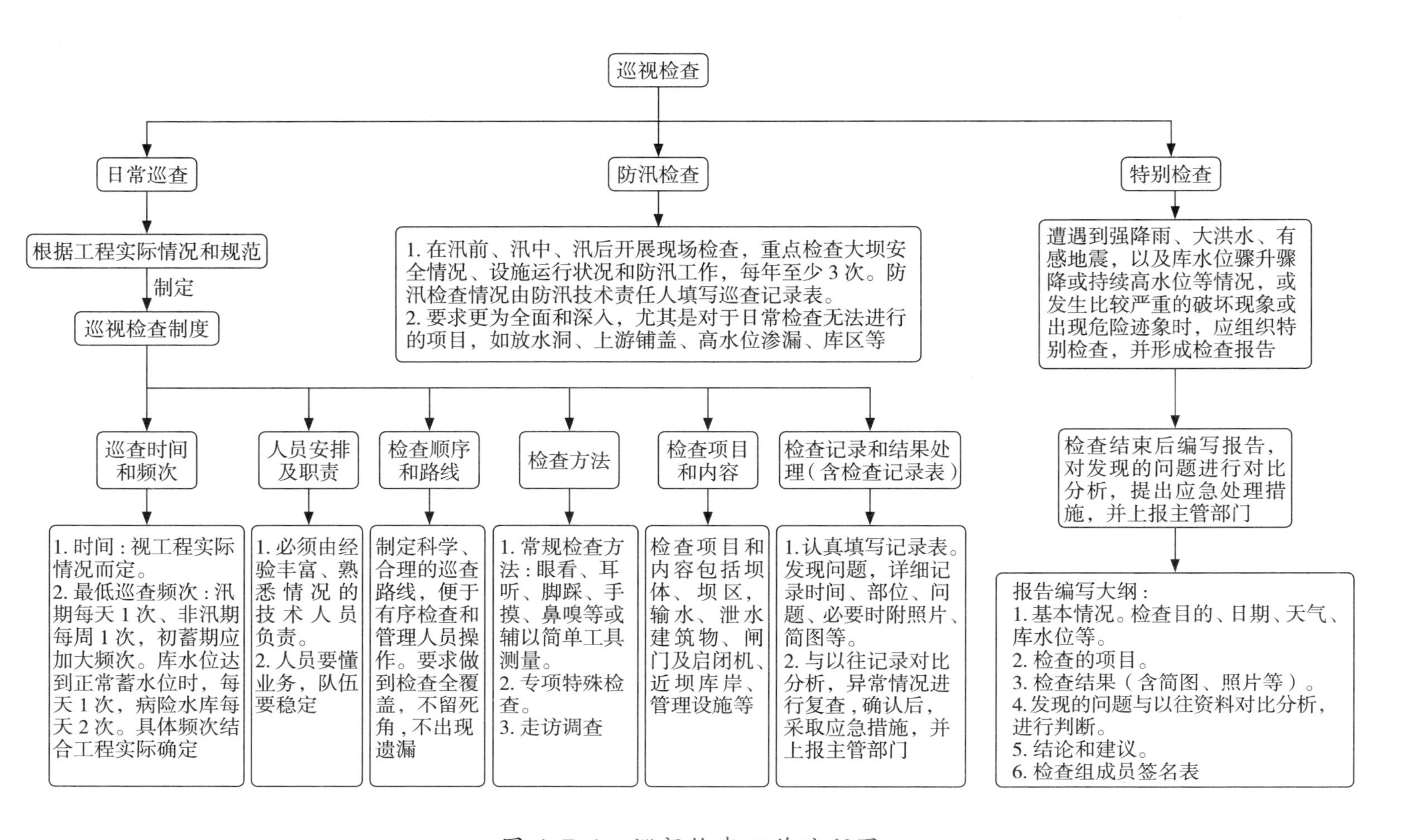

图 4.7-1 巡视检查工作流程图

第五章　安全监测

安全监测是保证水库安全运行的重要措施之一。水库运行中的许多动态变化，肉眼不易观察或巡视检查难以量化，如坝体变形、渗流量、库水位等变化，需要借助仪器设备测得数据后分析，才能了解和掌握工程变化情况和规律。安全监测成果与巡视检查结果相互对比和印证，能够更为准确、有效地判断工程的安全状况。

本章着重介绍小型水库必要的监测类别及项目、通过人工或仪器手段监测的方法及资料整编分析等。通过本章的学习，应能够掌握基本的库水位、降水量、渗流量观测方法、频次及记录等，了解变形监测、渗压监测的设施设备布设等。对于已设置安装水利信息化系统的水库，可实现自动采集水库水位、降雨量、坝体表面变形、渗流等信息，详见本书第八章。

第一节　安全监测类别及项目

一、监测项目分类及选项

根据《土石坝安全监测技术规范》（SL 551—2012）、《混凝土坝安全监测技术规范》（SL 601—2013）、《水利水电工程安全监测设计规范》（SL 725—2016）及《小型水库雨水情测报和大坝安全监测设施建设与运行管理办法》（水运管〔2021〕313 号），安全监测主要包括变形监测、渗流监测、应力应变及温度监测、环境量监测等四大类别，监测项目分类及选项见表 5.1–1 ~ 表 5.1–3。

根据表 5.1–1 ~ 表 5.1–3，小型水库必设的监测类别为环境量监测、渗流监测和变形监测三大类，对应的监测项目等应同时满足规范和设计要求。

（一）环境量监测

小型水库必设的监测项目为库水位、降水量等，即通常提到的雨水情测报。

（二）渗流监测

小型水库必设的监测项目为渗流量监测等。

（三）变形监测

小型水库必设的监测项目为坝体表面变形，即水平位移和垂直位移等。

表 5.1-1 环境量监测项目分类及选项表

建筑物类别	监测项目	建筑物级别				
		1 级	2 级	3 级	4 级	5 级
土石坝	上、下游水位	★	★	★	★	★
	气温	★	★	★	☆	☆
	降水量	★	★	★	★	★
	库水温	★	★	★		
	坝前淤积	☆	☆			
	坝下冲淤	☆	☆			
	冰压力	☆	☆			
混凝土坝	上、下游水位	★	★	★	★	★
	气温	★	★	★	★	☆
	降水量	★	★	★	★	★
	库水温	★	★	☆	☆	
	坝前淤积	☆	☆	☆		
	坝下冲淤	☆	☆	☆		
	冰压力	☆	☆	☆		
溢洪道	上、下游水位	★	★	★	☆	☆

注 1. 一般情况下，小（1）型、小（2）型水库对应建筑物级别为 4 级、5 级。
2. 有★为必设监测项目，有☆为可选监测项目，可根据需要选设；空格为不作要求。

表 5.1-2 土石坝安全监测项目分类及选项表

监测类别	监测项目	大坝级别				
		1 级	2 级	3 级	4 级	5 级
变形监测	坝体表面水平位移	★	★	★	☆	☆
	坝体表面垂直位移	★	★	★	★	★
	坝体内部变形	★	★	☆	☆	☆
	坝基变形	★	★	☆		
	接缝、裂缝开合度	★	★	☆		
	界面位移	★	★	☆		
渗流监测	渗流量	★	★	★	★	★
	坝体渗流压力	★	★	☆	☆	☆
	坝基渗流压力	★	★	☆	☆	☆
	绕坝渗流	★	★	☆	☆	☆
	水质分析	★	★	☆		

续表

监测类别	监测项目	大坝级别				
		1 级	2 级	3 级	4 级	5 级
应力应变及温度监测	孔隙水压力	★	☆	☆	☆	☆
	土压力	★	☆	☆		
	应力应变及温度	★	☆	☆		

注 1. 一般情况下，小（1）型、小（2）型水库对应建筑物级别为 4 级、5 级。

2. 有★为必设监测项目，有☆为可选监测项目，可根据需要选设；空格为不作要求。

表 5.1-3 混凝土坝安全监测项目分类及选项表

监测类别	监测项目	大坝级别				
		1 级	2 级	3 级	4 级	5 级
变形监测	坝体表面变形	★	★	★	★	★
	坝体内部变形	★	★	★	☆	☆
	坝基变形	★	★	★	☆	☆
	倾斜	★	☆	☆		
	接缝、裂缝开合度	★	★	☆	☆	
渗流监测	渗流量	★	★	★	★	☆
	扬压力	★	★	★	★	☆
	坝体渗流压力	☆	☆	☆	☆	
	绕坝渗流	★	★	☆	☆	☆
	水质分析	★	★	☆	☆	
应力、应变及温度监测	应力	★	☆			
	应变	★	★	☆		
	混凝土温度	★	★	☆		
	坝基温度	★	★	☆		

注 1. 一般情况下，小（1）型、小（2）型水库对应建筑物级别为 4 级、5 级。

2. 有★为必设监测项目，有☆为可选监测项目，可根据需要选设；空格为不作要求。

3. 对高混凝土坝或基岩有软弱岩层的混凝土坝，建议进行深层变形监测。

4. 1～3 级坝若出现裂缝，需要设裂缝开合度监测项目。

5. 坝高 70m 以上的 1 级坝，应力、应变为必选项目。

二、监测设施设备

监测仪器指基于各种原理的传感器、测量装置。监测仪器及其辅助设施（保护装置、观测房、观测便道等）统称为监测设施。监测数据自动采集、传输、存储、处理装置和软件统称为监测自动化系统。由监测设施、监测自动化系统共同组成监测系统。

小型水库监测项目涉及的监测仪器如下：

（1）环境量监测仪器有水尺、水位计、雨量计、温度计等。

（2）变形监测仪器有全站仪、经纬仪、水准仪等，与表面变形仪器配套的监测设备有变形观测基点、水准点等，变形观测基点上安装有强制对中基座，水准点上安装有水准标芯，便于高精度测量。

（3）渗流监测仪器有测压管、渗压计（孔隙水压力计）、水位计、量水堰等，其中量水堰主要用于监测渗漏量。

第二节 安全监测的基本要求

（1）同一建筑物的各类监测项目宜在同一观测时段观测，监测仪器成组布置的测点应同步观测，观测应同时记录环境量及可能引起测值变化的相关情况。

（2）测量仪表应与监测精度要求匹配，观测前应检查监测设施的工作状态，确认正常后方可测读。测量仪表应定期检定或校准。

（3）自动化系统数据采集宜根据可能条件和监测需求调整频次。

（4）工程遭遇特殊情况或突发事件（如高水位、水位骤变、特大降雨、强震等）时，应加密观测。

（5）观测数据应及时甄别，测读时如发生测值不稳、无测值或测值异常等情况，应对测量方法、测读仪表与仪器等进行检查、评价、分析并记录。当确认测值异常时，应对监测数据及时分析；若工程状态异常时，应增加测次，必要时应及时上报。

（6）观测记录应采用统一、规范的表格，信息填写应真实、准确、齐全并署名。

（7）观测后应恢复各类监测仪器保护设施。观测记录应及时整理归档，并录入数据库。

（8）每年汛前应对监测自动化系统进行人工比测。自动化系统出现故障时，应采取人工测读方法观测。

（9）应逐步提升安全监测系统自动化与信息化水平，规范数据库标准化建设。

（10）应保证在恶劣气候条件下，仍能进行必要项目的观测。

（11）安全监测设计应对施工期和初期运行期的安全监测资料整理与分析提出具体要求。

（12）应重视施工期和初期运行期的安全监测工作，并应明确需在蓄水（或通水）前取得初始值的监测项目。若蓄水（或通水）前永久性监测设施未完工或不具备观测条件时，应制定适当的临时监测措施 。

第三节　环境量监测

小型水库环境量监测必设的项目为库水位、降水量观测，即通常提到的雨水情测报。监测的目的是了解环境量的变化规律及对水工建筑物变形、渗流和应力应变等的影响。监测仪器的安装埋设应在水库蓄水前完成。

根据水利部《小型水库防汛“三个重点环节”工作指南（试行）》要求，小型水库应具备必要的雨水情观测和信息报送条件。雨水情测报工作由县级水行政主管部门或乡镇人民政府负责，具体可由巡查管护人员承担。降水量信息也可利用水库临近站点观测成果。

一、库水位观测

水位观测资料是水库安全运行、水情预报的重要依据，库区水位观测能够测定水库水位变化情况，并由此推求水量的变化。

（一）观测设备

水位监测宜采用水尺或遥测水位计等，每个水位测点都必须设置人工水尺，当采用其他水位观测方法时，应辅以人工水尺进行观测，并定期比对和校核。

1. 人工观测水尺

（1）水尺安装要求。人工观测最常用的观测设备为直立式水尺，应至少设置 1 组人工观测水尺，水尺延伸测读高程应低于库死水位、高于校核洪水位至坝顶高程；同一组水尺，宜设置在同一断面线上，每根水尺处须有水位标识；水尺零点高程每年应校测一次，有变化时应及时校测；水尺要有一定的强度和刚度，温度变形要小，同时耐水性要好，一般由木材、搪瓷或合成材料制作而成。水尺的刻度要求清晰、醒目，刻度分辨率 1cm，为方便夜间观测，水尺表面可设荧光涂层。直立式水尺安装如图 5.3–1 所示。

（2）水尺观测方法。读水位时，观测者应尽量蹲下，视线接近水面，读取水面水位尺数值，即为水尺读数。水尺读数加上水尺零点高程（水尺安装时宜将该水尺零点高程数据刻画在水尺上或水尺桩基可视面上），即为水位。有波浪时读最大值和最小值，然后取两者平均值作为最后水尺读数，记录到《水库水位、降雨量观测记录表》。水位以米（m）表示，读数记至厘米（0.01m）。水尺的水位读取是每位巡查管护员必须掌握的技能。水尺观测水位示意图如图 5.3–2 所示。

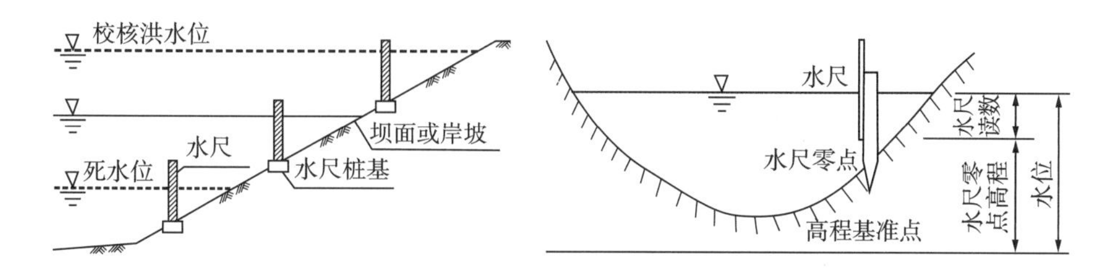

图 5.3–1　直立式水尺安装示意图　图 5.3–2　水尺观测水位示意图

一根人工水尺高度为 1m，一个“E”高度为 5cm[图 5.3–3（a）]。以图 5.3–3（b）为例，假设图示最高处水尺零点高程为 100.00m，水位处水尺读数如图应为 0.57m，此时水位为 100.57m。

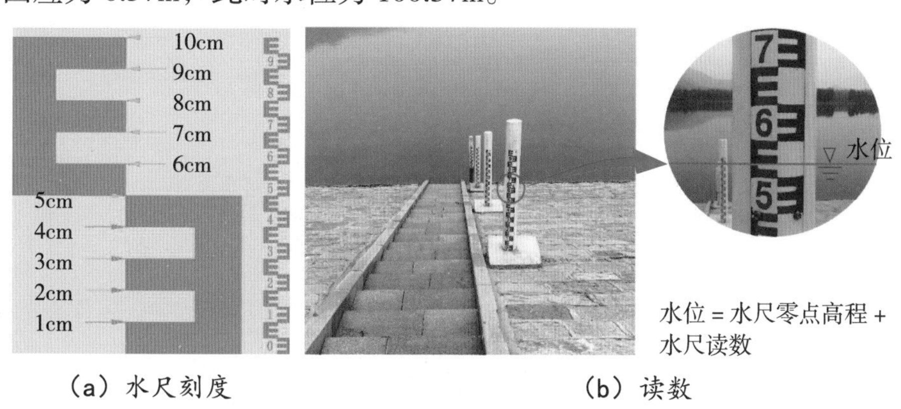

（a）水尺刻度　（b）读数

图 5.3–3　水位观测读数示意图

2. 人工电子一体化观测水尺

人工电子一体化观测水尺是集人工观测标尺、水位自动监测、远程数据传输于一体的水位观测仪器。

3. 遥测水位计

根据《水位测量仪器　第 6 部分：遥测水位计》（GB/T 11828.6—2008），遥测水位计是指通过有线或无线方式，将水位数据传至远离观测现场处进行显示、记录的水位观测仪器。遥测水位计通常包括传感器、传输部件、显示记录器，其按传感原理可分为浮子式水位计、压力式水位计、雷达式水位计等。遥测水位计每年汛前应检验。

（二）测点布设

（1）蓄水前应在坝前至少设置一个永久性测点，完成水位观测永久测点设置。

（2）库水位观测点应设置在水面平稳、受风浪、泄流影响较小、便于安装设备和监测的地点或永久性建筑物上。

（3）输、泄水建筑物上游水位观测点应在建筑物堰前布设。

（4）下游水位观测点应布置在水流平顺、受泄流影响较小、便于安装设备和观测的地点或与测流断面统一布置。

（三）观测要求及频次

（1）原则上每日观测 1 次，当汛期、初蓄期以及遭遇特殊情况时适当增加观测频次。

（2）观测结果应及时、准确记录在专用记录簿上，严禁追记、涂改和伪造。

二、降水量观测

（一）观测设备

降水量主要为降雨量。小型水库一般采用雨量器。有条件时，可用自记雨量计、遥测雨量计或自动测报雨量计。

雨量器由承雨瓶、储水筒、储水器和器盖等组成，并配有专用量雨杯，量雨杯的总刻度为 10.5mm。雨量器上部的漏斗口呈圆形，内径 20cm，器口是里直外斜的刀刃形，以防雨水溅湿。量水器下部是储水筒，筒内放有收集雨水用的储水器。雨量器及量雨杯如图 5.3-4 所示。

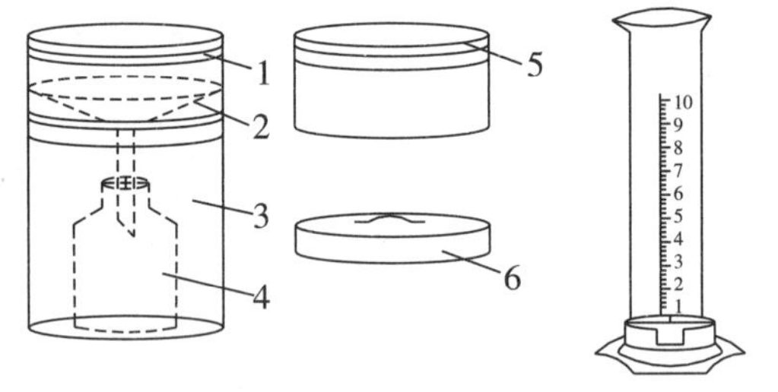

（a）雨量器　　（b）量雨杯

图 5.3-4　雨量器及量雨杯

1—承雨瓶；2—漏斗；3—储水筒；4—储水器；5—承雪器；6—器盖

（二）测点布设

水库坝区应至少设置一处降水量监测点，对流域面积超过 20km^2 的可增加具有流域代表性的监测点 。水库自设降雨量观测设施可设在水库大坝附近，且空旷无遮挡处，当观测站点不能完全避开建筑物、树木等障碍物影响时，要求雨量器（计）离开障碍物边缘距离至少为障碍物高度的 2 倍。

（三）雨量器观测方法

（1）从雨量器中小心取出承雨瓶。

（2）将瓶内的水倒入量雨杯。

（3）将量雨杯放在水平桌面上。

（4）视线与水面平齐，以凹月面最低处为准，读取刻度数。

（5）将读数记录到《水库水位、降雨量观测记录表》。

（四）观测要求

定时观测以 8 时为日分界，从本日 8 时至次日 8 时的降雨量为本日的日降雨量；分段观测从 8 时开始，每隔一定时段（如 12h/6h/4h/3h/2h 或 1h）观测一次；遇大暴雨时应增加测次。观测精度达到 1mm。

三、观测记录表

水库水位、降雨量观测记录表见表 5.3–1。

表 5. 3-1　水库水位、降雨量观测记录表

日期	时间	水尺编号	水尺读数 /m	水位 /m	库容 / 万 m^3	降雨量 /mm	观测人	备注

第四节　渗流监测

小型水库的渗流监测项目主要包括渗流量和渗流压力监测。其中小型土石坝工程渗流压力监测主要为浸润线监测，小型混凝土坝工程渗流压力监测主要为扬压力监测。因山东省内小型混凝土坝较少，本节重点介绍浸润线监测。大坝渗流监测项目间应相应配合，并同时观测大坝上下游水位、降雨量和大气温度等环境因素。

一、渗流量监测

（一）监测设备及布置

渗流量观测设备，要根据渗水地点、汇集条件、渗流量大小，结合采用的方法进行布置。对于小（1）型水库，存在渗漏明流的大坝应设置 1 个渗流量监测点，有分区监测需求的根据需要增加监测点；对于小（2）型水库，存在渗漏明流、坝高 15m 以上或影响较大的大坝应设置 1 个渗流量监测点，

其他情况根据需要设置监测点 。

（1）观测坝身、坝基、绕坝的渗流量时，一般在坝下游能汇集渗水的地方，设置集水沟。在集水沟出口处布置量水设备。

（2）当渗透水流可以分区拦截，且进行分区观测有利于分析问题时，可分区设集水沟，末端归入总排水沟，在集水沟和总排水沟上同时进行观测。

（3）集水沟和量水设备要布置在不受泄水建筑物泄水影响、不受坝面及两岸排泄雨水影响的地方。同时要结合地形尽量做到平直整齐，便于观测。土坝渗流观测设备布置如图 5.4–1 所示。

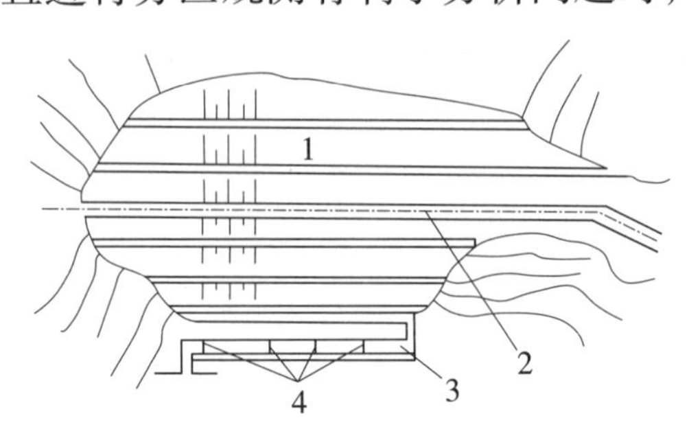

图 5. 4–1 土坝渗流观测设备布置示意图
1—大坝上游坡面；2—坝顶；3—集水沟；4—量水堰可选位置

（二）监测方法

根据渗流量的大小和渗流汇集条件，小型水库因渗流量偏小，多采用巡查管护人员可使用的容积法、量水堰法。

（1）容积法。适用于渗流量小于 1L/s 或渗流水无法长期汇集排泄的地方。观测时需计时，当计时开始时，将渗流水全部引入容器内，计时结束时停止。量出或秤出容器内的水量，已知记取的时间，即可算出某处的渗流量。每次测水时间不得少于 10s，两次观测值之差不得大于所测得的平均渗流量的 5%。

$$Q=\frac{W}{T}$$

式中：Q 为渗流量，m^3/s；W 为容器内的渗流水量，m^3；T 为计时时间，s。

（2）量水堰法。量水堰要设在集水沟的直线段上，按过水断面形状分为三角堰、梯形堰和矩形堰三种形式，一般采用三角堰。

1）三角堰。三角堰缺口为一等腰三角形，一般采用底角为直角，其结构如图 5.4–2 所示。适用于渗流量 1 ~ 70L/s 的情况。观测设备用测针，渗流量较少的用精确到 1mm 的钢尺。

观测要求和方法：量水堰的上下游集水沟均需护砌，要求不漏水，不受其他干扰，以免影响观测精度。集水沟断面大小和堰高的设计，要使堰下游水面低于堰口，保证堰口为自由溢流。首先在指定的测点上放平测针，让测针针尖接近水面，并通过微调使针尖恰好接触水面，读出测针整数和小数部

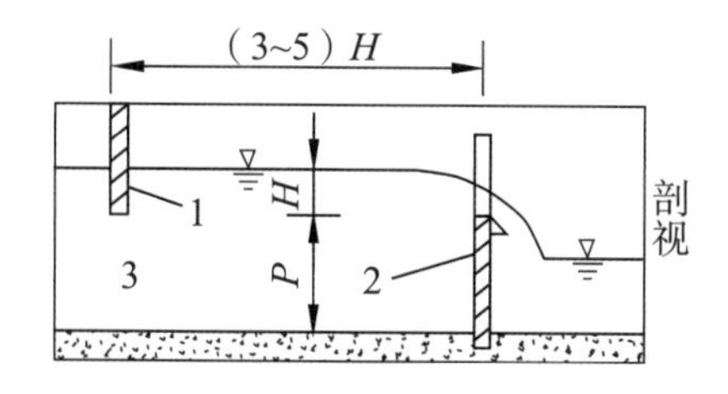

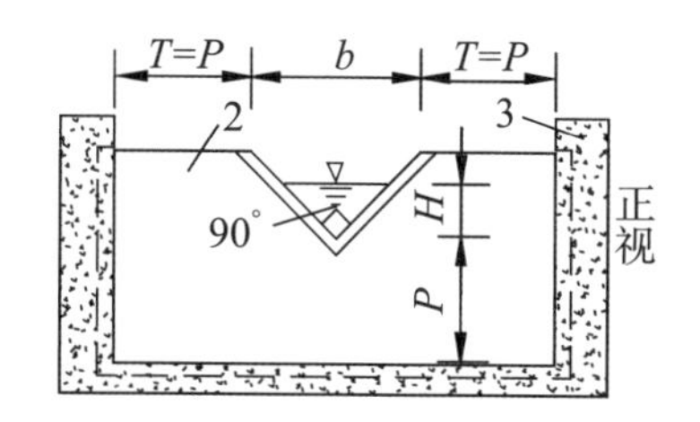

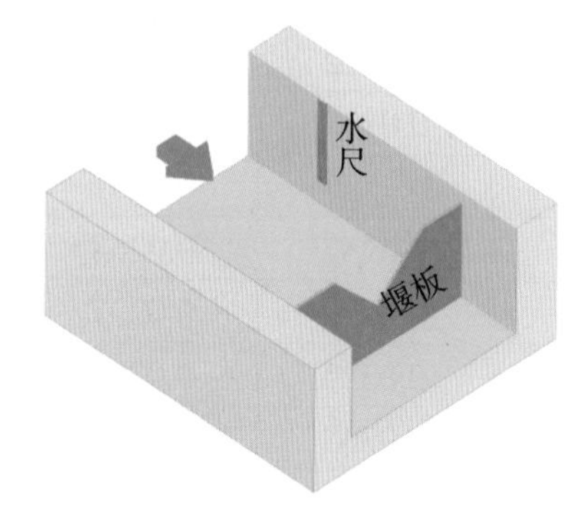

图 5.4-2 直角三角堰示意图

1—水尺；2—堰板；3—集水沟；T—堰顶宽；
P—堰坎高；H—堰上水头；b—堰口宽

分的刻度，读数读至 0.1mm，连续进行两次观测，取两次观测平均值为最后读数。

直角三角堰自由出流的流量可按下式计算，也可查表 5.4-1 获取。

$$Q = 1.4H^{5/2}$$

式中：Q 为渗流量，m^3/s；H 为堰上水头，m。

表 5.4-1 三角堰水头高度与过堰流量查询表 单位：m^3/s

水头高度 H/m	H 的尾数				
	0.0000	0.0020	0.0040	0.0060	0.0080
0.05	0.0008	0.0009	0.0009	0.0010	0.0011
0.06	0.0012	0.0013	0.0015	0.0016	0.0017
0.07	0.0018	0.0019	0.0021	0.0022	0.0024
0.08	0.0025	0.0027	0.0029	0.0030	0.0032
0.09	0.0034	0.0036	0.0038	0.0040	0.0042
0.10	0.0044	0.0047	0.0049	0.0051	0.0054
0.11	0.0056	0.0059	0.0061	0.0064	0.0067
0.12	0.0070	0.0073	0.0076	0.0079	0.0082
0.13	0.0085	0.0089	0.0092	0.0095	0.0099

续表

水头高度 H/m	H 的尾数				
	0.0000	0.0020	0.0040	0.0060	0.0080
0.14	0.0103	0.0106	0.0110	0.0114	0.0118
0.15	0.0122	0.0126	0.0130	0.0135	0.0139
0.16	0.0143	0.0148	0.0152	0.0157	0.0162
0.17	0.0167	0.0172	0.0177	0.0182	0.0187
0.18	0.0192	0.0198	0.0203	0.0209	0.0215
0.19	0.0220	0.0226	0.0232	0.0238	0.0244
0.20	0.0250	0.0257	0.0263	0.0270	0.0276
0.21	0.0283	0.0290	0.0297	0.0304	0.0311
0.22	0.0318	0.0325	0.0332	0.0340	0.0348
0.23	0.0355	0.0363	0.0371	0.0379	0.0387
0.24	0.0395	0.0403	0.0412	0.0420	0.0429
0.25	0.0438	0.0446	0.0455	0.0464	0.0473
0.26	0.0483	0.0492	0.0501	0.0511	0.0521
0.27	0.0530	0.0540	0.0550	0.0560	0.0570
0.28	0.0581	0.0591	0.0602	0.0612	0.0623
0.29	0.0634	0.0645	0.0656	0.0667	0.0679
0.30	0.0690	0.0702	0.0713	0.0725	0.0737

2）梯形堰。梯形堰过水断面为一梯形，如图 5.4–3 所示，边坡常用 1∶0.25。适用于渗流量 10 ~ 300L/s 的情况，堰口应严格保持水平，底宽不宜大于 3 倍堰上水头，最大过水深一般不宜超过 0 ~ 3m。梯形堰的流量推荐计算公式为

$$Q = 1.86bH^{3/2}$$

式中：Q 为渗流量，m^3/s；H 为堰上水头，m；b 为堰体底宽，m。

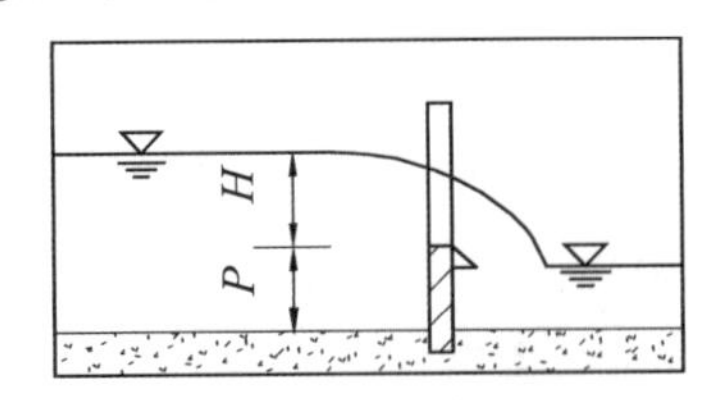

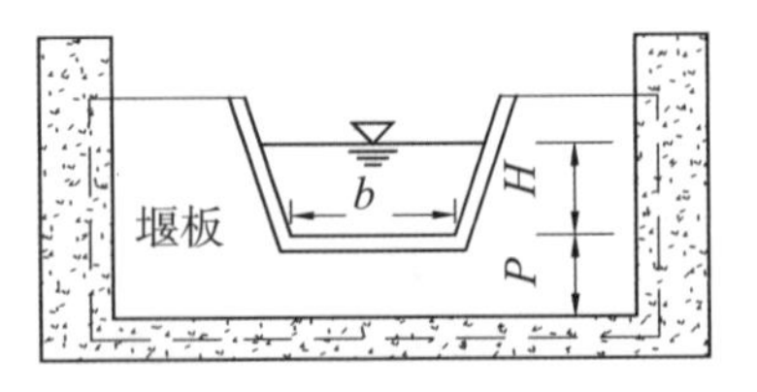

图 5.4–3　梯形堰示意图

3）矩形堰。矩形堰分为有侧收缩矩形堰和无侧收缩矩形堰，适用于渗流量大于 50L/s 的情况。矩形堰堰口应严格保持水平，堰口宽度一般为 2 ~ 5 倍堰上水头，最小水头应大于 0.25m，最大应不超过 2.0m。

（三）监测记录表

容积法、量水堰法渗流量监测记录表可参照表 5.4–2、表 5.4–3。

表 5. 4–2 容积法渗流量监测记录表 年 月

日期及时间	监测人	排水孔编号	充水时间/s	充水容积/L	水温/℃	水位/m		备注
						上游	下游	
		1#						含近期降水情况
		2#						

表 5. 4–3 量水堰法渗流量监测记录表 年 月

日期及时间	库水位/m	监测人	三角堰编号	堰上水头/mm	实测流量/（L/s）	水温/℃	备注
			1#				含近期降水情况
			2#				

二、土石坝浸润线监测

土石坝建成蓄水后，由于水头的作用，坝体内必然产生渗流现象。水在坝体内从上游渗向下游，形成一个逐渐降落的渗流水面，称为浸润面（属无压渗流）。浸润面在土石坝横截面上只显示为一条曲线，通常称为浸润线。浸润线的高低和变化，与土石坝的安全稳定有密切关系。如果实际形成的浸润线位置高于设计值，往往会降低坝坡稳定性，严重时会造成滑坡事故。

（一）监测仪器选用

常用的土石坝浸润线监测仪器有测压管和渗压计（孔隙水压力计）。

（1）测压管。适用于上下游水位差小于 20m 的坝、渗透系数 $K \geq 10^{-4}$cm/s 的土中、渗流压力变幅小或防渗体需监视裂缝的部位。测压管由进水管段和导水管段组成，材料常用镀锌钢管或硬塑料管。测压管结构如图 5.4–4 所示。

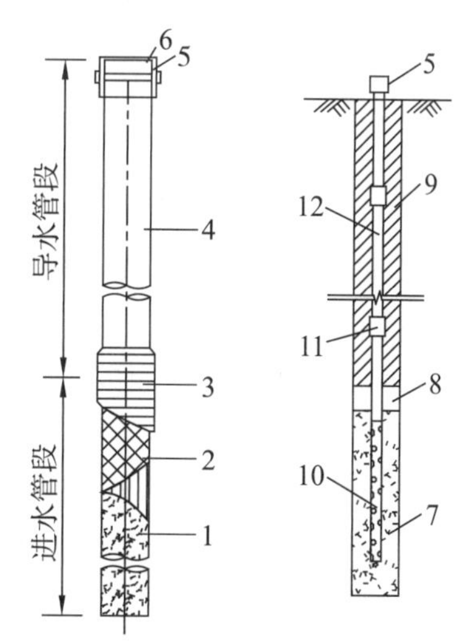

图 5. 4–4 测压管结构示意图

1—进水孔；2—土工织物过滤层；3—外缠铅丝；4—金属管或硬工程塑料管；5—管盖；6—电缆出线及通气孔；7—中粗砂反滤；8—细砂；9—封孔料；10—透水段；11—管接头；12—测压管

（2）渗压计（孔隙水压力计）。适用于上下游水位差大于 20m 的坝、渗透系数 $K < 10^{-4}$cm/s 的土中、非稳定渗流的监测以及铺盖或斜墙底部接触面等不适宜埋设测压管的部位。渗压计量程应与测点实际可能出现的渗压相适应。渗压计又称孔隙水压力计，一般埋设在观测对象内部，通过观测测点处的渗流压力来确定测点的渗压水头，目前使用较多的是振弦式渗压计和跟踪式智能渗压遥测仪。

（二）监测布置

（1）监测横断面设置。浸润线的横向观测断面宜布置在坝体最重要、最具代表性和有可能发生异常渗流的位置上，如原河床最大坝高处、合拢段、帷幕灌浆转折的坝段和地质构造复杂的谷岸台地坝段等。观测断面一般不少于 3 个。

（2）监测点设置。观测横断面上的测点布置要能测出浸润线的实际形状、能充分绘出坝体各组成部分在渗流状态下的工作状况，一般设置 3 ~ 4 条观测铅垂线。一般在均质坝横断面中部、心（斜）墙坝的强透水区，每条观测铅垂线可只设 1 个测点，高程在预计最低浸润线以下；在浸润线变幅较大处、渗流进出口段、渗流相异性明显的土层等，要根据浸润线预计最大变幅沿不同高程布点，每条观测铅垂线上布测点不少于 2 ~ 3 个。

测压管布置如图 5.4-5、图 5.4-6 所示。

（三）监测方法

小型水库的测压管水位观测，多采用电测水位计和测深钟来测量管中的水面高程。使用电测水位计和测深钟时，测压管水位两次测读误差应不大于 2cm；电测水位计的测绳长度标记，应每隔 1 ~ 3 个月用钢尺校正 1 次；测压管的管口高程，在施工期和初蓄期应每隔 3 ~ 6 个月校测 1 次，运行期每年至少要校测 1 次，疑有变化时随时校测。

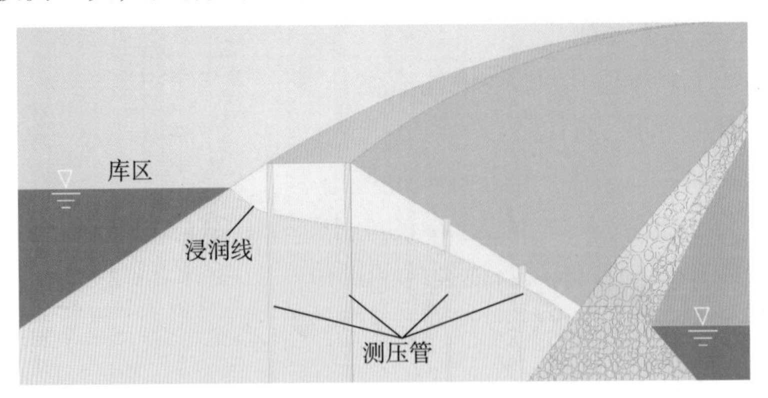

图 5.4-5　均质土坝（有反滤坝址）测压管布置示意图

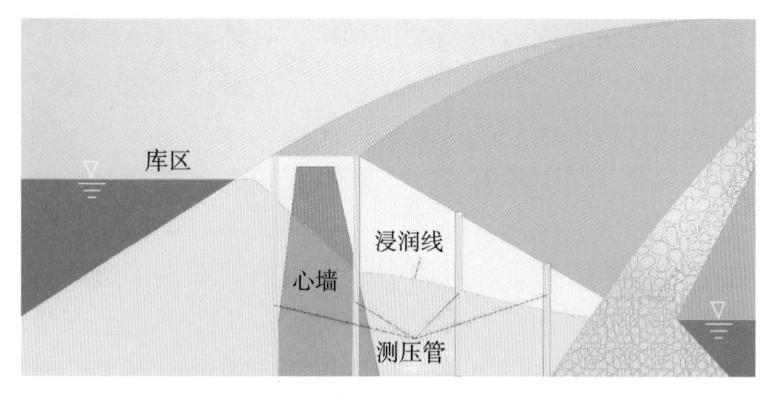

图 5.4-6 心墙坝测压管布置示意图

测深钟的构造最为简单，小型水库可自制，最简单的形式为上端封闭、下端开敞的一段金属管，长度为 30 ~ 50mm，上端系以吊索，如图 5.4-7 所示。观测时，用吊索将测深钟缓缓放入测压管中，当测深钟下口接触管中水面时，将发出空筒击水的“澎”声，即应停止下送。再将吊索稍微提上后放下，使测深钟脱离水面又接触水面，发出“澎、澎”的声音。这样就可根据管口所在的吊索读数分划，测读出管口至水面的高度，计算出管内水位高程。

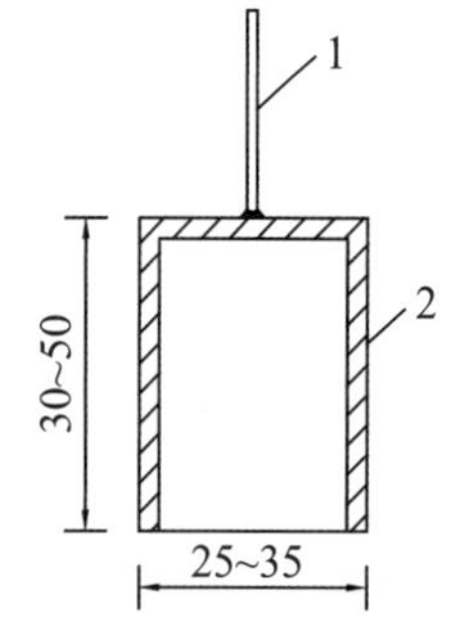

图 5.4-7 测深钟示意图
（单位：mm）
1—吊索；2—测深钟

管内水位高程＝管口高程－管口至水面高度。

用测深钟观测，一般要求测读两次，其差值应不大于 2cm。

(四) 监测记录表

测压管监测记录表可参照表 5.4-4。

表 5.4-4 测压管监测记录表　　年　月

日期及时间	监测人	测压管编号	管口高程 /m	管口至管内水面距离 /m			水位 /m		备注
				一次	二次	平均	上游	下游	
		1#							含近期降水情况
		2#							

三、监测频次

原则上，渗流量和测压管水位观测每周 1 次（初蓄期每周 2 次），汛期、初蓄期以及遭遇特殊情况时，适当增加频次，具体频次应根据工程实际情况确定。

第五节　变形监测

土石坝在运行初期的自重和水压力的作用下会发生渗透固结变形，混凝土坝（浆砌石坝）在水压力、温度及自重等荷载作用下，会产生向下游滑动或者倾覆的趋势，会产生水平位移、垂直位移或挠曲等变形，另外坝体间的接缝宽度也会因多种因素影响产生变化，坝体局部会有裂缝产生。在正常情况下，这些变形有一定规律，通过变形观测可以及时发现异常变形，查出安全隐患。因此，大坝变形观测对确保建筑物安全运行具有十分重要的意义。

根据相关规范，对于小型水库而言，土石坝必设的变形监测项目为坝体表面垂直位移监测，混凝土坝必设的变形监测项目为坝体表面变形监测（包括表面水平位移和表面垂直位移监测）。目前大多由水库管理单位委托具有相应资质的单位，采用全站仪、经纬仪或水准仪每年对大坝表面变形进行人工观测，并形成观测报告。

一、水平位移监测

（一）监测方法和要求

小型水库的水平位移观测一般用视准线法测量，视准线观测可采用活动觇牌法或小角度法，监测仪器通常为经纬仪。对于视准线长度超过500m（或曲线形坝）的变形观测，亦可采用全站仪观测。

（1）观测时，仪器应架设在工作基点上，以观测其邻近一半的测点为宜。视准线长度超过300m的混凝土坝和视准线长度超过500m的土石坝，应采用中间设站法观测。

（2）采用小角度法观测时，各测次均应使用同一个度盘分划线；如各测点均为固定的觇牌，可采用方向观测法。

（3）视准线工作基点的水平位移应定期校测，并根据校测成果对测点水平位移进行修正。

（4）每一测次应观测两测回，每测回包括正、倒镜各照准觇标两次并读数，取均值作为该测回之观测值。

（二）监测布置

位移测点的布置视大坝的规模而定，一般在坝顶靠下游的坝肩布设一排测点，下游坝坡布置 1 ~ 2 排，上游坝坡正常蓄水位以上布置一排。测点位置通常选在最大坝高或原河床处、合拢段、地形突变处、地质条件复杂处、坝内埋管及运行有异常反应处，并使各纵排的测点都在相应的横断面上。

坝轴线长度小于 300m 时，测点间距宜取 20 ~ 50m；坝轴线长度大于 300m 时，测点间距宜取 50 ~ 100m。每排测点延长线两端山坡上各设一个工作基点。为了校测工作基点有无变化，在两个工作基点延长线上各埋设一个校核基点。

视准线法水平位移测点平面、横断面布置如图 5.5–1 所示。

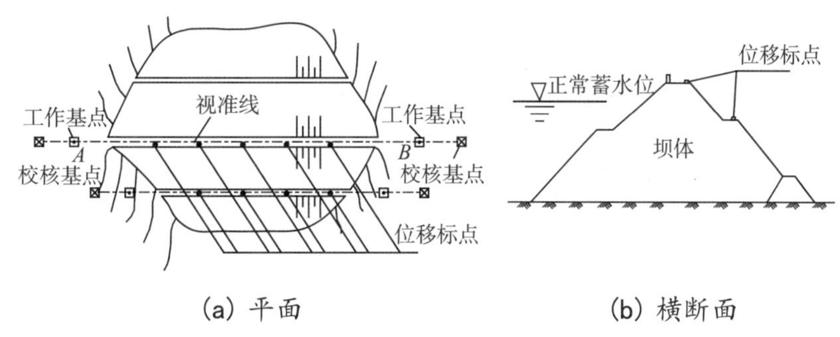

(a) 平面　　(b) 横断面

图 5. 5–1　视准线法水平位移测点平面、横断面布置示意图

（三）监测设施及安装

监测设施是指供监测的测点和基点。测点和基点的结构必需坚固可靠、不易变形、美观大方、方便实用。设计部门在进行工程设计的同时应对监测设施进行设计，施工部门应指定专人负责埋设监测设施。

（1）工作基点。工作基点是指安置经纬仪和觇标以构成视准线的工作站点。工作基点埋设在两岸山坡上，一般宜采用整体钢筋混凝土结构，由立柱和底盘构成，立柱高度以司镜者操作方便为准，但应大于 1.2m，截面为 40cm × 40cm，底盘为 1.0m 见方、厚 0.3m。立柱顶部安设强制对中式底盘，对中误差应小于 0.1mm（图 5.5–2）。

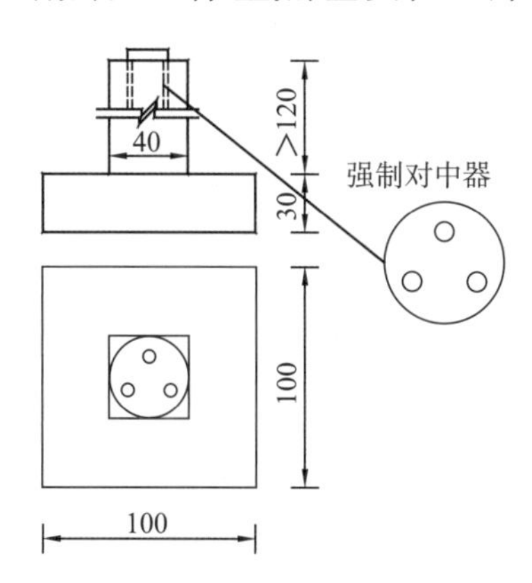

图 5. 5–2　强制对中式工作基点结构示意图（单位 :cm）

（2）位移标点。埋设在坝体上供观测位移的标点。该测点一般同时兼作垂直和水平位移的测点。型式可采用混凝土墩式结构，其立柱顶应高出坝面 0.6 ~ 1.0m，立柱顶部应设有强制对中底盘，对中误差应小于 0.2mm（图 5.5–3）。

（3）测点的安装。测点和基点的底座埋入土层的深度不小于 0.5m，冰冻地区应深入冰冻线以下。并同时设置防护设施，防止雨水冲刷、护坡块石挤压和人为破坏。埋设时，应保持立柱垂直，仪器基座水平，并使各测点强制对中底盘中心位于视准线上，其偏差不得大于 10mm，底盘调整水平，倾斜度不得大于 4′ 。

（4）校核基点。结构型式及埋设要求与工作基点相同。

（5）观测觇标。供经纬仪瞄准构成视准线或观测各测点位移的标视物，可采用活动觇标（图 5.5-4）。

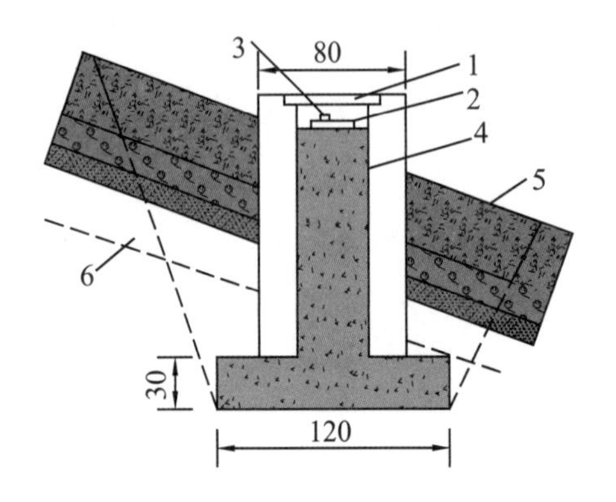

图 5.5-3 位移标点结构示意图（单位：cm）

1—盖板；2—带十字线铁板；3—位移标头点；4—混凝土；5—块石护坡；6—冰冻深度

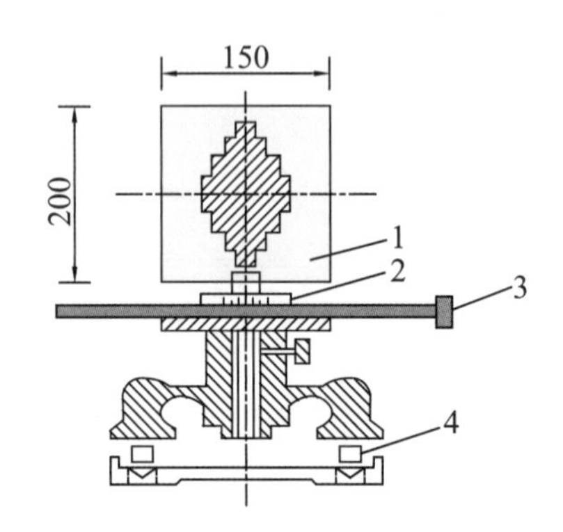

图 5.5-4 活动觇标结构示意图（单位：cm）

1—水泡；2—刻度尺；3—水平微动螺丝；4—调整螺丝

二、垂直位移监测

（一）监测方法和要求

小型水库大坝表面垂直位移观测，一般采用水准仪按普通三等水准法测量，可参照《国家三、四等水准测量规范》（GB/T 12898），其往返闭合差不得大于 ±1.4Nmm（N 为测站数）。

（二）监测布置

控制点位一般采用三级点位，两级控制。三级点位即水准基点、起测基点和位移测点；两级控制即由水准基点控制起测基点，由起测基点控制观测位移测点。小型水库可直接由水准基点观测位移测点。

（1）水准基点。一般在坝下游 1 ~ 3km 处布设 2 ~ 3 个，采用混凝土水准基点。水准基点结构如图 5.5-5 所示。

（2）起测基点。可在每一排测点两端的岸坡上各布设一个，其高程宜与测点高程相近。起测基点结构如图 5.5-6 所示。

（3）垂直位移测点。一般与水平位移测点共用。

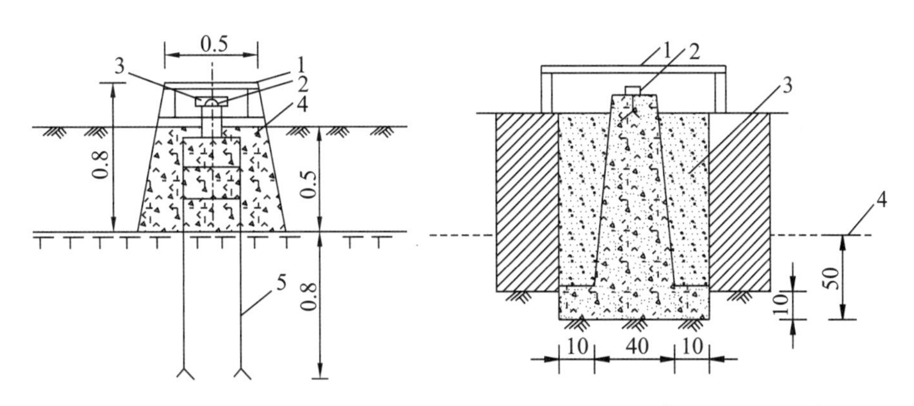

图 5.5-5 水准基点结构示意图
（单位 :m）
1—盖板；2—标点；3—管帽；
4—混凝土墩；5—钢筋

图 5.5-6 起测基点结构示意图
（单位 :m）
1—盖板；2—标点；
3—填沙；4—冰冻线

三、监测精度

土石坝及混凝土坝变形监测项目测量精度不应低于表 5.5-1 规定。

表 5.5-1 坝体变形监测项目测量精度　　单位：mm

建筑物类别	监测项目			位移量中误差限值
土石坝	坝体表面水平、垂直位移			± 3.0
混凝土坝	水平位移	重力坝、支墩坝		± 1.0
		拱坝	径向	± 2.0
			切向	± 1.0
	垂直位移			± 1.0

注　表中表面位移量中误差均指相对工作基点的测量中误差。

四、监测频次

原则上，坝体位移监测每 3 个月 1 次（初蓄期每月 1 次），汛期、初蓄期以及遭遇特殊情况时，适当增加频次，具体频次应根据工程实际情况确定。

第六节　监测资料整理整编和分析

一、监测资料整理的内容

监测资料的整理是指对日常监测数据的记录、检验、校核以及对监测物理量的换算、填表、绘图和异常值判别等，并将整理的监测资料存入计算机的过程。采用自动化系统观测的，应及时对采集的数据进行甄别、处理。

一般来讲，是将现场监测的原始资料数据按要求进行加工，使之规范化、统一化，便于数据的存储与管理，属于日常性工作。

二、监测资料整编的内容

监测资料的整编是在监测资料整理基础上，定期对监测资料进行汇集、分析、处理、编辑等，并生成标准格式电子文档和刊印的过程，使之集中化、系统化、规格化和图表化，以便归档保存和提供给使用者，是一项周期性工作。

（一）整编报告主要内容及编排顺序

（1）封面。封面应包括工程名称、整编时段、卷册名称与编号、编制单位、刊印日期等。

（2）目录。

（3）整编说明。包括整编时段内工程变化、运行概况，巡视检查与监测工作概况，资料的可靠性，监测设施的维修、检验、校验以及更新改造情况，监测中发现的问题及其分析、处理情况（含有关报告、文件的引述），对工程运行管理的建议，以及整编工作的人员与组织情况等。

（4）工程基本资料。

（5）监测项目汇总表。

（6）监测频次。

（7）监测仪器设施考证资料（首次整编时）。

（8）巡视检查资料。

（9）监测资料。

（10）分析成果。

（11）监测资料图表。按巡视检查、变形、渗流、压力或应力与温度、其他监测项目的编排次序编印，整编图在前、统计表在后。

（12）封底。

（二）整编周期

资料整编周期不宜超过1年。施工期、初次运行期的整编时段，应根据工程施工、蓄水或通水进度确定。工程运行期，每年汛前应将上年度的监测资料整编完毕。

（三）承担单位

（1）工程施工期，由水库施工单位负责，工程竣工验收时应提交完整的符合《土石坝安全监测技术规范》（SL 551）、《混凝土坝安全监测技术规范》（SL 601）、《水利水电工程安全监测设计规范》（SL 725）等要求的监测设施竣工资料和安全监测资料整编文件。

（2）工程竣工验收后，由水库管理单位负责按规定时段进行整编，并按分级管理原则，由上一级业务主管部门负责审查，也可委托具有经验和能力的单位承担，受委托单位应对所承担的工作和成果负责。

三、监测资料的分析

监测资料分析是一项综合性较强的工作，需要综合水工建筑物结构设计理论、工程地质知识、施工经验、数学理论甚至监测仪器基本理论等专业知识。开展监测资料分析之前，需要收集工程资料、监测设施考证资料、监测资料等三大类资料。

（一）常用分析方法

监测资料分析常用的方法包括比较法、作图法、特征值统计法和数学模型法等。使用数学模型法做定量分析时，应同时采用其他方法进行定性分析验证。

（二）分析内容

监测资料分析应分析各监测物理量的特征值、变化规律、趋势及效应量与原因量之间（或几个效应量之间）的关系和相关程度。

监测资料分析可分为初步分析和综合分析。初步分析应在监测资料整理与整编基础上，对报表数据、过程线图、分布图、相关性图等定性分析；综合分析宜采用定性、定量相结合的多种方法，评估工程运行状态，提出或调整施工或运行监控指标，出具专题分析报告。

资料分析报告编排顺序宜为：封面、扉页、目录、分析说明、工程基本资料、监测项目与监测频次汇总表、监测仪器设施考证资料与运行性态、巡视检查资料分析、监测资料分析、分析结论与建议、附图附表和封底等。

（三）承担单位

监测资料的分析一般由工程管理单位承担，也可委托具有经验和能力的单位承担。受委托单位，应对所承担的工作和成果负责。

第六章 维修养护与除险加固

水库运行过程中，各建（构）筑物在渗流、冲刷、冰冻、地震等各种自然因素和人为因素的作用下，会出现一定的质量缺陷或损坏，如不及时进行维修养护，将给工程带来重大安全隐患甚至失事。及时对水库各建（构）筑物进行维修养护，能确保其处于安全正常工作状态，充分发挥工程效益。水库维修养护应坚持“经常养护、随时维修，养重于修、修重于抢”的原则，做到安全可靠、技术先进、注重环保、经济合理，确保建（构）筑物保持良好的工作状态。经鉴定为病险水库的，应当限期进行除险加固。小型病险水库除险加固应按照“当年鉴定、翌年加固”的原则实施。

本章主要介绍坝体、溢洪道和放水洞、闸门及启闭机的维修养护，并对病险水库除险加固工作的建设程序及规定进行了阐述和说明。通过本章学习，水库管理人员能够了解水库维修养护分类及相关规定；掌握水库各建（构）筑物、闸门和启闭机设备等养护标准和要求，了解常见病害修理方法和必要的工程措施；掌握病险水库除险加固工作中有关建设程序、初步设计、建设管理、工程验收等相关内容。

第一节 维修养护分类及规定

小型水库维修养护主要内容包括安全防护、日常养护和修理。

一、日常养护

日常养护是指为了保证建筑物正常使用而进行的经常性保养和防护措施。日常养护分为经常性养护、定期养护和专门性养护。日常养护工作应做到及时消除土石坝枢纽的表面缺陷和局部工程问题，随时防护可能发生的损坏，保持土石坝枢纽的安全、完整、正常运行。

《土石坝养护修理规程》（SL 210—2015）规定“经常性养护应及时进行；定期养护应在每年汛前、汛后、冬季来临前或易于保证养护工程施工质量的时间段内进行；专门性养护应在极有可能出现问题或发现问题后，制定养护方案并及时进行，若不能及时进行养护施工时，应采取临时性防护措施”。

二、修理

（一）分类

修理是指当工程发生损坏、性能下降以致失效时，为使其恢复到原设计标准或使用功能所采取的各种修复工作。工程修理分为岁修、大修和抢修。

岁修是指每年有计划地对各水工建筑物、地下洞室、边坡和设施等进行的修理工作。岁修应根据工程运行中所发生的和巡视检查所发现的病害和问题，每年定期进行。

大修是指当水工建筑物、地下洞室、边坡和设施等出现影响使用功能和存在结构安全隐患时，而采取的重大修理措施。大修应在工程发生较大损坏、修复工作量大、工程问题技术性较复杂、经过临时抢修未做永久性处理时进行。

抢修是指当水工建筑物、地下洞室、边坡和设施等出现重大安全隐患时，在尽可能短的时间内暂时性消除隐患而采取的突击性修理措施。抢修应在突然发生危及大坝安全的各种险情时进行。

（二）岁修、大修

1. 工程报批程序

（1）岁修应由水库管理单位（水库主管部门）编制次年度维修计划（实施方案），上报上一级主管部门批准后组织实施。

（2）大修应由具有相应资质的设计单位进行专项设计，经上级主管部门审批后组织实施。

2. 工程施工管理

岁修工程应当由具有相应技术力量的施工队伍承担，并明确项目负责人，建立质量保证体系，严格执行质量标准。大修工程应当由具有相应资质的施工队伍承担，并应执行招投标制度和监理制度。凡影响安全度汛的维修工程，应在汛前完成。汛前不能完成的，应采取临时安全度汛措施，临时安全度汛措施应报上级主管部门批准（或备案）。

3. 工程验收

岁修工程完成后，由工程审批部门组织或委托验收。大修工程完工后，由工程审批部门按水利部《水利水电建设工程验收规程》（SL 223）组织验收。

（三）抢修

当工程出现重大安全隐患或险情时，必须在尽可能短的时间内采取突击性修理措施消除隐患。《土石坝养护修理规程》（SL 210—2015）对抢修规定如下：

（1）汛期或高水位情况下，大坝发生的漏洞、管涌和流土、滑坡、塌坑、严重淘刷等现象，都属于危及大坝安全的险情，必须进行紧急抢修。

（2）抢修就是抢险，实行行政首长负责制和岗位责任制。

（3）险情发生后，应迅速分析，准确判断，拟定抢修方案，统一指挥，及时组织抢修，并向上级主管部门和有关防汛部门报告。

（4）险情发生后，应迅速降低库水位，减轻险情压力和抢修难度；为防止险情进一步恶化，库水位的降低速度应不超过允许骤降设计值。

（5）能按永久性要求抢修的险情，应按永久性要求进行一次性的抢修；不能按永久性要求抢修的险情，应采取临时性措施抢修，防止险情扩大，确保大坝安全；凡采取临时性措施抢修的险情，汛后必须进行彻底处理。

第二节　土石坝维修养护

一、土石坝日常养护

（一）坝顶和坝端日常养护

（1）坝顶养护要做到坝顶平整，无积水，无杂草，无堆积物；防浪墙、坝肩、路缘石、踏步完整；坝端无裂缝，无坑凹，无堆积物。

（2）应及时清除坝顶及坝端的杂草、弃物和堆积物。

（3）坝顶出现的坑洼和雨淋沟应及时用相同材料填平补齐，并保持一定的排水坡度。坝顶路面应经常规范养护，出现损坏时应及时按原路面要求修复，不能及时修复的应用土或石料临时填平。

（4）防浪墙、坝肩、踏步、栏杆、路缘石等出现局部破损时，应及时修补或更换，保持完整和轮廓鲜明。

（5）坝端出现局部裂缝、坑凹时应查明原因，并及时填补。

坝顶日常养护典型问题如图 6.2-1 所示。

（二）坝坡日常养护

（1）坝坡养护应达到坡面平整，无雨淋沟，无杂草丛生现象；护坡砌块应完好，砌缝紧密，填料密实，无松动、塌陷、脱落、架空等现象。

（2）干砌块石、混凝土预制块护坡应及时填补、更换、楔紧个别脱落或松动的护坡石料、预制块；及时更换风化或冻毁的块石、预制块，并嵌砌紧密；局部块石、预制块塌陷，垫层被淘刷时，应先翻出块石、预制块，恢复坝体和垫层后，再将块石、预制块嵌砌紧密。

（3）混凝土或浆砌块石护坡应及时填补伸缩缝内流失的填料，填补时

（a）坝顶杂物、杂草未清除

（b）路缘石未修复

（c）防浪墙破损未修补

（d）坝顶路面裂缝未修复

图 6.2-1 坝顶日常养护典型问题

应将缝内杂物清洗干净；护坡局部发生剥落、裂缝或破碎时，应及时将表面清洗干净，采用水泥砂浆表面抹补、填塞处理；排水孔如有不畅，应及时疏通。

（4）草皮护坡养护应经常修整、清除杂草、防治病虫害，保持护坡完整美观；若杂草严重，应及时用化学方法或人工去除杂草；草皮干枯时，应及时洒水养护；局部缺草，应在适宜的季节补植草皮；出现雨淋沟时，应及时修整坝坡，补植草皮。

（5）对于堆石护坡或碎石护坡，石料如有滚动，造成厚薄不均时，要及时进行平整。

坝坡日常养护典型问题如图 6.2-2 所示。

（三）排水设施日常养护

土石坝排水导渗设施主要包括坝顶、坝坡排水沟，贴坡排水体、排水棱体、坝脚排水沟及截水沟等，其日常养护包括以下方面内容：

（1）排水导渗设施应无断裂、损坏、阻塞、失效现象，并排水畅通。

（2）应及时清除排水沟内的淤泥、杂物等，保持通畅。

（3）排水沟局部出现松动、裂缝和损坏时，应及时用水泥砂浆修补；

（a）上游护坡杂草丛生　（b）干砌石松动、脱落

（c）下游护坡杂草未清除　（d）混凝土护坡剥蚀未处理

图 6.2-2　坝坡日常养护典型问题

排水沟基础遭受冲刷破坏时，应先恢复基础和反滤层，后修复排水沟。

（4）要经常观察导渗排水设施渗水是否畅通，如果堵塞，要重新翻修，使其符合反滤要求。

（5）坝基下游出现新的渗漏逸出点时，不可盲目处理，应设置监测设施进行观测，待弄清原因后再进行处理。

排水设施日常养护典型问题如图 6.2-3 所示。

（a）坝坡排水沟淤积

（b）坝坡排水沟破损

图 6.2-3　排水设施日常养护典型问题

（四）监测设施日常养护

监测设施日常养护包括以下几方面的内容：

（1）各种观测设施要保持完整，无损坏、变形、堵塞等现象。

（2）要定期检查各种变形观测设施的保护装置是否完好，标志是否明显，随时清除观测障碍物；观测设施如有损坏，要及时修复并校正。

（3）测压管口及其他保护装置，应随时加盖上锁 [图 6.2–4（a）]，如有损坏应及时修复或更换。

（4）水尺若有破坏、歪斜等，应及时修复，并重新校正。

（5）量水堰板上的附着物和量水堰上下游的淤泥和堵塞物要及时清除。

（6）水库特征水位应标刻于上游坝坡明显部位，如图 6.2–4（b）所示。

（7）有防潮、防锈蚀要求的监测设施应采取除湿措施，定期进行防腐处理。

（8）根据实际情况，可委托具有相应能力的单位定期对电子水尺、水位计、翻斗式雨量计等设施进行维修养护。

（a）测压管加盖上锁　　（b）特征水位标识鲜明

图 6.2–4　水位标识、测压管口保护装置

二、土石坝维修

土石坝常见病害包括护坡损坏、裂缝、渗漏、滑坡、塌坑及排水设施损坏等。工程修理前，应针对出现的不同病害进行病害调查，病害调查宜与安全监测和必要的隐患探测相结合。根据现场检查的结果和安全检测分析的成果尚不能确定病害类型、规模和部位时，可针对性地开展隐患探测。根据隐患探测结果仍不能判断病害原因时，应进行专题研究。

（一）护坡维修

通常土石坝上下游坡均设有护坡，目的是保护坝坡细颗粒土免受波浪的冲刷，防止坝坡受水流、冰层的影响，防止黏性土发生冻结、膨胀和收缩，防止非黏性土被风吹散，防止坝坡被雨水冲刷以及根系发达植物的生长，防止蛇、鼠等动物在坝体造成洞穴。小型水库大坝上游护坡主要有干砌石护坡、浆砌石护坡、混凝土预制块护坡、混凝土板或钢筋混凝土板护坡；下游护坡主要采用草皮护坡。护坡在风浪淘刷、冻胀、地震或水位骤降作用下出现松动、隆起、脱落、塌陷、坍塌等形式的破坏后，需对其进行维修。

1. 砌石护坡修理

根据护坡损坏的轻重程度，可采用填补翻修、增设齿墙、加厚反滤垫层、浆砌石或现浇混凝土护坡加固、框格加固、干砌石灌缝及混凝土盖面加固等方法进行修理。

（1）填补翻修。护坡出现局部松动、塌陷、隆起、底部淘空、垫层流失等现象时，可采用填补翻修。进行处理时，要按设计要求将反滤层修补完整。然后再按原护坡的类型护砌完整。采用石材尺寸、重量应满足设计要求。施工时按照自下而上的顺序铺砌，砌缝宽度应均一，同时避免出现通缝；如采用浆砌石护坡，应拆除松动的块石并清理干净，再取较方整的坚硬块石用坐浆法砌筑，砌缝砂浆应饱满、避免空洞，并用砂浆勾缝，砂浆强度不低于M10。

（2）增设齿墙。当出现局部破坏淘空，导致上部护坡滑动坍塌时，可增设阻滑齿墙。齿墙可采用浆砌石结构或混凝土结构，宽不宜小于0.5m、深不宜小于1.0m。当护坡破坏面积较大时，可沿坝坡方向每隔3.0 ~ 5.0m设置一道齿墙。沿齿墙方向每隔3.0 ~ 5.0m设一道排水孔。齿墙设置如图6.2-5所示。

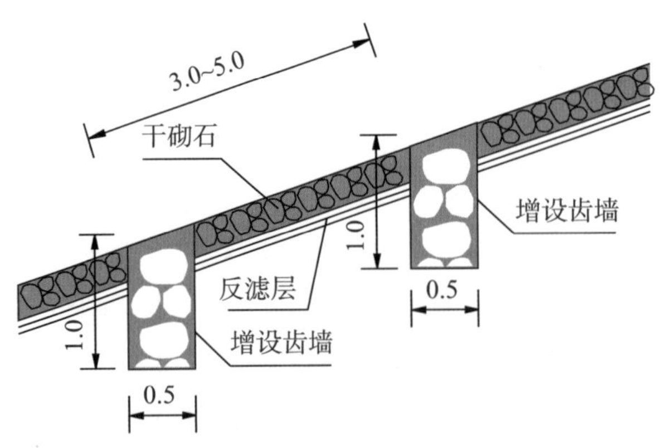

图 6.2-5　齿墙设置示意图（单位：m）

（3）加厚反滤垫层。对于由于反滤垫层厚度不够而产生的护坡破坏，加厚护坡反滤垫层是一项行之有效的办法，即将垫层的每层厚度适当加大则可避免冰推和坝体冻胀引起的护坡破坏。加大垫层的重点部位是水位上下波动带。

（4）浆砌石或现浇混凝土护坡加固。对于厚度不足、强度不够的砌石护坡；或吹程较远，风浪较大，经常发生破坏的护坡坝段，可采取局部浆砌块石或现浇混凝土板的办法加固处理。具体做法是先将原护坡石拆除，重新沿坝轴线方向在一定范围内采用浆砌石或现浇混凝土板护坡，使之成为一条水平、纵向防冲带。浆砌石厚度应不小于30cm，混凝土板厚度应不小于20cm，并应按规定做好反滤层。预留排水孔和伸缩缝，其平面尺寸以每块3.0m×5.0m为宜。

（5）框格加固。对于护坡石块较小、不能抗御风浪淘刷，或护坡大面积遭到破坏、全部翻砌仍解决不了浪击和冰推破坏时，可用混凝土或浆砌石框格加固。格梁宽0.50m、深0.60m，按照自下而上的顺序施工。框格形式可筑成正方形，边长4.0～6.0m。为避免框格受坝体不均与沉陷而裂缝，每隔3～4个框格预留一道伸缩缝，缝宽2.0cm。框格设置如图6.2-6所示。

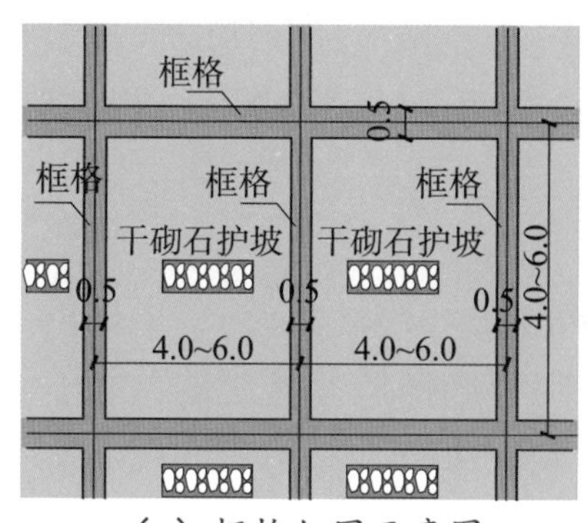

（a）框格加固示意图

（b）浆砌石框格+干砌石护坡

图6.2-6 框格护坡（单位：m）

（6）干砌石灌缝。对于护坡厚度满足要求、石块粒径较小，不能抗御风浪淘刷的干砌石护坡，可采用细石混凝土或水泥砂浆灌缝方式，加强护坡整体性。施工前应清理缝内杂物、泥沙、冲洗干净，再向缝内灌注胶结材料、捣实并抹平缝口。每隔3.0～5.0m应预留一道缝口不灌注，作为排水出口。

（7）混凝土盖面加固。对于厚度不足、强度不够的干砌石护坡或浆砌石护坡，可在原砌体上部浇筑5～7cm厚混凝土盖面，增强抗冲能力，盖面应每隔3.0～5.0m设置一道伸缩缝。原护坡垫层遭破坏，应先补做垫层，修复护坡，再加盖混凝土。

2．混凝土护坡修理

（1）局部填补。当护坡发生局部断裂破碎时，可采用现浇混凝土局部填补。填补修理时，要凿除破损部分，并保护好完好的部分；新旧混凝土结合处，必须凿毛清洗干净；新填补的混凝土强度等级应不低于原护坡混凝土强度等级；结合处先铺 1 ~ 2cm 厚水泥砂浆，再填筑混凝土；填补面积大的混凝土应自下而上浇筑，认真捣实；新浇混凝土表面应收浆抹光，洒水养护；要处理好伸缩缝和排水孔。

（2）翻修加厚。护坡破碎面积较大、护坡混凝土厚度不足、抗风浪能力差时，可采用翻修加厚混凝土护坡的方法。护坡尺寸和厚度应满足承受风浪和冰推力的要求。混凝土浇筑前应将原混凝土板面凿毛清洗干净，铺一层 1 ~ 2cm 厚的水泥砂浆，然后浇筑混凝土盖面，同时要处理好伸缩缝和排水孔。

（3）增设齿墙。护坡出现滑移现象或基础淘空、上部混凝土板坍塌下滑时，可采用增设阻滑齿墙的方法修理。阻滑齿墙应平行坝轴线布置，并嵌入坝体。齿墙两侧应按原坡面平整夯实，铺设垫层后，重新浇筑混凝土护坡板，并应处理好与原护坡板的接缝。

（4）更换混凝土预制块。拆除破损部分预制板时，要保护好完好部分；垫层要按符合防止冲刷的要求铺设；更换的混凝土预制块应保证其形状、尺寸、强度及耐久性满足设计要求，并按自下而上的顺序铺砌，保证铺设平稳、接缝紧密。

3．草皮护坡修理

当草皮护坡遭雨水冲刷流失和受旱死亡，可采用添补、更换的方法进行修理。添补的草皮宜就近选用，草皮种类宜选择低茎蔓延的草类，不应选用茎高叶疏的草类。补植草皮时，应带土成块移植，移植时间以春、秋两季为宜。移植时应扒松坡面土层，洒水铺植，贴紧拍实，定期洒水。坝坡若为砂性土，应先在坡面铺一层壤土，再铺植草皮。

（二）裂缝维修

坝体裂缝修理常用翻松夯实法、灌土封口法、开挖回填法及充填灌浆法进行处理。充填灌浆法常用于深度大于 3.0m 的裂缝处理，施工技术要求高、工艺复杂，水库管理单位和一般施工队无法完成，本书仅对前三种方法进行介绍。

（1）翻松夯实法。翻松夯实法适用于表面干缩裂缝、冰冻裂缝等表面裂缝的处理，翻松深度要超过裂缝深度。施工时，应将缝口土料翻松并湿润，然后夯压密实，封堵缝口，面层再铺约 10cm 厚的砂性土保护层，防止继续开裂。

（2）灌土封口法。对于缝宽不超过 1~2cm、深度不超过 1.0m 的浅层裂缝，经观察不再继续发展，可用干而细的砂壤土从缝口灌入，再用板条或竹片捣实，然后在缝口用黏性土封堵压实。

（3）开挖回填法。对于深度 1.0 ~ 3.0m 的中等深度且停止发展的裂缝可采用开挖回填法修理，开挖方法有梯形楔入法、梯形加盖法和梯形十字法，做法如图 6.2-7 所示。梯形楔入法宜用于裂缝不太深的非防渗部位，梯形加盖法宜用于裂缝不深的防渗斜墙及均质土坝迎水坡裂缝修理，梯形十字法宜用于坝体或坝端的横向裂缝修理。裂缝的开挖长度应超过裂缝两端 1.0m、深度超过裂缝尽头 0.5m。开挖坑槽底部的宽度不应小于 0.5m。坑槽边坡应满足稳定及新旧填土结合的要求，较深坑槽也可开挖成阶梯形，以便出土和安全施工。挖出的土料应远离坑口堆放，不同土质应分区堆放。回填土料应符合坝体土料的设计要求，分层夯实。对沉陷裂缝应选择塑性较大的回填土料，并控制含水量高于最优含水量的 1% ~ 2%；对滑坡、干缩和冰冻裂缝的回填土料，应控制含水量等于或低于最优含水量的 1% ~ 2%。对贯穿坝体的横向裂缝，应沿裂缝方向每隔 5.0m 挖十字形结合槽一个，开挖的宽度、深度与裂缝开挖的要求一致。

当库水位较高不易采用全部开挖回填或开挖有困难时，可采用上部开挖回填、下部充填式黏土灌浆相结合的方法处理。

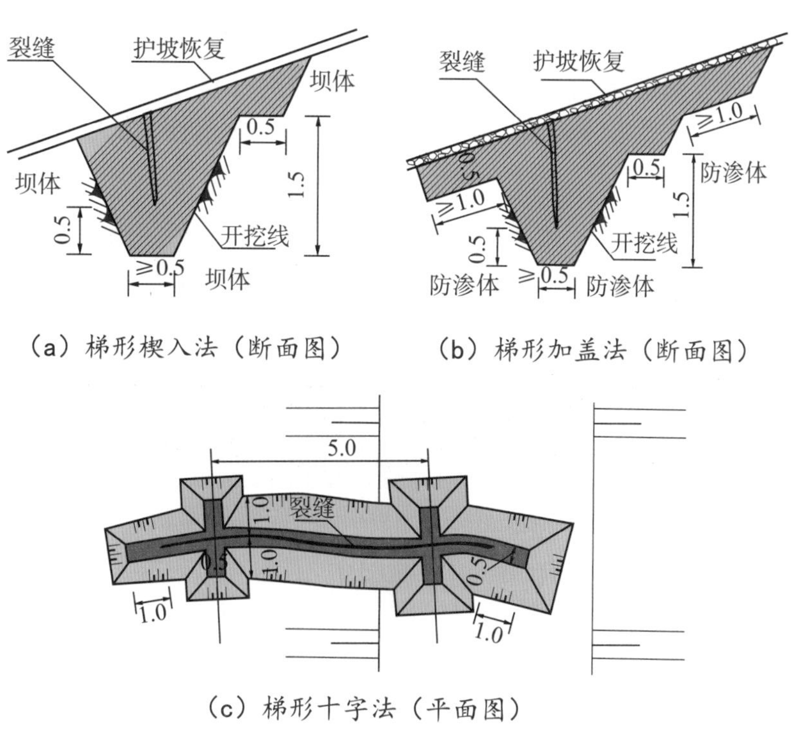

图 6.2-7 开挖回填法示意图（单位：m）

(三) 渗漏维修

渗漏处理应遵照“上截下排”的原则，采取截渗、导渗排水措施。截渗可采用抛投细粒土料、黏土防渗铺盖、铺设土工膜、黏土斜墙、黏土截渗墙、混凝土截渗墙、套井回填和灌浆等方法。其中，黏土斜墙、黏土截渗墙、混凝土截渗墙、套井回填和灌浆常用于水库除险加固中，本书不再进行介绍。导渗排水修理可采用坝体导渗沟、贴坡式砂石反滤层、土工织物反滤层等，详见第七章。

（1）抛投细粒土料。抛投细粒土料法宜用于微小裂缝引起且规模较小的渗漏。可利用船只载运黏土至漏水处，从水面均匀抛下，使黏土自由沉积在上游坝坡，从而堵塞渗漏通道。抛投细粒土料仍不能止漏时应采取其他截渗措施。

（2）黏土防渗铺盖。黏土防渗铺盖法宜用于水库具备放空条件，且当地有做防渗铺盖的土料资源的情况。该方法优点是施工简单、造价低廉。但黏土铺盖防渗效果不如垂直防渗效果彻底，因为铺盖并不能截断水流，只能减少渗流量、延长渗径和减小坝基渗透比降。黏土铺盖的长度应满足渗流稳定的要求，根据地基允许的平均水力坡降确定。其厚度应满足抵抗渗透压力破坏的要求，前端厚度不应小于 0.5 ~ 1.0m；与坝体相接处厚度宜为 1/6 ~ 1/10 水头，且不应小于 3m。对于不满足反滤要求的地基，应先铺筑反滤层，再回填铺盖土料。铺盖土料渗透系数应比地基土层小 100 倍以上，并在等于或略高于最优含水量的情况下压实。 黏土防渗铺盖设置如图 6.2–8 所示。

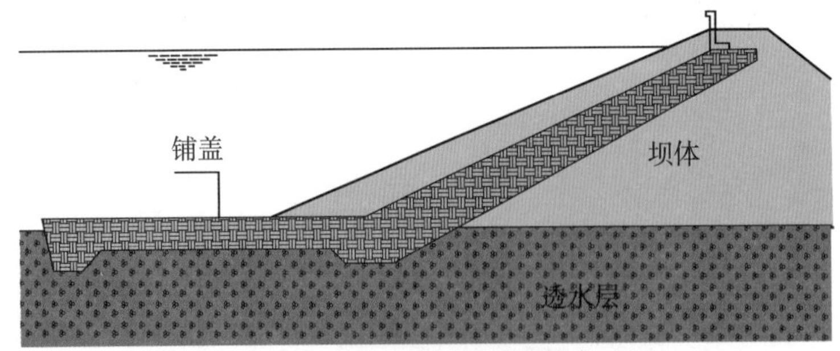

图 6.2–8　黏土防渗铺盖设置示意图

（3）铺设土工膜。铺设土工膜宜用于均质坝和斜墙坝渗漏处理。山东省内小型水库水头多在 30.0m 以下，土工膜可选用 0.3 ~ 0.6mm 厚的非加筋聚合物土工膜。采用土工膜截渗时应先将铺设范围内的护坡拆除，再将坝坡表层土挖除 0.3 ~ 0.5m，彻底清除树根杂草，坡面修整应平顺、密实，然后沿坝坡每隔 5.0 ~ 10.0m 挖一道防滑沟，沟深 1.0m，沟底宽 0.5m。土工膜铺设时应将卷成捆的土工膜沿坝坡由下而上纵向铺放，铺设范围应超过渗漏范围2.0 ~ 5.0m，周边采用V形槽埋设好，铺膜时不应拉得太紧，防止受拉破坏。回填保护层应与土工膜铺设同步进行，保护层可采用0.5m厚砂壤土或砂。保护层回填时先回填防滑槽，再回填坡面，边回填边压实。保护层回填完毕后再按设计恢复原有护坡。

（四）滑坡维修

当坝体出现滑坡时，坝体有效挡水断面会减小。如不进行及时处理，可能会造成垮坝危险。滑坡修理应按“上部削坡减载，下部压重固脚”的原则进行，分为临时性抢修和永久性修理。临时性抢修包括控制库区水库涨落、防止雨水渗入裂缝、坝脚临时压重等。永久性修理必须在滑坡终止滑动后进行，修理方法可采用开挖回填、放缓坝坡、压重固脚、导渗排水等方法进行处理。经过临时抢修的滑坡也需进行永久性处理。

（1）开挖回填。开挖回填适用于因施工质量差引起的滑坡。实施时应彻底挖除滑坡体上部已松动的土体，再按设计坝坡线分层回填夯实。回填时应将开挖坑槽时的阶梯逐层削成斜坡，做好新老土的接合并严格控制填土施工质量，最大限度地避免发生裂缝。土方回填后应恢复或修好坝坡的护坡和排水设施。

（2）放缓坝坡。因坝体单薄、坝坡过陡引起的滑坡，可采用放缓坝坡法进行处理。修理滑坡时，应通过坝坡稳定分析确定放缓坝坡的坡比。实施时应将滑动土体挖除，再用原坝体土料分层填筑压实。开挖回填后，同样要做好坝趾排水设施。

（3）压重固脚。因滑坡体底部脱离坝脚而出现的深层滑动，可采用压重固脚进行处理，如图6.2-9所示。在滑坡坡脚增设砂石体加固坡脚，以增大其抗滑能力。压重固脚分为镇压台、压坡体等形式，应根据当地土料、石料资源和滑坡的具体情况采用。当处理下游坝坡时应采用透水性强土石料，利于排水。加固时先满铺一层厚约0.5 ~ 0.8m的砂砾石反滤层，再回填压重固脚。压重固脚铺筑范围应伸出滑坡段两端5.0 ~ 10.0m，其高度和长度应满足坝坡稳定要求。石料镇压台的高度宜为3.0 ~ 5.0m；压坡体的高度宜为滑坡体高度的1/2左右，边坡坡比宜为1∶3.5 ~ 1∶5.0。压重固脚实施完应恢复原有排水设施。

（4）导渗排水。因排水体失效、坝坡土体饱和而引起的滑坡，可采用导渗排水法进行处理。导渗排水处理滑坡，主要是采用导渗沟将坝坡内的渗水安全导出，使坝坡干燥，增加稳定性，同时以沟代撑，稳定坝坡。导渗沟

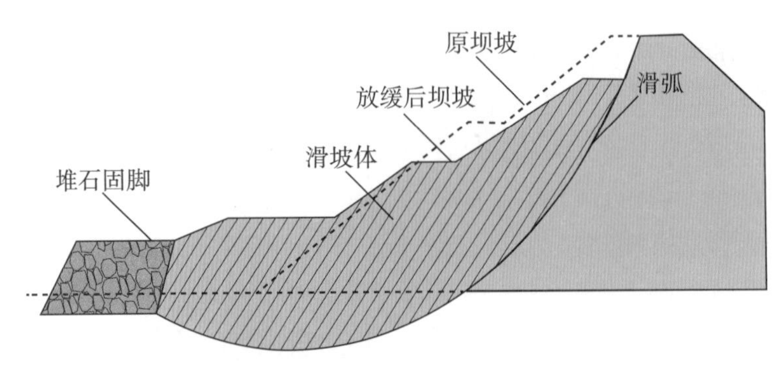

图 6.2-9 压重固脚示意图

的布置要求同坝体渗漏处理中的导渗沟，导渗沟之间滑坡体的裂缝必须进行表层开挖、回填封闭处理。

（五）塌坑维修

（1）翻填夯实。凡是在条件许可的情况下，又未伴随渗漏、渗水或漏洞等险情的，均可采用此法。具体做法是先将塌坑内的松土翻出，然后按原坝体部位要求的土料回填，如图 6.2-10（a）所示。如有护坡，必须恢复原护坡及反滤层。如塌坑位于坝顶部或上游坡时，塌坑宜用渗透性小于原坝体的土料， 以利截渗；如塌坑位于下游坡宜用透水性大于原坝体的土料，以利排渗。

（2）填塞封堵。发生在上游坡的水下塌坑，凡是不具备降低水位或水不太深的情况下，均可采用此法。使用编织袋装黏土直接在水下填实塌坑。必要时可再抛投黏性土或铺设土工膜，加以封堵和帮宽，以免从塌坑处形成渗水通道。填塞封堵做法如图 6.2-10（b）所示。

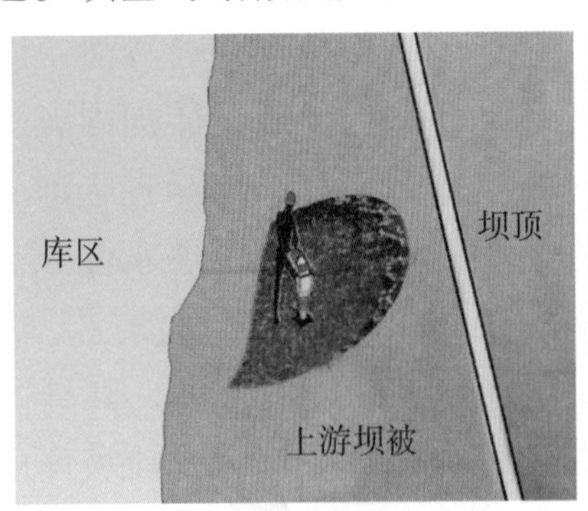

（a）翻填夯实示意图

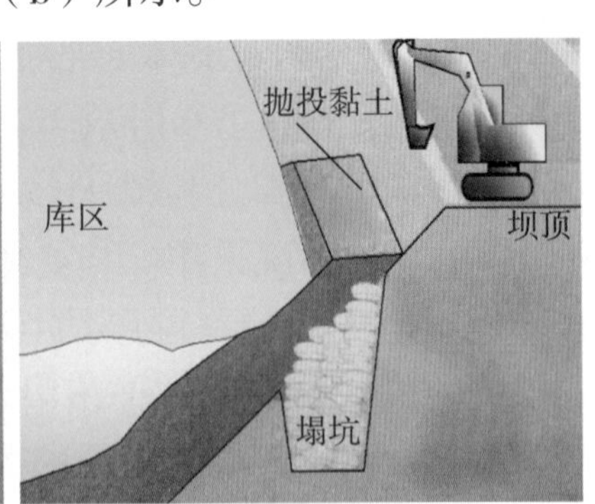

（b）填塞封堵示意图

图 6.2-10 塌坑维修

（3）填筑滤料。塌坑发生在坡的下游坡，伴随发生管涌、渗水或漏洞，形成塌坑。除尽快对坝的上游坡渗漏通道进行堵截外，对塌坑可采用此法抢护。具体做法：先将塌坑内松土或湿软土清除，然后在下游坡塌坑处按导渗要求铺设反滤层，进行抢护。

（六）排水设施维修

（1）排水沟的修理。排水沟发生破坏或堵塞时，应将破坏或堵塞的部分挖除，按原设计要求修复。当排水沟基础（或坝体）被冲刷破坏时，应用与坝体相同的土料先修复坝体，后修复排水沟。

（2）排水体的修理。排水体发生堵塞或失效时，可采用翻修清洗的方法进行修理。修理时应先拆除堵塞部位的排水体，清洗疏通渗水通道，按设计要求重新铺设反滤料，恢复排水体。在排水体与坝体接触的部位设置截流沟或矮挡土墙，或封闭滤水体顶部，防止坝坡土粒堵塞排水体。

三、动物危害防治

动物危害防治工作应坚持“以防为主、防治结合、因地制宜、综合治理、安全环保、持续控制”的原则。水库管理人员应对动物危害进行日常检查，检查范围应包括坝体、坝肩、大坝管理范围及大坝保护范围。对于坝坡上存有树丛、高秆杂草的，应及时清除，破坏掉蚁、鼠、獾、狐等动物生存、活动的环境。当发现动物已经筑巢时，可进行驱逐。对留在坝体、坝基内的洞穴采取开挖回填或灌浆堵塞等方法进行处理。

第三节　混凝土坝（砌石坝）维修养护

一、混凝土坝（砌石坝）日常养护

（一）表面日常养护

（1）坝体表面及排水沟等应经常清理，保持表面清洁整齐，无积水、杂草、垃圾和乱堆的杂物、工具等。

（2）过流表面应保持光滑、平整；泄洪前应清除过流面上的可能引起冲磨损坏的石块和其他重物。

（3）坝体表面出现轻微裂缝时，应加强检查与观测，并采取封闭处理等措施；对坝体表面局部损坏或砌石松动，要及时用混凝土或砂浆修补。

（4）坝体表面出现剥蚀、磨损、冲刷、风化等轻微缺陷时，宜采用水泥砂浆、细石混凝土或环氧类材料等及时进行修补。

（5）发生轻微化学侵蚀时，可采用涂料涂层防护，严重侵蚀时可采用浇筑或衬砌形成保护层防护；已形成渗透通道或出现裂缝的溶出性侵蚀，可采用灌浆封堵或加涂料涂层防护。

混凝土坝（砌石坝）表面日常养护典型问题如图 6.3-1 所示。

（a）溢流面杂草丛生

（b）反弧段堆积碎石

图 6.3-1　混凝土坝（砌石坝）表面日常养护典型问题

（二）变形缝止水设施日常养护

（1）定期检查止水设施的工作情况及伸缩缝下游渗漏量变化，防止止水带撕裂、填充物脱落，对伸缩缝渗漏量突然增加的应加强巡视、观测。

（2）沥青井出流管、盖板等设施应经常养护，溢出的沥青应及时清除。沥青井应每隔 5 ~ 10 年加热一次，不足时应补灌，老化时应及时更换。

（3）缝内填充材料老化脱落时应及时更换相同材料或应用较为成熟的新材料进行充填封堵。定期清理变形缝止水设施下游的排水孔，保持排水通畅。

（三）排水设施日常养护

坝面、廊道、边坡及其他表面的排水沟、排水孔应经常进行人工或机械清理，保持排水通畅。坝体、基础、溢洪道边墙及底板、护坡等排水孔应经常进行人工掏挖或机械疏通，疏通时不应损坏孔底反滤层。无法疏通时，应在附近增补排水孔。

二、混凝土坝（砌石坝）维修

混凝土坝（砌石坝）常见的病害有裂缝、渗漏、剥蚀等。病害处理时，需根据病害调查及成因分析采用不同措施。

（一）裂缝修补

水工混凝土结构产生裂缝是常见现象，但当裂缝过宽时会带来不利影响，例如：缩短了裂缝处混凝土碳化到钢筋的时间，影响建筑物使用年限；具有腐蚀性的环境水通过裂缝深入混凝土，加速钢筋锈蚀；较大水压力导致裂缝进一步扩大，影响结构承载力；贯通缝会导致水工建筑物的渗漏；影响建筑物外观并使人产生不安全感。通过对裂缝的修补可以抵抗有害介质的侵入，延长建筑物使用年限；提高结构抗渗能力；改善结构外观，消除人们心理压力。

裂缝修理时机宜选择低水头时期、适宜修补材料凝结固化的温度、干燥条件下进行。对受气温影响的裂缝，宜选择低温季节、裂缝开度较大的情况下修理；对不受气温影响的裂缝，宜选择在裂缝已经稳定的条件下进行。本书简单介绍喷涂法、粘贴法、充填法、灌浆法等。

（1）喷涂法。喷涂法适用于修补宽度不大于 0.3mm 的表面微细裂缝。首先用钢丝刷或风沙枪清除表面附着物和污垢，并凿毛、冲洗干净。在凿毛后的混凝土表面涂刷一层树脂基液，厚 0.5 ~ 1.0mm，再用树脂砂浆抹平。最后喷涂或涂刷 2 ~ 3 遍树脂类涂料，第一遍应采用稀释的涂料，涂膜总厚度应大于 1mm。

（2）粘贴法。粘贴法分为表面粘贴法和开槽粘贴法两种，粘贴材料可选用橡胶片材、聚氯乙烯片材等。

表面粘贴法适用于修补宽度不大于 0.3mm 的表面裂缝。首先用钢丝刷或风沙枪清除表面附着物和污垢，凿毛、冲洗干净并保持干燥，涂刷一层胶黏剂，再加压粘贴刷有胶黏剂的片材。

开槽粘贴法适用于修补宽度大于 0.3mm 的表面裂缝，首先沿裂缝凿矩形槽，槽宽 180 ~ 200mm、深 20 ~ 40mm、长超过缝端 150mm，清洗干净。槽面涂刷一层树脂基液，用树脂砂浆找平，沿缝铺设 50 ~ 60mm 宽的隔离膜，再在隔离膜两侧干燥基面上涂刷胶黏剂，粘贴刷有胶黏剂的片材，用力压实。槽两侧面涂刷一层胶黏剂，回填弹性树脂砂浆，并压实抹光，回填后表面应

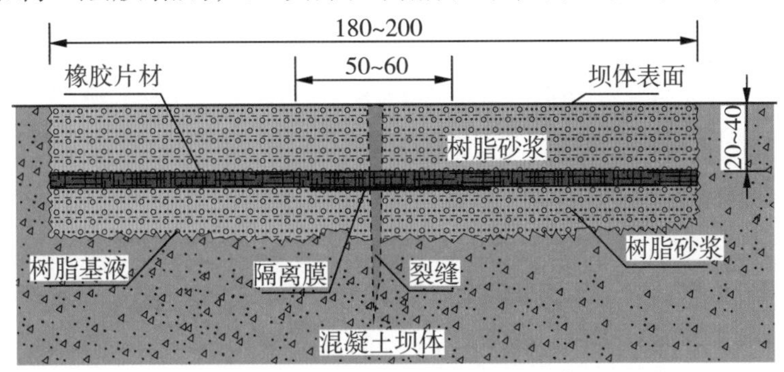

图 6.3-2　开槽粘贴法示意图（单位 :mm）

与原混凝土面齐平。开槽粘贴法如图 6.3-2 所示。

（3）充填法。充填法是沿裂缝凿一条深槽，槽内嵌防水材料。本方法宜用于修补宽度大于 0.5mm 的活动裂缝和静止裂缝。静止裂缝防水材料可采用水泥砂浆、聚合物水泥砂浆、树脂砂浆等；活动裂缝防水材料可选用弹

性树脂砂浆。

处理静止裂缝时，应沿裂缝凿 V 形槽，槽宽 50 ~ 60mm，清洗干净，槽面涂刷基液，向槽内充填防水材料并压实抹光。涂刷树脂基液时应保持槽面干燥，涂刷聚合物水泥砂浆时应使槽面处于潮湿状态。

处理活动裂缝时，应沿裂缝凿 U 形槽，槽宽 50 ~ 60mm，清洗干净，用砂浆找平槽底面并铺设隔离膜。槽侧面粉刷胶黏剂，嵌弹性嵌缝材料并用力压实。回填砂浆与原混凝土面齐平。

充填法处理混凝土坝裂缝做法如图 6.3-3 所示。

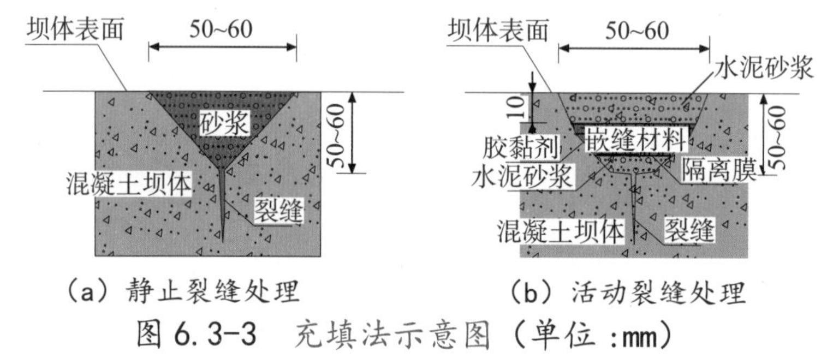

（a）静止裂缝处理　　（b）活动裂缝处理

图 6.3-3　充填法示意图（单位 :mm）

（4）灌浆法。灌浆法适用于内部裂缝和贯通裂缝的处理。灌浆材料一般采用水泥浆或化学浆，可根据裂缝的性质、开度，以及施工条件等情况选定。裂缝宽度大于 0.3mm 的裂缝，一般可用水泥灌浆。化学灌浆材料具有良好的可灌性，可以灌入裂缝宽度小于 0.3mm 的裂缝，同时化学灌浆可调节凝结时间，适应各种情况下的堵漏防渗处理。此外，化学灌浆材料具有较高的黏结强度和一定的弹性，对于活动裂缝和受温度变化影响的裂缝，无论裂缝宽度如何，均应采用化学灌浆。灌浆法施工工艺复杂、技术要求高，本书不做详细描述，仅对几种常用化学灌浆材料进行简单介绍。

1）甲凝灌浆材料。甲凝是以甲基丙烯酸甲酯为主要成分，加入引发剂等组成的一种低黏度的灌浆材料。 甲基丙烯酸甲酯是无色透明液体，黏度很低，渗透力很强，可灌入 0.05 ~ 0.1mm 的细微裂缝，在一定的压力下，还可渗入无缝混凝土中一定距离，并可以在低温下进行灌浆。聚合后的强度和黏结力很高，并具有较好的稳定性。但甲凝浆液黏度的增长和聚合速度较快。此材料适用于干燥裂缝或经处理后无渗水裂缝的补强。

2）环氧树脂灌浆材料。环氧树脂灌浆材料是以环氧树脂为主体，加入一定比例的固化剂、稀释剂、增韧剂等混合而成，一般能灌入宽 0.2mm 的裂隙。硬化后，黏结力强、收缩性小、强度高、稳定性好。环氧树脂灌浆材料多用于较干燥裂缝或经处理后已无渗水裂缝的补强。

3）聚氨酯灌浆材料。聚氨酯灌浆材料是由多异氰酸酯和含羟基的化合物合成后，加入催化剂、溶剂、增塑剂、乳化剂以及表面活性剂配合而成。这种灌浆材料遇水反应后，便生成不溶于水的固结强度高的凝胶体。此种灌浆材料防渗堵漏能力强，黏结强度高，适用于渗水缝隙的堵水补强。

4）水玻璃。水玻璃是由水泥浆和硅酸钠溶液配制而成的。两者体积比通常为1∶0.8 ~ 1∶0.6，水玻璃具有较高的防渗能力和黏结强度，此材料适用于渗水裂缝的堵水补强。

5）丙凝灌浆材料。丙凝灌浆材料是以丙烯酰胺为主剂，配以其他材料，发生聚合反应，形成具有弹性的、不溶于水的聚合体。可填充堵塞岩层裂隙或砂层中空隙，并可把砂粒胶结起来，起到堵水防渗和加固地基的作用。但因其强度较低，不宜用作补强灌浆，仅用于地基帷幕和混凝土裂缝的快速止水。

（二）渗漏处理

发现渗漏现象时，应首先进行调查分析，查明原因，判断渗漏的危害性，决定是否处理。若确需处理的，应检查“上截下排、以截为主、以排为辅、先排后堵”的原则进行。渗漏的处理宜在枯水期处理，堵漏宜靠近渗流源点。对于建筑物本身渗漏的处理，凡有条件，宜在迎水面堵截。

1. 集中渗漏处理

当水压小于0.1MPa时可采用直接堵漏法、导管堵漏法等；当水压大于0.1MPa时，可采用灌浆堵漏法。堵漏材料可选用快凝止水砂浆或水泥浆材、化学浆材。

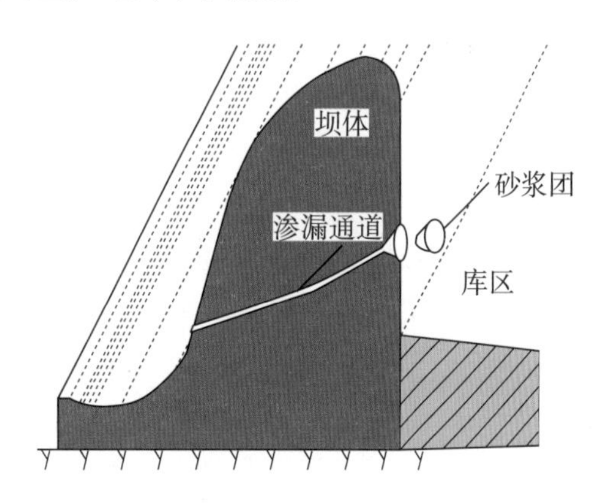

图 6.3-4 直接堵漏法示意图

（1）直接堵漏法。以漏点为圆心，剔成直径10 ~ 30mm、深20 ~ 50mm的圆孔，并用水冲洗干净。将快凝止水砂浆捻成与圆孔直径接近的锥形小团，待其将凝固之际，迅速堵塞于孔内，向孔壁四周挤压，检查无渗漏后，表面抹防水面层，做法如图6.3-4所示。若一次不能堵截，可分几次进行，直到堵截为止。当渗流流速较大时，可先在洞内楔入棉絮或麻丝，以降低流速和渗漏水量，然后再进行堵截。

（2）导管堵漏法。当在下游面堵截渗漏通道时，可采用导管堵漏法。首先清除漏水孔壁的松动混凝土，凿成适合下管的孔洞，将导管插入孔内，使渗漏水由管导出。再用快凝止水砂浆封堵导管周围，凝固后拔出。

（3）灌浆堵漏法。将孔口造成喇叭口状，并冲洗干净。用快凝砂浆埋设灌浆管，使渗漏水由灌浆管导出，用高强砂浆回填管口四周至原混凝土面。砂浆强度达到设计要求后进行灌浆，灌浆压力宜为 0.2 ~ 0.4MPa。灌浆堵漏做法如图 6.3–5 所示。

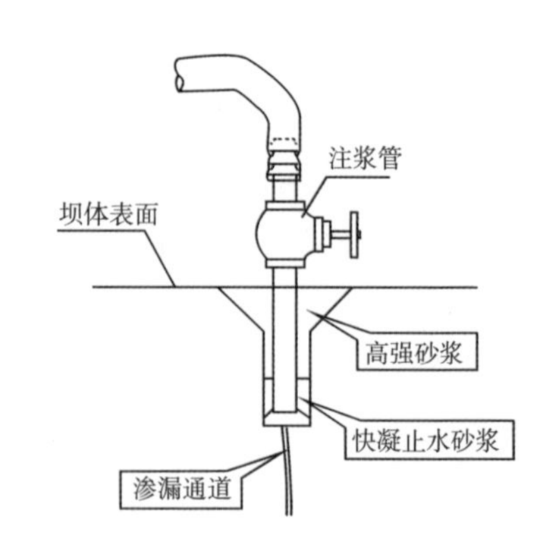

图 6. 3–5　灌浆堵漏法示意图

2. 裂缝渗漏处理

裂缝渗漏处理应先止漏后修补，对于混凝土坝裂缝漏水的止漏可采用直接堵漏法、导渗止漏法。对于浆砌石坝砌缝漏水可采用勾缝法和灌缝与勾缝相结合法等方法处理。

（1）直接堵漏法。沿缝面凿 U 形槽，用水冲洗干净。将快凝止水砂浆捻成条状，逐段塞入槽中，挤压密实，使砂浆与槽壁紧密结合，堵住漏水，做法如图 6.3–6 所示。检查无渗漏后，表面抹防水面层。

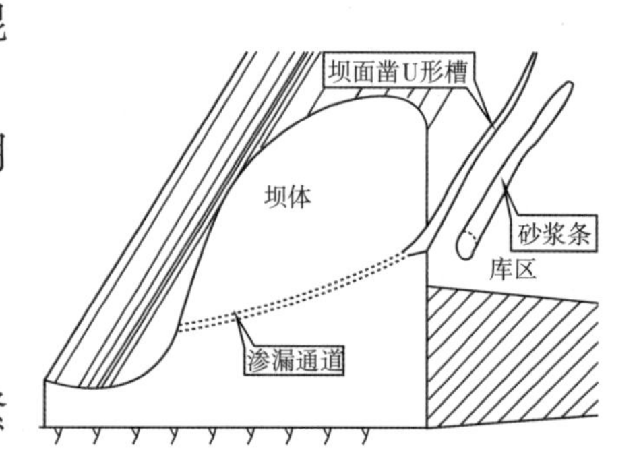

图 6. 3–6　直接堵漏法示意图

（2）导渗止漏法。当在下游面堵截渗漏通道时，可采用导渗止漏法。导渗止漏法分为缝内开槽排水管导渗法和缝侧钻斜孔排水管导渗法两种方式。采用缝内开槽排水管导渗法时，沿漏水裂缝凿槽，并在裂缝渗漏较为集中的部位埋设排水管导渗，用棉絮或麻丝沿裂缝填塞，使漏水从排水管排出，再用快凝止水砂浆迅速封闭槽口，最后封闭排水管，做法如图 6.3–7 所示。缝侧钻斜孔排水管导渗法是用风钻在缝的一侧钻斜孔，穿过缝面并埋管导渗；再进行裂缝修补，最后封闭导渗管。

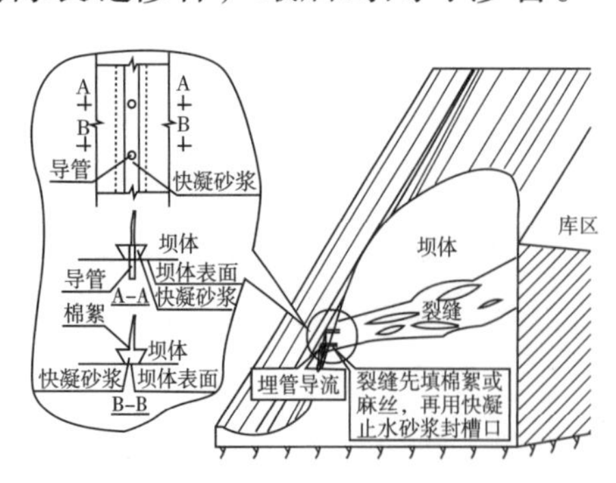

图 6. 3–7　缝内开槽排水管导渗止漏法示意图

（3）勾缝法。浆砌石坝砌石往往质量较好，抗渗性能强，而坝体胶凝材料由于施工质量缺陷或长期在压力水的溶蚀作用下形成上下游贯通渗漏通道。一般需要先降低水位，露出砌缝，沿缝凿出约 5.0cm 深的新鲜缝口，冲洗干净后，用树脂砂浆或聚合物砂浆在迎水面进行勾缝，堵塞渗漏通道。勾缝时将缝隙填塞饱满，并使浆料突出缝外，再反复压入、抹平。勾缝后要进行养护，使砌缝不掉浆、无裂纹。

（4）灌缝与勾缝相结合法。对于砌石坝砌缝渗漏还可采用灌缝与勾缝相结合法。在上游坝面将砌缝沿缝凿出约 5.0cm 深的新鲜缝口，再沿砌缝打孔，孔深要在 0.6m 以上、孔距约 3.0m，在钻孔内埋设灌浆管，然后用水泥砂浆重新勾缝，待砂浆凝结后，再利用灌浆管进行压力灌浆，最后封堵管口。

3. 散渗处理

坝体散渗可采用表面涂抹粘贴法、喷射混凝土（砂浆）法、防渗面板法及灌浆法等方法进行处理。

（1）表面涂抹粘贴法。此法适用于混凝土轻微散渗处理，材料可选用各种有机或无机防水涂料及玻璃钢等。 要先将混凝土表面凿毛，清除破损混凝土并冲洗干净；再采用快速堵漏材料对出渗点强制封堵，使混凝土表面干燥；对凹处先涂抹一层树脂基液，用树脂砂浆抹平，共涂刷 2 ~ 3 遍，第一遍涂刷采用经稀释的涂料，涂膜总厚度要大于 1mm；将玻璃钢丝布除蜡，并用清水漂洗晾干，然后在抹面上粘贴，粘贴层数不宜少于 3 层，各层要无气泡、折皱，密实平整。施工结束后宜干燥养护不少于 3 天。

（2）喷射混凝土（砂浆）法。喷射混凝土（砂浆）法适用于迎水面大面积散渗处理。有渗水的受喷面宜采用干式喷射；无渗水的受喷面宜采用半湿式喷射或湿式喷射。喷射厚度在 50mm 以下时，宜采用喷射砂浆；厚度为 50 ~ 100mm 时，宜采用喷射混凝土或钢丝网喷射混凝土；厚度为 100 ~ 200mm 时，宜采用钢筋网喷射混凝土或钢纤维喷射混凝土。

（3）防渗面板法。当坝体整体质量差、抗渗等级低、大面积渗漏时，可在上游坝面增设防渗面板。防渗面板可用混凝土或纤维混凝土。施工时先将水库放空，在原坝体上游面植筋挂网，并将原坝面凿毛清理干净，最后浇筑混凝土。水平方向每隔 15 ~ 20m 设伸缩缝，缝内设止水。

（4）灌浆法。灌浆法适用于混凝土坝内部密实性较差或网状深层裂缝产生的散渗，也适用于浆砌石坝砌筑质量差、胶结材料不饱满、存在孔洞而产生的散渗。灌浆材料可采用水泥浆或化学浆。灌浆孔可布置在坝上游面、廊道或坝顶处，孔距根据渗漏状况确定，灌浆压力为 0.2 ~ 0.5MPa，灌浆结束后散渗面可采用防水涂层保护。

4. 变形缝渗漏处理

混凝土坝（砌石坝）变形缝渗漏主要原因是缝内止水破坏引起的，其主要处理措施有补灌沥青、化学灌浆、嵌填法、锚固法等。

（1）补灌沥青。对于沥青止水结构，应先采用加热补灌沥青方法堵漏。若补灌有困难或无效时，再用其他方法。

（2）化学灌浆。此法适用于迎水面伸缩缝局部处理，灌浆材料可选用弹性聚氨酯、改性沥青浆材等。首先沿缝凿宽、深 5 ~ 6cm 的 V 形槽；在处理段的上、下端骑缝钻止浆孔，孔径 4 ~ 5cm，孔深不得打穿原止水片，清洗后用树脂砂浆封堵；骑缝钻灌浆孔，孔径 15 ~ 20mm，孔距 50cm，孔深 30 ~ 40cm；再用压力水冲洗钻孔，将直径 10 ~ 15mm、长 15 ~ 20cm 灌浆管埋入钻孔内 5cm，密封灌浆管四周；冲洗槽面，用快凝止水砂浆嵌填；逐孔洗缝，控制管口风压 0.1MPa，水压 0.05 ~ 0.1MPa；灌浆前对灌浆管做通风检查，风压不得超过 0.1MPa；灌浆自下而上逐孔灌注，灌浆压力为 0.2 ~ 0.5MPa，灌至不吸浆时结束灌浆。

（3）嵌填法。嵌填法所用的弹性嵌缝材料可选用橡胶类、沥青基类或树脂类等。首先沿缝凿宽、深均为 5 ~ 6cm 的 V 形槽；清除缝内杂物及失效的止水材料，并冲洗干净；再将槽面涂刷胶黏剂，槽底缝口设隔离棒，嵌填弹性嵌缝材料；最后回填弹性树脂砂浆与原混凝土面齐平。

（4）锚固法。锚固法适用于迎水面伸缩缝处理，局部修补时应做好伸缩缝的止水搭接，防渗材料可选用橡胶、紫铜、不锈钢等片材，锚固件采用锚固螺栓、钢压条等。采用金属片材时，首先沿缝两侧凿槽，槽宽 35cm、槽深 8 ~ 10cm。然后在缝两侧各钻一排锚栓孔，排距 25cm，孔径 22 ~ 25mm、孔距 50cm、孔深 30cm，并冲洗干净，预埋锚栓；清除缝内堵塞物，嵌入沥青麻丝；再挂橡胶垫，再将金属片材套在锚栓上；安装钢垫板、拧紧螺母压实；最后将片材与缝面之间充填密封材料，片材与坝面之间充填弹性树脂砂浆，做法如图 6.3-8（a）所示。采用橡胶板时，首先沿缝两侧各 30cm 范围将混凝土面修理平整；再凿 V 形槽，槽宽、深 5 ~ 6cm；然后在缝两侧各钻一排锚栓孔，排距 50cm，孔径 40mm，孔深 40cm，孔距 50cm；用高压水冲洗钻孔，然后用弹性环氧砂浆将直径 20mm、长 45cm 的锚栓埋入；待锚栓凝结后再向 V 形槽内涂刷胶黏剂，铺设隔离棒再嵌填嵌缝材料；再安装橡胶片和压板，拧紧螺母，做法如图 6.3-8（b）所示。

（三）剥蚀修复

混凝土剥蚀主要包括钢筋锈蚀引起的混凝土剥蚀、冻融剥蚀、磨损和空蚀。剥蚀修复应以“凿旧补新”方式为主。清除损伤的老混凝土时，应保证不损害周围完好的混凝土，凿除厚度应均匀。修补厚度小于 20mm 时宜

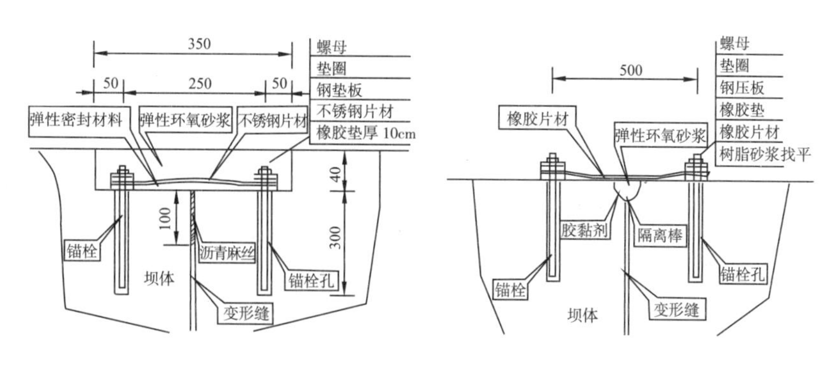

（a）不锈钢片材锚固示意图　　（b）橡胶片材锚固示意图

图 6.3-8　锚固法处理变形缝示意图　（单位：mm）

选用聚合物水泥砂浆或树脂砂浆；厚度为 20 ～ 50mm 时宜选用水泥基砂浆；厚度为 50 ～ 150mm 时宜用一级配混凝土；厚度大于 150mm 时宜选用二级配混凝土且应布设锚筋。采用水泥基材料修补时，基面应吸水饱和，但表面不应有明水；采用树脂基材料修补时，基面宜保持干燥或满足修补材料允许的湿度要求。回填修补材料前，基面应涂刷与修补材料相适应的基液或洁面黏结料。

（1）钢筋锈蚀引起的剥蚀。混凝土碳化和氯离子侵蚀会引起钢筋锈蚀，锈蚀后钢筋体积增大，混凝土产生拉应力。当混凝土抗拉强度不足以抵抗这种拉应力时，混凝土就会发生剥蚀。处理钢筋锈蚀剥蚀时，应将碳化和氯离子侵蚀的混凝土全部凿除，处理锈蚀的钢筋，用高抗渗等级的材料修补，并用涂层防护。

（2）冻融剥蚀。冻融剥蚀修理前应先凿除损伤混凝土，然后回填能满足抗冻要求的修补材料，并采取止漏、排水等措施。

（3）磨损和空蚀。修补磨损破坏，需采用高强硅粉钢纤维混凝土、高强硅粉混凝土（砂浆）、聚合物水泥混凝土（砂浆）等材料修补。修复空蚀破坏可通过修改体型、控制不平整度、设置通气设施等减低空蚀强度的方法，也可采用以高抗空蚀材料护面的方法。

第四节　溢洪道和放水洞维修养护

一、溢洪道维修养护

（一）溢洪道日常养护

溢洪道承担着宣泄洪水的重要作用，是水库日常养护的重点部位。

（1）溢洪道表面应保持清洁完好，及时排除积水、积雪、苔藓、污垢及淤积的砂石、杂物等。

（2）溢洪道泄洪期间应打捞上游漂浮物，严禁船只、木排等靠近溢洪道进口。

（3）溢洪道边墙、底板及护坡等部位的排水孔应保持通畅；墙后填土区发生塌坑、沉陷时应及时填补夯实。

（4）钢筋混凝土构件的表面出现涂料老化，局部损坏、脱落、起皮等，应及时修补或重新封闭。

（5）上下游的护坡、护底、侧墙、消能设施出现局部松动、塌陷、隆起、淘空、垫层散失等，应及时按原状修复。

（6）不得在溢洪道设置拦鱼设施，且不得以任何原因减小溢洪道过水断面和抬高溢洪道堰顶高程。

（7）严禁在溢洪道周围爆破、取土和修建其他建筑物。

（二）溢洪道维修

溢洪道常见病害有岸坡滑塌、冲刷和淘刷、裂缝和渗漏等。

1. 岸坡滑塌维修

溢洪道岸坡滑塌一般多发生于进口深挖段，土质边坡以滑塌形式为主，岩质边坡以垮塌崩落形式为主。当溢洪道岸坡有滑塌趋势时应及时对岸坡进行处理。处理措施主要有削坡减载、护砌固脚和开沟排水等。

（1）削坡减载。对坡度较陡的岸坡可削坡放缓边坡，土坡坡度一般不陡于1∶1.5，岩石边坡一般不陡于1∶1。当垂直高度大于5.0m时，每3.0 ~ 5.0m高差设置一道马道，宽1.0 ~ 2.0m。

（2）护砌固脚。在边坡下部设置浆砌石、混凝土等护砌或坡脚，增加抗冲刷能力及岸坡的稳定性。

（3）开沟排水。在岸坡滑坡体以外开挖排水沟，拦截岸坡上部来水并使之排走，降低土体含水量，增大岸坡稳定性，沟的大小视来水量而定。

2. 冲刷和淘刷维修

水流流速大是溢洪道水流特点之一，溢洪道往往由于施工质量差、表面不平整、接缝未做止水、底板下没有排水设施、底板厚度不够、消力池长度不够、底部扬压力过大等原因，在动水压力作用下容易发生气蚀、底板掀起、底板下淘空、底板变形等破坏。

冲刷和淘刷的修理措施主要归结为以下四个方面：①可利用底板下的齿墙加强防渗措施，截断渗流；②在底板下设置纵横排水管，将未截住的渗水排出；③加厚底板增加自重，使底板不被掀动；④清除施工留下的钢筋头或混凝土柱头，局部错台要打磨成斜坡，使表面光滑平整。

3. 裂缝和渗漏维修

溢洪道混凝土（砌石）构件裂缝和渗漏的维修方法可参考混凝土坝（砌石坝）的维修。

二、放水洞维修养护

（一）放水洞日常养护

（1）应经常清理放水洞进口附近的漂浮物。

（2）冬季要采取有效措施，避免洞口结构冰冻破坏。

（3）运用中尽量避免洞内出现不稳定流态，每次充、泄水过程要尽量缓慢，避免猛增突减，以免洞内出现超压、负压或水锤而引起破坏。

（4）发现局部的衬砌裂缝、漏水等，要及时进行封堵以免扩大。

（5）对放水洞应加强观测，判断其沿线的内水压力和外水压力是否正常，如发现有漏水和塌坑征兆，应研究是否放空进行检查和修理。

（6）放水洞通气孔应保持畅通。

（二）放水洞维修

放水洞常见病害主要有裂缝漏水、气蚀破坏和磨损破坏。

1. 裂缝漏水维修

（1）开挖修复。当查明原因和位置，无法进人操作时，可挖开填土，在原洞外包一层混凝土，断裂严重的地带，应拆除重建，并设置沉降缝，洞外按一定距离设置黏土截水环，以免沿洞壁渗漏。

（2）砂浆封堵。对于涵洞洞壁的一般裂缝漏水，可采用水泥砂浆或环氧砂浆进行处理。通常是在裂缝部位凿深 2 ~ 3cm，并将周围混凝土面凿毛。然后用钢丝刷和毛刷清除混凝土碎渣，用清水冲洗干净，最后用水泥砂浆或环氧砂浆封堵。

（3）灌浆处理。放水洞洞身断裂可采用灌浆进行处理。对于因不均匀沉陷而产生的洞身断裂，一般要等沉陷趋于稳定，或加固地基以后进行处理。但为了保证工程安全，可以提前进行灌浆，灌浆以后，若继续断裂，再次进行灌浆。灌浆处理可采用水泥浆。断裂部位可采用环氧砂浆封堵。

（4）加固补强。对于范围较大的纵向裂缝、损坏严重的横向裂缝，且人能进入的放水洞，均应采取加固补强措施。

1）对于盖板涵洞，如果发生部分断裂时，可在洞内用盖板和支撑加固。

2）对于可以缩小过水断面的放水洞，可先对放水洞进行全断面混凝土内衬加固后，再采取灌浆止漏等办法，也可采用钢板内衬加固处理。

3）对于预制混凝土管，若能进人操作，接头开裂时可用环氧树脂补贴，也可以将混凝土接头处的砂浆剔除并清洗干净，用沥青麻丝或石棉水泥塞入嵌紧，内壁用水泥砂浆抹平。

（5）内衬补强。对于放水洞整体强度不足且允许缩小过水断面时，可以内衬 PE 管或钢管，管与原放水洞间灌浆的方法，但要注意新老管壁接合面密实可靠，新旧管接头不漏水。

（6）新建放水洞。对于无法进行加固或加固不彻底的放水洞，一般采用封堵原放水洞，另设新放水洞的方法。新建放水洞应建在坚实可靠的地基上，处理好与大坝的接触面。新建放水洞可采用开挖新建法和顶管新建法。新放水洞建成后，应对老放水洞进行处理，一般采用封堵的措施。封堵放水洞的方法主要有混凝土堵塞法、灌浆法等。封堵长度通常以接近放水洞长的 1/3 为宜。

2. 气蚀破坏维修

气蚀对输水洞的安全极其不利。防治气蚀的措施有改善边界条件、控制闸门开度、改善掺气条件、采用高强度的抗气蚀材料等。

（1）改善边界条件。当进口形状不合适时，极易产生气蚀现象。渐变的进口形状，最好做成椭圆曲线形。出口断面可适当缩小，以提高洞内压力，避免气蚀。对于衬砌材料的质量要严格控制，使其达到设计要求。应保证衬砌表面的平整度，对凸起部分要凿除或打磨成设计要求的斜面。

（2）控制闸门开度。据观察分析发现，小开度时，闸门底部止水后易形成负压区，引起闸门沿竖直方向振动，闸门底部容易出现气蚀；大开度时，闸门后易产生明满流交替出现的现象，闸门后部形成负压区，引起闸门沿水流方向产生振动，造成闸门后部洞壁产生气蚀。所以要控制闸门开度在合适的范围内，避免不利开度和不利流态的出现。

（3）改善掺气条件。掺气能够降低或消除负压区，增加空泡中气体空泡所占的比例，含大量空气使得空泡在溃灭时可大大减少传到边壁上的冲击力，含气水流也成了弹性可压缩体，从而减少气蚀。因此将空气直接输入可能产生气蚀的部位，可有效地防止建筑物气蚀破坏。当水中掺气的气水比达到 7% ~ 8% 时，可以消除气蚀。

（4）采用高强度的抗气蚀材料。采用高强度的抗气蚀材料，有助于消除或减缓气蚀破坏。提高洞壁材料抗水流冲击作用，在一定程度上可以消除水流冲蚀造成表面粗糙而引起的气蚀破坏。护面材料的抗磨能力增加，可以消除由泥沙磨损产生的粗糙表面而引起气蚀的可能性，环氧树脂砂浆的抗磨能力，比普通混凝土及岩石的抗磨能力高约30倍。采用高标号的混凝土可以缓冲气蚀破坏甚至消除气蚀。采用钢板或不锈钢作衬砌护面，也会产生很好的效果。

3. 磨损破坏维修

（1）环氧砂浆抹面。环氧砂浆具有固化收缩小，与混凝土黏结力强，机械强度高，抗冲磨和抗气蚀性能好等优点。环氧砂浆抗冲磨强度约为养护28d抗压强度60MPa的水泥石英砂浆的5倍、C30混凝土的20倍、合金钢和普通钢的20 ~ 25倍。固化的环氧树脂抗冲磨强度并不高，但由于其黏结力极强，含沙水流要剥离环氧砂浆中的耐磨砂砾相当困难，因此使用耐磨骨料的环氧砂浆，其抗冲磨能力比较优越。

（2）聚合物水泥砂浆抹面。聚合物水泥砂浆是通过向水泥砂浆中掺加聚合物乳液改性而制成的有机–无机复合材料。聚合物既提高了水泥砂浆的密实性、黏结性，又降低了水泥砂浆的脆性，是一种比较理想的薄层修补材料，其耐蚀性能也比掺加前有明显提高，可用于中等抗冲磨、气蚀要求的混凝土的破坏修补。常用的聚合物砂浆有丙乳砂浆和氯丁胶乳砂浆。

第五节　闸门及启闭设施的维修养护

一、闸门的日常养护

闸门日常养护就是采用一切措施将闸门的运行状态保持在标准状态，分为一般性养护与专门性养护。

（一）一般性养护

1. 清理检查

闸门门叶清洁无油污，无水生物、杂草和污物附着，要经常清理闸门上附着的水生物和杂草污物等（图6.5–1），避免门体被腐蚀，保持闸门清洁美观，运行灵活。要经常清理门槽处的碎石、杂物，防止卡阻闸门，造成闸门开度不足或关闭不严。

2. 观察调整

闸门发生倾斜、跑偏问题时，应查明原因清除卡阻物并配合启闭机予以调整。

3. 清淤

(a) 闸前杂草污物堆积

(b) 门体锈蚀严重

图 6.5-1 闸门日常养护典型问题

应定期对闸前进行输水排沙，或利用高压水枪在闸室范围内进行局部冲刷清淤，消除闸前泥沙淤积，避免闸门启闭困难。同时对浅水区的遗留杂物进行人工打捞，避免流入闸门区。

（二）专门性养护

1.门叶养护

水工闸门的门叶主要以抗腐蚀性、韧度较高的钢体组成，因此养护的主要任务在于保证门叶完整、无生锈、无变形、无断裂。养护内容也就主要围绕门叶养护任务进行，检查门叶工作状态，若门叶生锈则进行除锈和防锈养护，若门叶出现气蚀部位则应使用耐腐蚀材料进行修复等。

2.行走支撑机构养护

行走支撑机构是闸门升降的承重与动力部件，对其进行养护也是水工闸门养护的重要内容，除了要定期检查支撑行走机构各部件的完整外还应定期更换部件内润滑油，预防锈死的问题发生。

3.止水装置养护

止水装置是门叶和门槽之间存在的一种装置，要定期清理水封中的杂物，尤其是在初春时节，一定要将止水装置内冰凌清理干净。同时对于止水装置的其他部件也要做到定期养护与检修，及时更换松动、腐蚀的螺栓，保持止水表面的光滑与平整，做好止水装置的防锈与防腐蚀维护。

4.闸门吊耳与吊杆的养护

吊耳与吊杆应动作灵活，坚固可靠，转动销轴应经常注油保持润滑，其他部位金属表面应喷涂防锈材料，应经常用小锤敲击检查零件有无裂纹或焊缝开裂、螺栓松动等，并检查是否有轴板丢失、销轴脱出等现象。

5. 门槽及预埋件的养护

保证门槽表面平整光滑，定期清理门槽内淤积的泥土垃圾等杂物。同时检查各门槽部件锈蚀（图 6.5-2）、脱落、变形等保证门槽的功能完整性和可靠性。各种金属预埋件除轨道部位摩擦面涂油保护外，其余部位凡有条件的均宜涂坚硬耐磨的防锈材料，锈蚀或磨损严重时，可采用环氧树脂或不锈钢材料进行修复。

（a）闸门吊杆、埋件锈蚀

（b）闸门启闭钢丝绳锈蚀

图 6. 5-2 闸门吊杆、钢丝绳典型问题

二、闸门的修理

闸门的修理应针对存在缺陷的部位和形成缺陷的原因不同，采用不同的处理方法。

1.门叶变形与局部损坏的处理

（1）门叶构件和面板锈蚀严重的应进行补强或更新，对面板锈蚀厚度减薄的，可补焊新钢板予以加强，新钢板焊缝应布置在梁格部位，焊接时应先将钢板四角点焊固定，然后再对称分段焊满，也可用环氧树脂黏合剂粘贴钢板补强。

（2）因强水流冲击，或因闸门在门槽中冻结或受到漂浮物卡阻等外力作用，造成门体局部变形或焊缝局部损坏与开裂时，可将原焊缝铲掉，再重新进行补焊或更新钢材，对变形部位应进行矫正。

（3）气蚀引起局部剥蚀的应视剥蚀程度采取相应方法，气蚀较轻时可进行喷镀或堆焊补强，严重的应将局部损坏的钢材加以更换。无论补强还是更换都应使用抗蚀能力较强的材料。

（4）由于剥蚀、振动、气蚀或其他原因造成螺栓松动、脱落或钉孔漏水等缺陷时，对松动或脱落螺栓应进行更换；螺孔锈蚀严重的可进行铰孔，选用直径大一级的螺栓代替；螺栓孔有漏水的，视其连接件的受力情况，可在钉孔处加橡皮垫，或涂环氧树脂涂料封闭。

2. 行走支撑机构的修理

若出现滚轮锈蚀卡阻不能转动，当轴承还没有严重磨损和损伤时，可将轴与轴套清洗除垢，将油道内的污油清洗干净，涂上新的润滑油脂；当轴承间隙如因磨损过大，超过设计最大间隙的 1 倍时，应更换轴套。

3. 止水装置的修理

（1）止水装置常出现的问题有：橡皮止水老化，失去弹性或严重磨损、变形而失去止水作用，止水橡皮局部撕裂，闸门顶、侧止水的止水橡皮与门槽止水座板接触不紧密而有缝隙。

（2）处理方法。

1）更换新件，更换安装新止水时，用原止水压板的孔位在新止水橡皮上画线冲孔，孔径比螺栓直径小 1mm，严禁烫孔。

2）局部修理，可将止水橡皮损坏部分割除换上相同规格尺寸的新止水。新旧止水橡皮接头处的处理方法有将接头切割成斜面，在其表面锉毛涂黏合剂黏合压紧；采用生胶垫压法胶合，胶合面应平整并锉毛，用胎膜压紧，借胶膜传热，加热温度为 200℃左右。

4. 预埋件的修理

预埋件常受高速水流冲刷及其他外力作用，很容易出现锈蚀变形、气蚀和磨损等缺陷。对这些缺陷一般应做补强处理。若损坏变形较大时，宜更换新的。金属与预埋件之间不规范的缝隙，可采用环氧树脂灌浆充填，工作面上的接口焊缝应用砂轮或油石磨光。

止水底板及底坎等，由于安装不牢受水流冲刷、泥沙磨损或锈蚀等原因发生松动、脱落时，应予以整修并补焊牢固，胸墙止水板和侧止水座板发生锈蚀时，一般可除锈后采用刷油漆涂料或环氧树脂涂料护面。

三、闸门的防腐蚀

防腐处理首先应将金属表面妥善清理干净，对结构表面的氧化皮、锈蚀物、毛刺、焊渣、油污、旧漆、水生物等污物和缺陷（图 6.5–3），采用人工敲铲、机械处理、火焰处理、化学处理、喷砂等方法进行处理，常用的处理方法为喷砂处理，然后采用合理的方法进行保护处理。

图 6.5–3　闸门锈蚀氧化典型问题

1. 涂料保护

使用油漆、高分子聚合物、润滑油脂等涂敷在钢件表面，形成涂料保护层，隔绝金属结构与腐蚀介质的接触，截断电化学反应的通道，从而达到防腐的目的。涂料保护的周期因涂料品种、组合和施工质量而异，一般为 3 ~ 8 年，有些可达 10 年以上。涂料总厚度一般为 0.1 ~ 0.15mm，特殊情况下可适当加厚。涂料一般要求涂刷 4 层，其中底层涂料涂刷两层，面层涂料涂刷两层，有的还采用中间层以提高封闭效果。底、中面层涂料之间要有良好的配套性能，涂料配套可根据结构状况和运用环境参照《水工金属结构防腐蚀规范》（SL 105—2007）选用。

2. 喷涂金属保护

它是采用热喷涂工艺将金属锌、铝或锌铝合金丝熔融后喷射至结构表面上，形成金属保护层，起到隔绝结构与介质和阴极保护的双重作用。为更充分地发挥其保护效果，延长保护层寿命，一般还要加涂封闭层。喷涂金属保护用于环境恶劣、维修困难的重要钢结构，防腐效果好，保护周期长，在淡水中喷涂锌的保护周期可达 20 年以上。

四、启闭机的日常养护

为使启闭机处于良好的工作状态，需对启闭机的各个工作部分采取一定的作业方式进行经常性的养护，启闭机的养护作业可以归纳为清理、紧固、调整、润滑四项。

（1）清理，即针对启闭机的外表、内部和周围环境的脏、乱、差所采取的最简单、最基本却很重要的保养措施，保持启闭机、防护罩周围整洁。

（2）紧固，即将连接松动的部件进行紧固。

（3）调整，即对各种部件间隙、行程、松紧及工作参数等进行的调整。

（4）润滑，即对具有相对运动的零部件进行的擦油、上油。

1. 动力部分的养护

动力部分应具有供电质量优良、容量足够的正常电源和备用电源。电动机保持正常工作性能，电动机要防尘、防潮，外壳要保持清洁，当环境潮湿时要经常保持通风干燥。每年汛期测定一次电动机相闸及对铁芯的绝缘电阻，如小于 0.5Ω 时应进行烘干处理；检查定子与转子之间的间隙是否均匀，磨损严重时应更换；接线盒螺栓如有松动或烧伤，应拧紧或更换。电动机的闸刀、限位开关及补偿器的主要操作设备应洁净，触点良好，电动机稳压保护、限位开关等的工作性能应可靠；操作设备上各种指示仪器应按规定检验，保证指示准确；电动机、操作设备、仪表的接线必须相应正确，接地应可靠。

2. 传动部分的养护

对机械传动部件的变速箱、变速齿轮、蜗轮、蜗杆、联轴器、滚动轴承及轴瓦等，应按要求加注润滑油，应经常观测其运行情况是否正常，出现问题及时处理。

3. 制动器的养护

应保持制动轮表面光滑平整，制动瓦表面不含油污、油漆和水分，闸瓦间隙应合乎要求。

4. 悬吊装置的养护

检查若发现钢丝绳两端固定点不牢固或有扭转、打结、锈蚀和断丝现象，松紧不适，有磨碰等不正常现象，应及时处理，钢丝绳经常涂油防锈，启闭机螺杆要经常润滑、防锈。

5. 附属设备的养护

高度指示器要定期校验调整，保证指示位置正确；过负荷装置的主弹簧要定期校验；自动挂钩梁要定期润滑防锈；机房要清洁。

启闭机养护典型问题如图 6.5–4 所示。

（a）卷扬启闭机锈蚀老化

（b）螺杆启闭机老化限位器损坏

（c）启闭机制动器老化

（d）启闭机减速器漏油

图 6.5-4　启闭机养护典型问题

五、启闭机的修理

1. 螺杆式启闭机的修理

运行中由于无保护装置或保护装置失灵，操作不慎，易引起螺杆弯曲、承重螺母和推力轴承磨损等问题。螺杆轻微弯曲可用千斤顶、手动螺杆式矫正器或压力机在胎具上矫正，直径较大的螺杆可用热矫正；弯曲过大并产生塑性变形或矫正后发现裂纹时应更换新件；承重螺母和推力轴承磨损过大或有裂纹时应更换新件。

2.卷扬式启闭机的修理

（1）钢卷筒磨损深度过大或出现裂纹时应视情况而定是否补焊；卷筒轴发现裂纹应及时报废更新。

（2）滑轮组的轮槽或轴承等若检查有裂缝、径向变形或轮壁严重磨损时应更换。

（3）齿轮的失效形式。齿轮失效形式有轮齿折断、齿面疲劳点蚀、齿面磨损、齿面胶合和齿轮的塑性变形等。

（4）齿轮的检测。检查齿轮啮合是否良好，转动是否灵活，运行是否平稳，有无冲击和噪声；检查齿面有无磨损、剥蚀胶合等损伤，必要时可用放大镜或探伤仪进行检测，齿根部是否有裂缝裂纹。

（5）齿轮的安装调试。安装要保证两啮合齿轮正确的中心距和轴线平行度，并要保证合理的齿侧间隙、接触面积和正确的接触部位。

第六节 除险加固

小型水库应当按照国家规定定期组织进行安全鉴定，经安全鉴定为三类坝的小型水库应根据水利部《小型病险水库除险加固项目管理办法》进行小型病险水库除险加固工作。根据《山东省人民政府办公厅关于切实加强水库除险加固和运行管护工作的实施意见》（鲁政办发〔2021〕12号），2022年以后新增的小型病险水库，按照“当年鉴定、翌年加固”的原则实施除险加固。小型病险水库除险加固项目优先安排病险程度重，下游有城镇、人口密集村屯或重要基础设施，一旦发生垮坝失事影响范围广、损失大的小型病险水库；承担供水、灌溉等重要生活、生产保障功能的小型病险水库；与水库下游经济和生态关系密切，除险加固后效益显著的小型病险水库；优先安排前期工作扎实到位，地方资金落实，运行管护机制健全的小型病险水库。

地方各级人民政府负责本辖区所属小型病险水库除险加固工作，地方各级水行政主管部门负责本辖区所属小型病险水库除险加固项目前期工作和建设实施工作的指导、监督和考核。项目法人负责小型病险水库除险加固项目具体实施，按照批复的建设内容和工期完成各项建设任务。

应按照新阶段水利高质量发展要求，统筹推进除险加固和运行管护工作，结合小型病险水库除险加固项目的实施，建设、完善雨水情测报、监测预警、防汛道路、通信设备、管理用房等配套管理设施，增强极端气候条件下的信息报送和预警发布、水库大坝险情防范处置能力。落实水库管护主体、管护责任和管护人员，健全运行管护机制，提升管理水平。

一、建设程序

小型病险水库除险加固项目实行项目法人责任制、招标投标制、建设监理制、合同管理制，可结合实际优化小型病险水库除险加固项目建设管理，小型病险水库除险加固程序一般分为以下几个步骤，如图 6.6–1 所示。

安全鉴定 ➡ 初步设计 ➡ 招标投标 ➡ 建设实施 ➡ 蓄水验收 ➡ 竣工验收 ➡ 工程移交

图 6. 6–1　小型病险水库除险加固程序

二、初步设计

初步设计是对拟建工程的实施在技术和经济上所进行的全面而详细的安排，是基本建设计划的具体化，是整个工程的决定环节，是组织实施的依据，它直接关系工程质量和将来的使用效果。小型病险水库项目直接进行初步设计，初步设计必须由具备相应资质的设计单位承担。

1. 初步设计的工作内容

设计单位应针对安全鉴定成果及核查意见提出的病险问题，充分论证除险加固设计的合理性，进行小型病险水库除险加固项目初步设计，根据需要补充开展地质勘察、测量等工作，保证设计质量。

小型病险水库除险加固项目初步设计原则上不能改变原工程规模。除险加固设计除解决安全鉴定存在的病险问题外，还应逐步复核解决防洪标准低、结构不稳定、渗流不安全、泄洪能力不足等问题。其中，泄洪能力复核应以保障水库不垮坝为原则；坝顶路面应进行硬化处理；条件允许应复核加大放水设施的泄流能力。涉及雨水情测报和大坝安全监测设施建设的项目，应结合水利部《小型水库雨水情测报和大坝安全监测设施建设与运行管理办法》要求统筹考虑，避免重复建设。

2. 初步设计的审查审批

初步设计文件报批前，一般须由项目法人委托有相应资格的工程咨询机构或组织行业各方面（包括管理、设计、施工、咨询等方面）的专家，对初步设计中的重大问题，进行咨询论证。设计单位根据咨询论证意见，对初步设计文件进行补充、修改、优化。初步设计由项目法人组织审查后，由地市级以上地方水行政主管部门进行审批，省级水行政主管部门对初步设计及批复文件实施备案管理并进行抽查。

三、项目建设管理

初步设计经批准后，项目法人就可以进行工程的施工前准备工作，并在工程施工准备期间按规定完成主体工程开工的各项准备工作，为工程的实施奠定基础。

1. 项目法人的组建

根据水利部《水利工程建设项目法人管理指导意见》（水建设〔2020〕258 号）规定，政府出资的水利工程建设项目，应由县级以上人民政府或其授权的水行政主管部门或者其他部门负责组建项目法人。政府与社会资本方共同出资的水利工程建设项目，由政府或其授权部门和社会资本方协商组建项目法人。社会资本方出资的水利工程建设项目，由社会资本方组建项目法人，但组建方案需按照国家关于投资管理的法律法规及相关规定经工程所在地县级以上人民政府或其授权部门同意。鼓励各级政府或其授权部门组建常设专职机构，履行项目法人职责，集中承担辖区内政府出资的水利工程建设。除险加固的项目可以以已有的运行管理单位为基础组建项目法人。

项目法人具有独立法人资格，能够承担与其职责相适应的法律责任，对工程建设的质量、安全、进度和资金使用负首要责任。项目法人应配备满足工程建设需要的管理人员，主要负责人、技术负责人和财务负责人应具备相应的管理能力和工程建设管理经验，其中技术负责人应为专职人员并具备水利或相关专业中级以上技术职称或执业资格。可根据实际采用集中建设管理模式，由一个项目法人负责多个小型病险水库除险加固项目建设。

不能按以上要求的条件组建项目法人的，可通过委托代建、项目管理总承包、全过程咨询等方式，引入社会专业技术力量，履行项目法人管理职责。代建、项目管理总承包和全过程咨询单位，如具备相应监理资质和能力，可依法承担监理业务。代建、项目管理总承包和全过程咨询单位，按照合同约定承担相应职责，不替代项目法人的责任和义务。

2. 招标投标

小型水库除险加固项目的招标投标包括设计工作招投标、监理服务招投标、施工招投标、设备和材料采购招投标等。

按照有关规定通过招标投标和政府采购等形式确定项目参建单位。在符合规定的前提下，可采取多个小型病险水库除险加固项目打捆方式进行招标。有多个小型病险水库除险加固项目的市、县，可将监理业务打捆招标确定监理单位。

3. 质量与安全管理

项目法人对工程建设质量负首要责任，应设置质量管理机构，建立健全质量管理制度，督促勘察设计、施工、监理、设备和材料供应等参建单位建立质量保证体系，落实质量管理主体责任。项目法人和其他参建单位应严格遵守国家有关安全生产的法律、法规，全面落实安全生产责任制，建立健全安全生产规章制度，强化安全生产措施，加强安全生产培训，严防安全生产事故发生。

项目法人应根据项目工期要求，按照规定编制施工度汛方案，报主管部门备案并严格执行，确保工程安全度汛。正在实施除险加固的病险水库原则上汛期应空库运行。

小型病险水库除险加固项目实行工程质量终身责任制。项目法人和其他参建单位按照国家法律法规和有关规定，在工程建筑物设计使用年限内对工程质量承担相应责任。项目法人和其他参建单位的工作人员因调动工作、退休等原因离开该单位后，被发现在该单位工作期间违反国家有关建设工程质量管理规定，造成重大工程质量事故的，仍应当依法追究法律责任。

4. 进度管理

小型病险水库除险加固项目原则上应在项目资金下达之日起一年内完工，并及时进行主体工程完工验收（蓄水验收），验收合格后方可蓄水运行。

5. 资金管理

中央财政补助资金使用应严格遵守《水利发展资金管理办法》，优先用于小型病险水库除险加固项目大坝稳定、渗流安全、泄洪安全、金属结构等主体工程建设。项目法人在完成全部建设任务后，应按照规定及时组织编制竣工财务决算。

地方各级水行政主管部门应会同财政等部门及时落实项目建设资金，应督促项目法人做好项目财务管理和资金使用管理，按照基本建设财务规则进行管理和核算，会同财政等部门对项目建设资金使用管理进行指导、监督和检查。

6. 设计变更管理

小型病险水库除险加固项目初步设计一经批复，原则上不得变更建设内容。确需变更的，应按规定履行相应程序，重大设计变更应报原审批部门审批。任何设计变更不得降低工程的防洪标准和质量标准。任何单位或者个人不得擅自变更已经批准的初步设计，不得支解设计变更规避审批。

根据建设过程中出现的问题，施工单位、监理单位及项目法人等单位可以提出设计变更建议。项目法人应当对设计变更建议及理由进行评估，必要时，可以组织勘察设计单位、施工单位、监理单位及有关专家对设计变更建议进行技术、经济论证。工程勘察、设计文件的变更，应委托原勘察、设计单位进行。经原勘察、设计单位书面同意，项目法人也可以委托其他具有相应资质的勘察、设计单位进行修改。修改单位对修改的勘察、设计文件承担相应责任。

工程设计变更审批采用分级管理制度。重大设计变更文件，由项目法人按原报审程序报原初步设计审批部门审批。一般设计变更文件由项目法人组织有关参建方研究确认后实施变更，并报项目主管部门核备，项目主管部门认为必要时可组织审批。设计变更文件审查批准后，由项目法人负责组织实施。

项目法人负责工程设计变更文件的归档工作。项目竣工验收时应当全面检查竣工项目是否符合批准的设计文件要求，未经批准的设计变更文件不得作为竣工验收的依据。

四、工程验收

小型病险水库除险加固项目要按照“谁审批、谁组织”原则，根据《关于加强小型病险水库除险加固项目验收管理的指导意见》（水建管〔2013〕178号）、《水利工程建设项目验收管理规定》（水利部令第30号）、《水利水电建设工程验收规程》（SL 223—2008）等规定规程要求，明确验收责任，规范验收行为。水利工程建设项目具备验收条件时，应当及时组织验收。未经验收或者验收不合格的，不得交付使用或者进行后续工程施工。

小型病险水库除险加固项目验收分为法人验收和政府验收，法人验收包括分部工程验收和单位工程验收，政府验收包括蓄水验收（或主体工程完工验收）和竣工验收。法人验收是指在项目建设过程中由项目法人组织进行的验收，法人验收是政府验收的基础。政府验收是指由有关人民政府、水行政主管部门或者其他有关部门组织进行的验收。

（一）蓄水验收

主体工程完工后，水库蓄水运用前，应进行蓄水验收，通过验收后方可投入蓄水运用。

（1）蓄水验收应具备以下条件：

1）挡水、泄水、引水建筑物和基础处理等影响工程安全的建设内容已按批准的设计建设完成。

2）主体工程所有单位工程验收合格，满足蓄水要求，具备投入正常运行条件。

3）有关监测、观测设施已按设计要求基本完成安装和调试。

4）可能影响蓄水后工程安全运行的问题和历次验收发现的问题，已基本处理完毕。

5）未完工程和遗留问题已明确处理方案。

6）工程初期蓄水方案、调度运用方案、度汛方案已编制完成，并经有管辖权的水行政主管部门批准。

7）水库安全管理规章制度已建立，运行管护主体、人员已落实，大坝安全管理（防汛）应急预案已报批。

8）验收资料已准备就绪。

9）验收主持单位认定的其他条件。

（2）蓄水验收应包括以下主要内容：

1）检查工程设计内容是否涵盖大坝安全鉴定（安全评价）成果及核查意见（报告）提出的病险问题，如有调整是否经过分析论证。

2）检查挡水、泄水、引水建筑物和基础处理等影响工程安全的建设内容是否已按批准设计完成。

3）检查工程是否存在质量隐患和影响工程安全运行的问题。

4）检查工程是否满足蓄水要求，是否具备正常运行条件。

5）鉴定工程施工质量。

6）检查工程的初期蓄水方案、调度运用方案、度汛方案、大坝安全管理（防汛）应急预案落实情况。

7）检查运行管护主体、人员落实情况。

8）对验收中发现的问题提出处理意见。

9）确定未完工程清单及完工期限和责任单位等。

10）讨论并通过蓄水验收鉴定书。

小型水库除险加固项目通过蓄水验收后，项目法人应抓紧未完工程建设，做好竣工验收的各项准备工作。

（二）竣工验收

竣工验收应在小型病险水库除险加固项目全部完成并经过一个汛期运用

考验后的6个月内进行。

（1）竣工验收应具备以下条件：

1）工程已按批准设计的内容建设完成，并已投入运行。

2）工程重大设计变更已经有审批权的单位批准，一般设计变更已履行有关程序，并出具了相应文件。

3）工程投资已基本到位，竣工财务决算已完成并通过竣工审计，审计提出的问题已整改并提交了整改报告。

4）蓄水验收已完成，历次验收和工程运行期间发现的问题已基本处理完毕，遗留问题已明确处理方案。

5）归档资料符合工程档案管理的有关规定。

6）工程质量和安全监督报告已提交，工程质量达到合格标准。

7）工程运行管理措施已落实。

8）验收资料已准备就绪。

（2）竣工验收应包括以下主要内容：

1）检查工程是否按批准的设计完成，设计变更是否履行有关程序。

2）检查工程是否存在质量隐患和影响工程安全运行的问题。

3）检查历次验收遗留问题和在工程运行中所发现问题的处理情况，检查工程尾工安排情况。

4）鉴定工程质量是否合格。

5）检查工程投资、财务管理情况及竣工审计整改落实情况。

6）检查工程档案管理情况。

7）检查工程初期蓄水方案、调度运用方案、度汛方案、大坝安全管理（防汛）应急预案以及工程管理机构、人员、经费、管理制度等运行管理条件的落实情况。

8）研究验收中发现的问题，提出处理意见。

9）讨论并通过竣工验收鉴定书。

项目法人和其他有关单位应当按照竣工验收鉴定书的要求妥善处理竣工验收遗留问题，完成工程尾工。验收遗留问题处理完毕和尾工完成并通过验收后，项目法人应当将处理情况和验收成果及时报送竣工验收主持单位。

五、工程移交

项目法人应参照《水利工程建设项目档案管理规定》，及时收集、整理和归档项目建设全过程资料，加强档案管理，同步实现档案数字化、信息化，向省级水行政主管部门汇交立项和验收相关档案。项目竣工验收后，项目法人应及时向水库运行管理单位办理移交手续，包括工程实体、其他固定资产和工程档案资料等。

项目法人与工程运行管理单位不是同一单位的，工程竣工验收鉴定书印发后 60 个工作日内应完成工程移交手续。

六、工程质量监督和项目稽察

（一）工程质量监督

政府对建设工程质量实行监督管理主要是以保证建设工程使用安全和环境质量为主要目的，以法律、法规和强制性标准为依据，以建设工程实物质量和与此相关的工程建设各方主体的质量行为为主要内容，以巡回检查和质量核验为主要手段。

水利工程质量监督按照分级管理的原则由相应水行政主管部门授权的质量监督机构实施，水利工程质量监督机构对水利工程质量进行强制性的监督管理，质量监督机构负责监督设计、监理、施工单位在其资质等级允许范围内从事水利工程建设的质量工作；负责检查、督促建设、监理、设计、施工单位建立健全质量体系；按照国家和水利行业有关工程建设法规、技术标准和设计文件实施工程质量监督，对施工现场影响工程质量的行为进行监督检查。

水利工程质量监督实施以抽查为主的监督方式，运用法律和行政手段，做好监督抽查后的处理工作。工程竣工验收前，质量监督机构应对工程质量结论进行核定。未经质量核备的工程，项目法人不得报验，工程主管部门不得验收。根据需要，质量监督机构可委托具有相应资质的检测单位，对水利工程有关部位以及所采用的建筑材料和工程设备进行抽样检测。

（二）项目稽察

为加强水利稽察工作，规范水利建设行为，促进水利建设项目顺利实施，保证稽察工作客观、公正、高效开展，水利部组织制定了《水利建设项目稽察办法》（水安监〔2017〕341 号）。

水利稽察实行分级组织、分工负责的工作机制。水利部负责指导全国水利稽察工作，组织对重大水利工程项目和有中央投资的其他水利建设项目进行稽察，对整改情况进行监督检查。省级水行政主管部门负责本行政区域水利稽察工作，对辖区内水利建设项目进行稽察，组织落实整改工作。项目稽察主要对项目前期与设计、建设管理、计划管理、资金使用和管理、工程质量、安全生产、农民工工资、安全度汛及应急处置措施、工程运行管理、监督检查和审计等方面问题进行全面检查，检查内容如下。

1. 项目前期与设计

（1）项目立项、审批、开工等文件。

（2）各阶段设计文件及有关批复文件（初步设计、施工详图等）。

（3）设计变更有关文件。

（4）安全评价和安全鉴定有关文件。

（5）初设审查意见落实情况。

（6）设计单位资质情况。

2. 项目建设管理

（1）项目法人组建、内设机构、人员配备和制度建设有关文件。

（2）承建单位和监理单位的选定、主要材料及设备采购和招投标有关文件（招标书、投标书、评标办法及有关评标资料、中标通知、与承建单位和监理单位签订的合同、分包情况、招投标行政监督等）。

（3）承建单位和监理单位的资质证书。

（4）监理单位机构设置及人员配备，总监理工程师等主要监理人员到场履职情况，监理管理办法，监理规划、实施细则，工程验收和质量控制记录，监理工作日志、月报等。

（5）现场施工、监理、质量检测、政府质量监督机构人员组成情况，有关试验检测资料。

3. 项目计划管理

（1）初步设计概算、调整概算及有关批复文件。

（2）历年投资计划、计划项目和调整计划文件。

（3）项目概算执行、计划完成情况等相关材料，工程形象进度、实物工程量完成情况等相关材料。

（4）计划管理的有关规章制度。

4. 项目资金使用和管理

（1）财务管理的各项规章制度及基础工作等相关文件。

（2）会计机构设置和人员配备等情况。

（3）项目建设资金构成、到位文件，投资完成（财务口径）情况。

（4）项目建设资金核算和使用相关材料。

（5）工程支付、结算有关资料。

（6）超概算、超支的幅度及原因。

（7）各类保证金、农民工工资、建设管理费使用情况。

（8）征地移民资金使用支付情况。

5. 项目质量管理

（1）项目建设质量保证体系、质检机构和人员配备。

（2）质量管理各项规章制度。

（3）项目划分情况。

（4）现场施工质量检查记录，原材料质量检验数据和资料，政府质量监督相关材料。

（5）工程质量评定及项目验收等有关资料。

（6）质量缺陷或事故处理情况。

（7）检测单位资质情况。

6. 项目安全生产管理

（1）安全生产目标管理，安全生产管理机构及职责。

（2）安全生产管理各项规章制度，安全技术措施及专项方案。

（3）教育培训资料，职业健康管理资料。

（4）安全生产费用及保险管理资料。

（5）安全风险管控及重大危险源管理及应急管理、事故管理资料。

（6）安全生产档案管理资料。

（7）开展水利行业安全生产专项整治相关资料。

（8）施工企业安全生产许可证配备情况，三类人员、特种作业人员持证情况。

（9）施工现场安全管理情况。

7. 农民工工资有关资料

（1）农民工工资支付保障制度落实情况相关材料（劳务实名制、用工合同制、农民工工资支付保证金制、农民工工资银行代发制、农民工工资专用账户管理制、工程款支付担保制等）。

（2）农民工工资发放违规问题的纠正和处理相关材料。

（3）施工企业及时足额支付农民工工资相关材料。

（4）维权渠道畅通情况（维权公示牌的建立、维权电话、地点、相关负责人等信息公开情况等）。

8. 安全度汛及应急处置措施有关资料

（1）安全度汛责任制落实相关材料。

（2）安全度汛及应急措施落实相关材料（组织机构、工作制度、度汛方案编制及批复、超标准洪水应急预案编制及批复、防汛抢险队伍和物资、应急演练、通信联络和水文气象信息渠道、汛情、险情通报和应急处置机制等）。

（3）工程建设进度相关材料（度汛重点部位及险工险段建设进度、移民搬迁、度汛有关工程的验收工作等）。

（4）工程现场管理相关材料（隐患排查及整改、施工组织设计和度汛方案的落实、重点部位施工、应急教育和避险自救培训等）。

（5）安全度汛工作监督检查相关材料（发现问题台账及整改落实情况）。

9. 工程运行管理情况

（1）“三个责任人”配备及履职情况。

（2）负责运行管理机构的建立情况。

（3）安全监测设施配备情况。

（4）水库调度管理情况，雨水情自动测报系统建立情况。

10. 监督检查和审计情况

上级部门监督检查和审计发现问题、整改落实及责任追究相关情况。

第七章　防汛与抢险

水库安全管理与防汛抢险应贯彻“安全第一、常备不懈，以防为主、全力抢险”的工作方针，遵循团结协作和局部利益服从全局利益的原则，将保障人民群众生命安全作为首要目标。小型水库防汛措施主要包括工程措施和非工程措施。本章主要讲解小型水库防汛抢险准备工作与应急处置的基本知识。通过学习，学员能够掌握最基本的小型水库防汛抢险工作内容，掌握小型水库防汛应急预案编制关键内容；掌握汛期工程巡查、险情报告要求；掌握险情判别方法及相应处置措施、紧急情况报警手段和组织人员转移方法；了解小型水库应急管理组织体系、各单位职责等基本知识，了解应急抢险的工作流程及机制，了解群众转移组织流程、路线、地点及安置工作。

第一节　水库防汛

小型水库防汛的主要工作内容包括：建立健全防汛领导机构，组建防汛队伍并培训，储备防汛物资，长期、中期、短期天气形势的预报，洪水水情预报预警，水库的调度和运用，检查工程措施和非工程措施，出现险情灾情后的抢险救灾，非常情况下的应急措施等。

小型水库土石坝应根据水库实际情况制定调度运用方案、水库大坝安全管理（防汛）应急预案，并建立健全水库运行管理各项规章制度，切实做好巡视检查、防汛抢险等各项工作。

一、防汛准备工作

防汛准备是指每年汛期到来前，所开展的各方面准备工作，主要包括思想准备，组织准备，工程准备、物料准备和预案准备等。

（一）思想准备

防汛工作要认真贯彻“以人为本，生命至上，安全第一，预防为主，防重于抢”的理念，克服麻痹思想和侥幸心理，立足防大汛、抗大洪、抢大险、战大灾的思想准备，利用广播、电视、报纸、宣传车、宣传单等多种方式，向群众宣传防汛抢险的重要意义，使防汛相关人员和水库周边群众了解防汛预案相关内容，掌握报警讯号、转移路线等。水库防汛工作要坚持以防为主、防抗结合，采取工程措施和非工程措施相结合，做好预案、预报、预警、预演等“四预”工作，减少人员伤亡和财产损失。要向社会公布防汛责任人名单，检查监督履行防汛安全责任。

（二）组织准备

小型水库防汛组织准备主要是建立健全防汛指挥机构与办事机构，将以行政首长负责制为核心的防汛岗位责任制、部门责任制以及汛期工作制度和防汛抢险队伍落实到位，落实并公布小型水库防汛行政责任人、技术责任人和巡查责任人。

1. 防汛组织机构

我国防汛工作按照统一指挥、分级分部门负责的原则，建立健全各级人民政府防汛指挥机构。防汛指挥机构各成员单位按照分工，各司其职，做好防汛工作。

国务院设立国家防汛指挥机构，负责领导、组织全国的防汛抗洪工作。有防汛抗洪任务的县级以上地方人民政府设立由有关部门、当地驻军、人民武装部负责人等组成的防汛指挥机构，在上级防汛指挥机构和本级人民政府的领导下，指挥本地区的防汛抗洪工作。乡镇人民政府（包括街道办事处）对小型水库防汛安全履行属地管理职责。

2. 防汛责任制度

《防汛条例》规定：防汛工作实行各级人民政府行政首长负责制，实行统一指挥，分级分部门负责。各有关部门实行防汛岗位责任制。根据各地区的经验，水库防汛责任制度有以下几种。

（1）行政首长负责制。为进一步加强防汛抗旱工作，全面落实各级地方人民政府行政首长防汛抗旱工作负责制，经国务院领导同意，国家防汛抗旱总指挥部（简称“国家防总”）印发了《各级地方人民政府行政首长防汛抗旱工作职责》，规定地方各级行政首长防汛抗旱主要职责。

根据《关于印发小型水库防汛“三个责任人”履职手册（试行）和小型水库防汛“三个重点环节”工作指南（试行）的通知》（水利部办运管函〔2020〕209号），小型水库防汛行政责任人按照隶属关系，由有管辖权的水库所在地政府相关负责人担任。乡镇、农村集体经济组织管理的水库，小（1）型由县级政府相关负责人担任，小（2）型由乡镇以上政府相关负责人担任。

（2）分级分部门责任制。根据水库工程规模、工程效益、重要程度和安全等级，确定各级人民政府防汛指挥机构和相关部门汛期管理运用、指挥调度的权限责任，对水库防汛工作实行分级管理、分部门负责。

水库的安全责任主体：国家所有的水库，水库上级主管部门是水库安全管理的责任主体；农村集体组织所有的水库，水库所在地的乡、镇人民政府是水库安全管理的责任主体；其他经济组织所有的水库，其所有者（业主）是水库安全管理的责任主体。

小型水库的防汛责任主体：地方人民政府对本行政区域内小型水库防汛安全负总责。水库主管部门负责所管辖小型水库防汛安全监督管理。水库管理单位（产权所有者）负责水库调度运用、日常巡查、维修养护、险情处置及报告等防汛日常管理工作。各级水行政主管部门对本行政区域内小型水库防汛安全实施监督指导。

（3）分包责任制。为确保水库安全度汛，确保水库在汛期正常发挥防洪减灾作用，各级人民政府行政首长和防汛领导成员应实行包库责任制，即对辖区内各类水库分包负责，责任到人。

（4）岗位责任制。水库工程管理单位的工作人员要按照职务和职责分工实行岗位责任制，明确任务和要求，定岗定责，落实到人。

（5）技术责任制。在水库防汛抢险中，应充分发挥工程技术人员的业务专长，实现科学抢险，优化防洪调度，提高防汛指挥的准确性和可靠性。评价工程防洪能力、确定预报数据、制订调度方案、采取抢险措施等有关技术问题，应由专业技术人员负责，建立技术责任制。县级水行政主管部门和区级水利管理机构的专业技术人员应实行包库负责制，技术责任到人。

3. 汛期值班制度

防汛值班是防汛抢险中一项最基本的工作。为时刻掌握汛情信息，及时应变，各级防汛指挥机构和有防汛任务的单位、部门均应建立防汛值班制度，落实工作责任制，建立健全规章制度，严明防汛值班纪律。2009 年 5 月国家防总印发了《关于防汛抗旱值班规定》，进一步明确了汛期值班主要职责及要求。

值班实行领导带班、工作人员和专业人员值班相结合的全天 24 小时值班制度。

小型水库防汛巡查责任人应在汛期坚持防汛值班值守，认真执行水库管理制度；按照要求做好雨水情观测，按时报送雨水情信息；发现库水位超过汛限水位、限制运用水位或溢洪道过水时，及时报告防汛技术责任人；遭遇洪水、地震及发现工程出现异常等情况及时报告，紧急情况下按照规定发出警报。

4. 防汛会商制度

为进一步做好防汛工作，及时掌握雨情水情汛情信息，提高防汛决策水平和防灾减灾效益，保障人民群众生命安全，各级防指应组织制定并建立防汛会商机制。会商采用视频（电话）会商和召开会商会议方式。防汛会商分为：日常会商、一般汛情会商和重大汛情会商。

（1）日常会商为定期例行会商，汛期每周组织一次。每周一下午组织召开（法定节假日顺延），遇重要天气过程或其他需要会商情况时加密会商，由防汛抗旱指挥部（简称“防指”）办公室召集。

（2）一般汛情会商为紧急会商。遇强降雨、台风等重要天气或发生一般汛情、险情时，组织召开一般汛情会商，由防指常务副指挥、副指挥或秘书长召集。

（3）重大汛情会商为紧急会商。遇强降雨、台风等重要天气或发生较大以上汛情、险情时，组织召开重大汛情会商，由防指指挥、常务副指挥、副指挥召集。发生大洪水或突发险情时，水利等部门先行组织防洪会商，有关部门派员参加。

5. 防汛队伍

为做好防汛抢险工作，除建立制度、做好物资准备外，还应建立一支在当地防汛指挥机构领导下的防汛抢险队伍。防汛队伍的组织，要坚持专业队伍和群众队伍相结合，实行军（警）民联防。各地防汛指挥机构应根据当地实际情况，研究制定群众防汛队伍和专业防汛抢险队的组织方法，建立组织严密、行动迅速、服从命令、听从指挥的队伍，加强专业抢险队伍的技术培训，开展抢险演习，做到思想、组织、技术、物料、责任“五落实”。

（1）常备队。常备队是防汛抢险的技术骨干力量，由水库、河道、闸坝管理单位的管理人员组成，平时根据掌握的工程情况，分析工程的抗洪能力，做好出险时抢险准备。进入汛期，要上岗到位，密切注视汛情，加强检查观测，及时分析险情。常备队要不断学习养护维修、洪水调度和巡视检查知识以及防汛抢险技术，每年可进行实战演习一次。

（2）抢险救援队。抢险救援队是参加防汛应急救援的专业性队伍，通常由消防救援、志愿者组成，通常配备有专业性装备，组织严密，训练有素。汛期发生险情时，按防汛指挥部的指令，投入抢险。

（3）后备队。后备队是群众性防汛队伍，由水库、河道、闸坝周边的青壮年组成。后备队组织要健全，汛前登记造册编成班、组，汛期按规定分批组织出动。

（4）中国人民解放军、武警部队。中国人民解放军、武警部队是防汛抢险、群众迁移救护的生力军，并在抗洪抢险中承担急、难、险、重的任务。在大洪水和紧急抢险时，各级人民政府防汛指挥部汛前应主动与当地驻军联系，介绍防御洪水方案，明确部队防守段和迁安救护任务，组织交流防汛抢险经验，并及时通报有关汛情和水情。部队参加抗洪抢险时，地方各级人民政府应积极配合，做好后勤保障工作。

（三）工程准备

工程准备是在汛前对所有与防汛有关的各项工程进行全面检查并进行相关准备，主要是抓水毁工程修复、除险加固工程和应急度汛工程施工。工程检查如发现问题，要及时处理，暂时不能处理的，也应研究安全度汛措施。要注意把水库溢洪道上的阻水障碍物清除干净。对水库溢洪道和放水洞的闸门和启闭设备，要进行试车。闸门、启闭设备、照明、通信、交通道路等，如有问题，要及早检查维修。

根据《水利部办公厅关于全力做好水库安全度汛工作的紧急通知》（水明发〔2021〕71号），病险水库原则上主汛期空库运行，对水库大坝主体部分没有病险，承担供水、灌溉任务且为难以替代水源的病险水库，在具备有效放空条件和抢险道路，落实专人巡查值守、加强观测、保障通信等管理措施的前提下，经过充分论证、水库主管部门审批，并报当地政府批准，可采取降低水位运行。当预测预报有较大雨情、水情、汛情发生时，应立即预泄，腾库迎汛，确保工程安全。要优先安排、尽早实施水库除险加固，消除安全隐患。对一些泄洪能力不足的小型水库，当预测预报有强降雨、严重汛情发生时，应提前预泄，腾库迎汛。要加强水库安全度汛措施监督管理。小型病险水库控制运用方案应及时报备省级水行政主管部门。

（四）物料准备

各级防汛指挥机构应当储备一定数量的防汛抢险物资，由商业、供销、物资部门代储的，可以支付适当的保管费。受洪水威胁的单位和群众应当储备一定的防汛抢险物料。防汛抢险所需的主要物资，由水库责任单位负责落实。

小型水库的物料准备包括各种抢险工具、器材、物料、交通车辆、道路、通信、照明设备等，保证后勤供应系统灵活运作。

小型水库防汛主管部门应按照一定的防汛物资储备定额进行储备，种类、数量根据《防汛物资储备定额编制规程》（SL 298—2004）确定，用后应及时补充。水库常用防汛物资分类和正常储备年限可参见表 7.1–1。

小型水库主管部门应根据防汛物资的类型、保管方式，及时开展防汛物资、仓库的管理工作，对不符合要求的防汛物资应及时清理和补充。小型水库主管部门应制定防汛物资分布图、调运线路图，并在适当位置明示 。

表 7.1–1　水库常用防汛物资分类和正常储备年限表

防汛物资名称		单位	储备年限 / 年	备注
防汛抢险物料	草袋	条	2 ~ 3	保管年限为长期的物资类别，每年应考虑 1% ~ 5% 的损耗率
	麻袋	条	5 ~ 8	
	编织袋	条	4 ~ 5	
	土工布	m^2	6 ~ 8	
	砂石料	m^3	长期	
	块石	m^3	长期	
	土方	m^3	长期	
	铅丝或钢筋笼	kg	长期	
	桩木	m^3	4 ~ 5	
	柴油	kg	长期	
救生器材	防汛抢险舟	艘	12 ~ 15	
	救生衣（圈）	件	5 ~ 6	
	橡皮船	艘	7 ~ 9	
小型抢险机具	移动发电机组	kW	12 ~ 15	
	便携式工作灯	只	8 ~ 10	
	投光灯	只	8 ~ 10	
	电缆	m	长期	
	铁锹	把	长期	
	双胶轮车	台	9 ~ 11	
备品备件	钢丝绳	根	长期	
	手拉葫芦	套	12 ~ 15	
	油封	只	12 ~ 15	
	电动机	台	12 ~ 15	

每座水库应储备防汛物资单项品种数量 S 库按下式计算

$$S_{库}=\eta_{库}M_{库}$$

式中：$M_{库}$为水库防汛物资储备单项品种基数，根据水库规模查表 7.1–2 取值；$\eta_{库}$为水库工程现状调整系数。

表 7.1-2　每座水库大坝防汛物资储备单项品种基数表

工程规模	抢险物料						救生器材		小型抢险机具			
	袋类/条	土工布/m^3	砂石料/m^3	块石/m^3	铅丝/kg	桩木/m^3	救生衣/件	抢险救生舟/艘	发电机组/kW	便携式工具灯/只	投光灯/只	电缆/m
大（1）型	20000	8000	2200	2000	2000	4	200	2.5	40	40	2.5	650
大（2）型	15000	6000	1800	1500	1500	3	150	2	30	30	2	500
中型	9000	4000	1000	1000	1000	2	100	1.5	20	20	1.5	300
小（1）型	4500	2000	500	500	500	1	50	1	10	10	1	150
小（2）型	1500	800	200	150	200	0.5	20	—	5	5	1	50

注　块石和砂石料的储备视水库大坝工程情况和抢险需要在总量范围内可以互相调整。

工程现状调整系数由水库安全程度、坝长、坝高等因素确定，按下式计算

$$\eta_{库}=\eta_{库1}\eta_{库2}\eta_{库3}$$

式中：$\eta_{库1}$、$\eta_{库2}$、$\eta_{库3}$ 查表 7.1–3 取值。

表 7.1–3　水库大坝工程现状调整系数表

工程状况	大坝安全程度系数 $\eta_{库1}$			坝长系数 $\eta_{库2}$				坝高系数 $\eta_{库3}$			
	一类	二类	三类	< 100	100 ～ 1000	1000 ～ 2000	> 2000	< 15	30 ～ 15	50 ～ 30	> 50
调整系数 $\eta_{库}$	1	1.5	2.5	0.7	0.7 ～ 1	1～1.1	> 1.1	0.8	0.8～1.1	1.1～1.35	> 1.35

注　大坝安全程度根据大坝安全鉴定成果或注册登记资料确定。坝长以 m 计。

水库有副坝时，副坝的储备基数按 7.1–2 中数值的 1/2 取值后单独计算。

二、防汛检查与险情报告

（一）防汛检查

根据《小型水库巡视检查工作指南》，防汛巡视检查主要包括汛期日常巡查、防汛检查及特别检查。本节重点介绍防汛检查，其余内容详见本书第四章。

防汛检查是由水库主管部门、水行政主管部门及防汛行政责任人、技术责任人组织，在汛前、汛中、汛后开展的现场检查，重点检查大坝安全情况、设施运行状况和防汛工作。

检查内容。挡水、泄水、放水建筑物安全状况，闸门及启闭设施运行状况，供电条件、备用电源、防汛物料准备情况，应急预案编报与演练、防汛抢险队伍落实情况，对防汛工作提出意见和建议。

检查频次。每年至少 3 次，分别在汛前、汛中和汛后开展。

检查记录。防汛检查情况，由防汛技术责任人填写巡查记录表。

水库大坝巡查的范围包括坝体、坝区（坝基、坝肩）；各类泄洪、输水设施，如放水洞（管）、溢洪道、闸门等；对大坝安全有重大影响的近坝区岸坡和其他与大坝安全有直接关系的建筑物和设施。

1. 汛前检查

（1）水库雨情、水情测报点是否齐备，精度是否符合要求，是否正常运行。

（2）水库调度运用方案、水库大坝安全管理（防汛）应急预案、水库大坝安全管理应急预案编制情况；防汛三个责任人、三个重点环节落实及培训情况；抢险队伍、防汛物资、预案演练情况。

（3）水库库区有无浸没、塌方、滑坡以及库边冲刷等现象；坝址附近的地形地貌有无变化；坝区和上坝公路附近汛期有无可能发生塌方、滑坡、山洪泥石流等破坏路的迹象。

（4）水库观测、监测设施是否完好；通信和照明设施是否正常；备用电源是否完好。

（5）溢洪道是否加设子堰、人为设障（拦鱼栅、拦鱼网）等；闸门及启闭设施是否正常启闭。

2. 汛中查险

水库防汛检查中，应重点注意以下事项。

（1）巡库查险队的队员，首先必须挑选责任心强、有抢险经验、熟悉库情的人担任，队员力求固定，全汛期不变。

（2）查险工作要做到统一领导、分项负责。具体确定检查内容、路线及检查时间（或次数），把任务落实到人。

（3）查险时要注意“五时”，做到“四勤”“三清”“三快”（图7.1–1）。

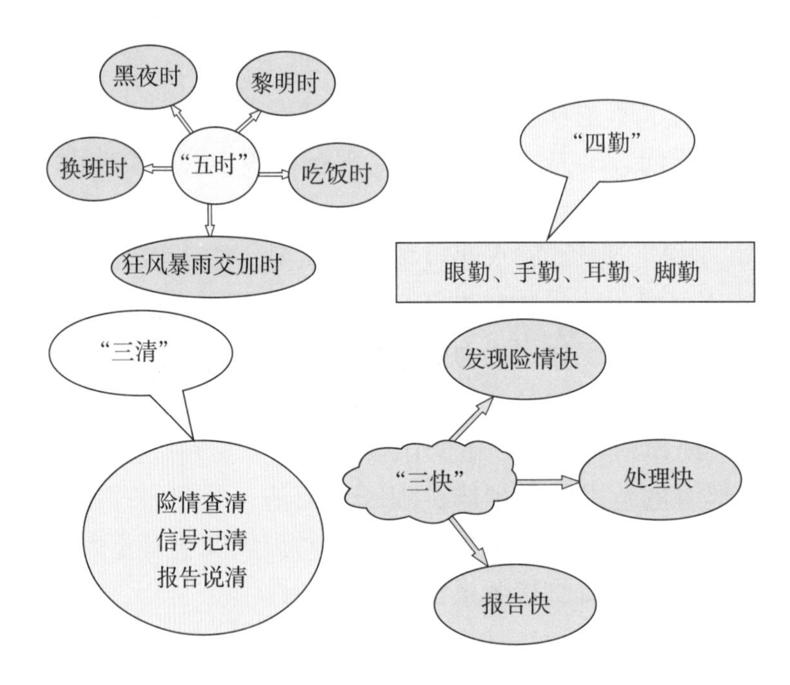

图 7. 1–1　查险注意事项

（4）巡查交接班时，交接班应紧密衔接，以免脱节。接班的巡查队员提前上班，与交班的巡查队员共同巡查一遍，交代情况，并建立汇报、联络与报警制度。

（5）当发生暴雨、台风、库水位骤升骤降及持续高水位时，应增加检查次数，必要时应对可能出现重大险情的部位实行昼夜连续监视。

（6）巡查时所带工具，一般常用到的几种巡查工具如下：记录本——备记载险情用；小红旗、红灯——供作险情标志；卷尺——丈量险情发生部位的尺寸；智能手机——当发生突发险情时险情报送；手电筒、应急电灯——便于黑夜巡查照明。

3. 汛后检查

（1）针对水库汛期运行工况，开展汛后工程检查，机电设备应做好养护工作。

（2）根据汛后检查发现问题，小型水库管理部门应编制次年度工程修理计划。

（3）检查水库防汛物资储备情况，小型水库管理部门应编制防汛抢险物资、器材及机电设备备品备件补充计划。

（4）根据水库度汛工况，修编水库调度运用方案、水库大坝安全管理（防汛）应急预案、水库大坝安全管理应急预案等。

（二）险情报告

险情报告应坚持早发现早报告的原则，为抢早抢小争取主动，努力把风险和损失降到最低。为及时掌握各种信息，一般规定各小型水库巡查人员、村民小组长、行政村负责人、水库主管部门为水库报汛责任人。各报汛责任人要及时逐级上报，遇特殊情况可以越级上报。

考虑到汛期险情的突发性和局部性，还需发动广大群众共同参与险情监测工作，做到一有情况，便能及时掌握，以便有关部门及时启动防汛抢险应急预案。

水库报汛责任人发现险情后，应立即上报技术负责人。技术负责人应立即报告小水库的行政负责人和县级水行政主管部门。对于水库出现可能危及工程安全的突发险情，要特别关注。当工程出现可能溃坝等险情时，可直接向下游淹没区发布警报信息。

1. 报告条件

当遭遇以下情况时，应当立即将情况报告有关部门。

（1）遭遇持续强降雨，库水位超正常蓄水位或溢洪道堰顶高程，且继续上涨。

（2）遭遇强降雨，库水位上涨，泄洪设施边坡滑坡堵塞进口或行洪通道。

（3）遭遇强降雨，库水位上涨，泄洪设施闸门无法开启。

（4）大坝出现裂缝、塌陷、滑坡、渗漏等险情。

（5）其他危及大坝安全或公共安全的紧急事件。

2. 报告内容

突发险情报告内容应包括工程基本情况、险情态势以及抢险情况等。突发险情报告分为首次报告和续报，原则上应以书面形式逐级上报，紧急情况下，可以采用电话或其他方式报告，并以书面形式及时补报。

突发险情发生后的首次报告指确认险情已经发生，在第一时间将所掌握的有关情况向上级部门报告。

续报指在突发险情发展处置过程中，根据险情发展变化情况，对报告事件的补充报告。续报内容应按要求分类上报，并附险情图片。续报应延续至险情排除或结束。

水库突发险情报告内容如下：

（1）水库基本情况。水库名称、所在位置、所在河流、建设时间、是否病险、最近一次除险加固时间、主管单位、流域面积、总库容、大坝类型、坝高、坝顶高程、泄洪设施、泄洪能力、汛限水位、设计水位、校核水位，以及溃坝可能影响的范围、人口及重要基础设施情况等。

（2）水库险情态势。险情发生的时间、出险位置、险情类型、险情发生时的库水位和蓄水量、当前库水位和蓄水量、出入库流量、下游河道安全泄量、雨情、险情现状及发展趋势等。

（3）水库抢险情况。现场指挥、受威胁地区群众转移情况、抢险救灾人员、抢险物料、抢险措施及方案等。

三、防汛预警

防汛预警是指通过建立通畅的雨情、水情、汛情、险情等信息的采集渠道、科学处理、分析和权威的决策机制，对汛情、险情进行及时准确的监测、分析和评价，预报灾害发生的可能，并向社会发布、示警。建立一套适合小型水库的预警系统是保障水库安全运行、保障生命财产安全的重要手段。

小型水库预警系统一般由人工巡视检查、雨水情测报系统、预警流程、通信系统、报警系统及应急管理机构等几部分组成。在险情发生之前主要依靠人工巡视检查、雨水情测报系统。出现险情后则需要按照应急管理流程进行处置。

小型水库防汛险情检查监测、预警系统一般由县（市、区）、镇（乡）、村分级组网，自动遥测与人工测报相结合，水库日常养护、管理、监测工作由小型水库专管人员负责。

水库巡查人员应当通过水雨情测报、巡视检查和大坝安全监测等防汛预警手段，对水库工程险情进行跟踪观测。当水库开始溢洪及发生工程险情时，巡查人员应通过小型水库预警系统立即报告技术责任人。情况紧急时，可越级向大坝安全政府责任人、防汛行政责任人、当地政府应急部门等报告。发生溃坝险情时，可直接向下游淹没区发布警报信息。

四、险情应急处置

水库防汛技术责任人接到巡查人员报告后，应立即向大坝安全政府责任人、防汛行政责任人及当地人民政府水行政主管部门和防汛指挥机构报告，并立即赶赴水库现场，指导巡查人员加强库水位和险情变化等跟踪观测，做好观测记录与后续报告。根据抢险需要，可以成立由县（区）、乡（镇）两级组成的现场抢险指挥部。现场抢险指挥部根据事件报告，以及降雨量、库水位、出库流量、工程险情及下游灾情等情况，组织应急会商，分析研判事件性质、发展趋势、严重程度、可能后果等，确定应急处置措施，并适时向下游淹没区群众发布预警信息。当险情解除后，应及时宣布抢险结束。

险情应急处置措施主要包括如下方面：

（1）应急调度。根据险情发展和调度运用方案，科学调度洪水，采取降低库水位、加大泄流能力、险情抢护等措施，并根据水雨情、工情及险情变化情况实时调整。

（2）工程抢险。根据突发事情性质、位置、特点等明确抢险原则、方法、方案和要求，召集抢险队伍和调集抢险物资，根据制定的险情抢护方案实施工程抢险。

（3）人员转移。根据洪水淹没区内乡镇村组、街道社区、厂矿企业人口分布和地形、交通条件，实施人员转移方案。根据预案中规定的人员转移路线和安置位置，最大限度保障下游公众安全。

第二节　土石坝抢险实用技术

抢险，是指在建筑物出现险情时，为避免失事而进行的紧急抢护工作。水库大坝险情的抢护措施应根据具体情况而定，山东省小型水库土石坝占比较高，本节根据《小型水库土石坝主要安全隐患处置技术导则》（试行）介绍了土石坝常见的主要险情及抢护方法。

一、降低库水位技术措施

水库险情发生后，应根据上游来水情况，首先考虑降低库水位，减轻险情压力和抢修难度。降低库水位一般是抢险工作的第一步工程措施，也是效果最为显著的工程措施之一。

（一）思路和原则

水库一般设有泄水建筑物和输水建筑物，首先应利用现有的输、泄水建筑物降低库水位。当输、泄水建筑物下泄流量尚不能满足降低库水位的要求时，应采取其他的工程措施降低库水位，在降低库水位的过程中应考虑大坝本身的安全及下游影响范围内的防洪安全。

（二）具体措施

降低库水位传统的技术措施主要有水泵排水、虹吸管排水、增加溢洪道泄流能力、开挖坝体泄洪和放水洞泄洪 5 种，其各自适用范围见表 7.2–1。

表 7.2–1　降低库水位常用应急技术措施

处置技术	适用范围
水泵排水	排水强度不大，一般适用于库容较小的水库抢险
虹吸管排水	进水口至最高点的高差不应超过 8m，一般适宜用于坝体高度较低的水库排水
增加溢洪道泄流能力	增加溢洪道过水宽度、降低溢洪道底高程、选择适宜的山凹哑口开挖泄洪
开挖坝体泄洪	一般应用在坝高比较低的小型土石坝上，优先开挖副坝
放水洞泄洪	适用于有放水洞的小型水库

（三）注意事项

在降低库水位过程中，应考虑在库水位骤降工况下的上游坝坡的抗滑稳定问题，采取必要措施，确保工程安全。

为满足虹吸管的安装，需要挖槽以降低坝顶高程，其开挖面需要做好保护措施；做好虹吸管出口的防冲措施，最好将出口延长至超过大坝外坡脚范围，并做好简单的消能措施。

采用增加溢洪道泄流能力、开挖坝体等措施进行降低库水位时，应考虑下游坝脚的消能防冲保护。另外在采用爆破方式降低溢洪道底高程时，应注意方案实施的可行性，避免因爆破引发或加重险情。

开挖坝体泄洪存在一定的风险，只有在其他方法难以使库水位有效下降时，才考虑采用，优先考虑开挖副坝。开挖的坝体要依次分层开挖；每层的溢流水深不超 0.5 ~ 0.6m 为宜，控制流速不要超过 3.5 ~ 4m/s；在库水位降至预定要求水位后，对剖出的临时泄水通道要进行加固，能满足当年安全度汛要求。

二、渗水险情抢险技术

渗水是指土石坝在较高水位作用下，背水坡面或坡脚附近的地面出现土壤渗水的现象，如未及时有效处理，可能发展为管涌、流土、漏洞或滑坡等险情。小型水库土石坝渗流安全隐患主要包括坝基渗漏、坝体渗漏、穿坝建筑物接触渗漏及绕坝渗漏等。

（一）思路和原则

大坝渗漏抢险原则是“临水面截渗、背水面导渗”。“临水面截渗”是指在大坝上游临水面用不透水材料如土工膜、黏性土截住渗水入口范围，以减少渗水量，控制险情。“背水面导渗”是指在背水面用透水材料如土工织物、砂砾石做反滤，使渗水集中起来排走，又避免渗水带走坝体土颗粒，使险情趋于稳定，确保大坝安全。

（二）具体措施

土石坝渗水抢险技术措施主要有临水截渗、背水坡导渗沟导渗、背水坡贴坡反滤导渗和透水后戗导渗4种，其各自适用范围见表7.2–2。

表7.2–2 渗水抢险常用技术措施适用范围

处置技术	适用范围
临水截渗	坝前水深较浅
背水坡导渗沟导渗	对下游坡大面积散浸，但无脱坡或渗水变浑情况，在上游坡迅速做截渗有困难时，可在下游坡开挖导渗沟
背水坡贴坡反滤导渗	若坝体透水性较强，下游坡土体过于松软；或坝体断面小，经开挖试验，采用导渗沟有困难，且储备滤料丰富
透水后戗导渗	适用于坝体断面单薄、渗水严重，滩地狭窄，背水坝坡较陡或背水坝脚有潭坑、池塘的坝体

1. 临水截渗

对坝前水深较浅、黏性土料缺乏的土石坝，若上游坡相对平整、无明显障碍，可采用土工膜截渗，如图7.2–1所示。具体做法：土工膜顺坡长度应大于坝坡长度1m，沿坝轴线铺设，宽度视坝背水坡渗水程度而定，一般超过险段两端5 ~ 10m，幅间的搭接宽度不小于50cm。每幅土工膜底部固定在钢管上，铺设时从坝坡顶沿坡向下滚动展开，土工膜铺设的同时，用土袋压盖，以免土工膜随水浮起，同时提高土工膜的防冲能力。

当水流流速和水深不大，若黏性土料充足可在上游坡抛黏土（袋）修筑前戗截渗，如图7.2–2所示。具体做法：抛填黏土可从坝肩由上向下抛，也可采用船只和机械抛填。当水深较大或流速较大时，可先在坝脚处抛填土袋构筑潜堰，再在土袋潜堰内抛黏土。黏土截渗体一般厚3.0 ~ 5.0m，高出水

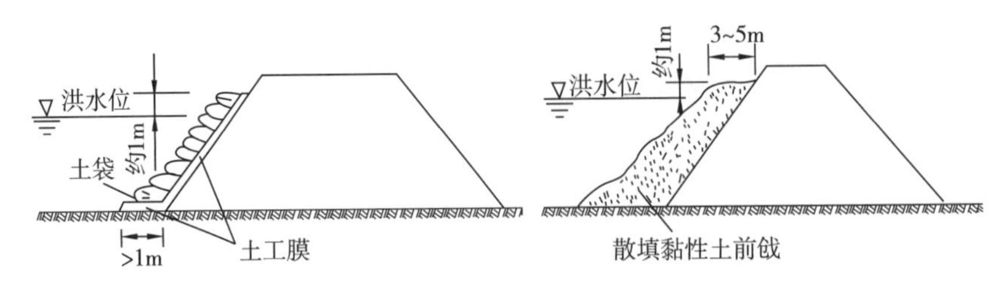

图 7.2-1　土工膜截渗示意图　　图 7.2-2　抛黏性土截渗示意图

面 1.0m，沿坝轴线方向超出渗水段 3.0 ~ 5.0m。

2. 背水坡导渗沟导渗

当背水坡出现大面积严重渗水时，先开挖导渗沟，再在沟内铺设反滤料，使渗透水集中排出，并避免渗透水流带走坝体土颗粒，使险情趋于稳定。导渗沟可采用砂石导渗沟、土工织物导渗沟。导渗沟具体尺寸和间距宜根据渗水程度和土壤性质确定，一般沟深不小于 0.3m，底宽不小于 0.2m，竖沟间距 4 ~ 8m。

土石坝下游坝坡导渗沟开挖高度，应达到或略高于渗水出逸点位置。开沟后若排水仍不显著，可增加竖沟或加开斜沟。施工时宜采用一次挖沟 2 ~ 3m 后，即回填滤料，再施工邻近一段，直至形成连续导渗沟。人字形沟应用广泛，效果最好，Y 形沟次之，排水纵沟应与附近原有排水沟渠连通。各导渗沟开挖及铺填方式如图 7.2-3、图 7.2-4 所示。

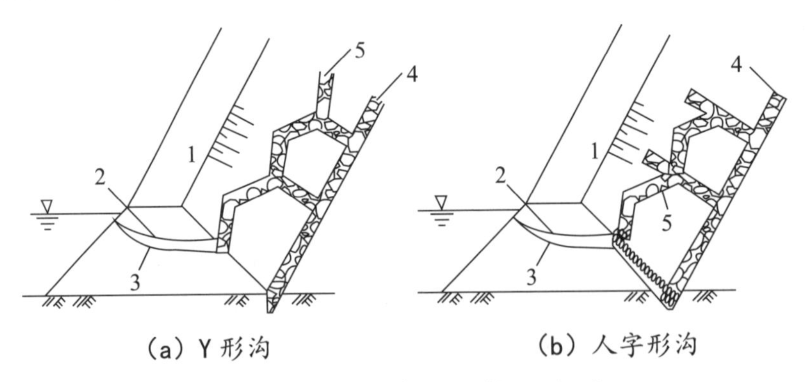

(a) Y 形沟　　(b) 人字形沟

图 7.2-3　导渗沟开挖示意图

1—坝顶；2—开导渗沟以前的浸润线；3—开导渗沟以后的浸润线；4—排水沟；5—Y 形沟、人字形沟

（1）导渗沟内要按反滤层要求分层填筑粗砂、小石子（卵石或碎石，一般粒径 0.5 ~ 2.0cm）、大石子（卵石或碎石，一般粒径 4 ~ 10cm），每层厚要大于 20cm。砂石料可用天然料或人工料，但务必洁净，否则要影响反滤效果。

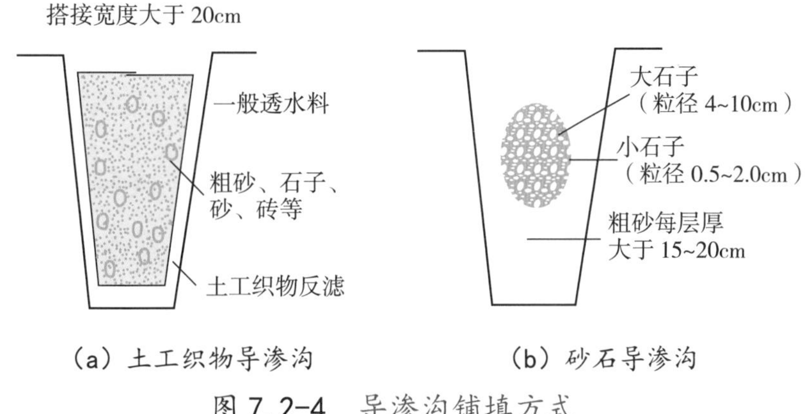

（a）土工织物导渗沟　　（b）砂石导渗沟

图 7.2-4　导渗沟铺填方式

（2）反滤料铺筑时，要严格掌握下细上粗，两侧细中间粗，分层铺设，切忌粗料（石子）与导渗沟底、沟壁土壤接触，并要求粗细层次分明，不能掺混。

（3）为防止泥土掉入导流沟内阻塞渗水通道，可在导流沟的砂石料上面铺盖编织布（袋）或草袋、稻草，然后压块石或土袋保护。

3. 背水坡贴坡反滤导渗

当坝体透水性较大，背水坡土体过于稀软，可在背水坡坡面上铺设反滤层使渗水排出。反滤材料一般采用土工织物或砂砾石料。

（1）土工织物反滤层。按砂石反滤层的要求，在渗水边坡清好后，先铺设一层符合滤层要求的土工织物。铺设时应保持搭接宽度不小于 20cm。然后再满铺一般透水砂石料，其厚度 40 ~ 50cm。最后再压块石或土、沙袋保护。

（2）砂石反滤层。在抢护前，先将渗水边坡的软泥、草皮及杂物等清除，其厚度约 10 ~ 20cm。然后，按要求铺设反滤料。反滤料的质量要求、铺填方法以及保护措施与上述砂石导渗沟相同。

4. 透水后戗导渗

坝体断面单薄、背水坡较陡、渗水严重、容易取得足够的砂砾石时，可在背水坡堆铺砂砾石，既能排出渗水，防止渗透破坏，又能加大大坝断面，达到稳定坝坡的目的。

具体做法：在抢筑前，先将背水坡渗水范围内的软泥、草皮及杂物等清除，其深度为 10 ~ 20cm。然后在清好的基础上，先采用比坝身透水性大的砂料，铺筑厚度 30 ~ 50cm，然后再填筑砂砾料，分层夯实。顶部一般高出浸润线出逸点 0.5 ~ 1.0m，顶宽 2 ~ 4m，坡度一般 1∶3 ~ 1∶5，长度超过渗水坝段两端至少3m。其形式如图7.2–5所示。

（三）注意事项

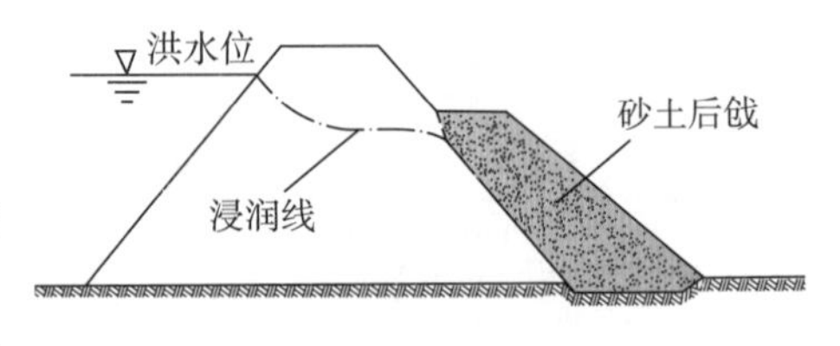

图7.2–5　透水后戗导渗示意图

（1）渗漏险情发生时，首先要查明渗水原因和险情的程度，再结合水情，决定是否立即抢险。如背水坡渗出少量清水，经观察并无发展，同时水情预报库水位不再上涨或上涨不大，应加强观察，注意险情变化，做好抢险准备。如背水坡渗水严重或已出现浑水，而水情预报库水位还要上涨，则必须立即抢险。当采取降低库水位的措施时，应避免库水位降落过快引起大坝失稳。

（2）采用砂石料反滤时，应按质量要求铺设，尽量减少在已铺好的层面上践踏，以免降低反滤层的作用。

（3）渗水段的坝脚附近如为老河道、塘坑等，抢险时应在该坝脚处抛填块石或土袋固基，以免因坝基渗透变形而使险情扩大。

（4）在背水坡查找漏水点时，应注意避免对下游坝坡进行开挖查找。

三、管涌与流土险情抢险技术

管涌是指土体中的细颗粒在渗流作用下从粗颗粒骨架孔隙通道中流失的现象。流土是指在渗流作用下，在背水坡坝脚附近局部土体表面隆起、被渗透水流顶穿或粗细颗粒同时浮动而流失的现象。管涌又称为翻沙鼓水、泡泉或地泉等，涌水口径小者几毫米，大者几十厘米，孔口周围多形成隆起的沙环。管涌发生时，水面出现翻花，随着上游水位升高、持续时间增长，险情可能不断恶化，如不及时抢险，大量涌水翻沙会逐渐破坏坝体、坝基的土壤骨架，致使通道扩大，地基土被淘空，就可能导致坝身局部坍陷，有溃坝的危险。

（一）思路和原则

根据产生管涌险情或流土险情的机理，抢险应按照“反滤导渗、控制涌水、给渗水留有出路”的原则进行。

发生管涌和流土险情后，为了控制渗水来源，首先需要考虑的是尽量降低库水位，并设法封堵和拦截临水面的入渗点。一般渗透水流的入渗点在大坝上游面，由于水深，难以检查和封堵。出险处在下游面坝脚附近，抢险时应采用反滤导渗的方式，给渗出来的水留有出路，又使地基土的细颗粒不再随渗透水流流失。

（二）具体措施

土石坝管涌与流土抢险技术措施主要有反滤盖压法、反滤围井法、透水压渗台法3种，其各自适用范围见表7.2-3。

7.2-3 土石坝管涌与流土抢险常用技术措施适用范围

处置技术	适用范围
反滤盖压法	适用于发生管涌和流土的处数较多，面积较大，并连成片，渗水涌沙比较严重的地方
反滤围井法	适用于背水坡坝脚附近地面的管涌、流土的数目不多，面积不大的情况；或数目虽多，但未连成大面积，并且可以分片处理的情况
透水压渗台法	管涌险情较多、范围较大、反滤料缺乏，但砂土料丰富的坝段

抢修措施应根据管涌或流土险情的具体情况和抢修材料的来源情况确定。反滤盖压法可分为土工织物反滤盖压法和砂石料反滤盖压法。反滤围井法可分为土工织物反滤围井法和砂石料反滤围井法。

1. 反滤盖压法

（1）土工织物反滤盖压法。具体要求是把地基上带有尖、棱的石块和一切杂物清除干净，加以平整。然后铺一层土工织物，其上再铺40～50cm厚的砂石透水料。最后在上面满压一层块石或沙袋。土工织物盖压范围至少应超过渗水范围周边1.0m。土工织物反滤盖压法如图7.2-6所示。

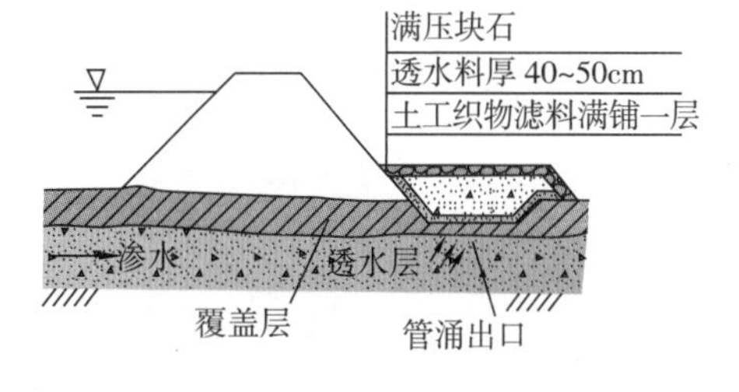

图7.2-6 土工织物反滤盖压法示意图

（2）砂石料反滤盖压法。在砂石料充足的情况下，可优先选用这种处理方法。具体做法是先清理铺设范围内的一些杂物和软泥，对其中涌水涌沙较严重的出口应用块石或砖块抛填，以消杀水势；然后压盖一层厚约20cm的粗砂层，其上先铺一层厚20cm的小石子，再盖一层厚20cm的大石子，最后在上面还要铺设一层块石予以保护；砂石料反滤盖压范围应超过渗水范围周边1.0m。砂石料反滤盖压法如图7.2-7、图7.2-8所示。

上述两种方法的盖压工作完成后，应做集水导排沟把水排掉，并应密切监视险情范围有否外延现象发生。

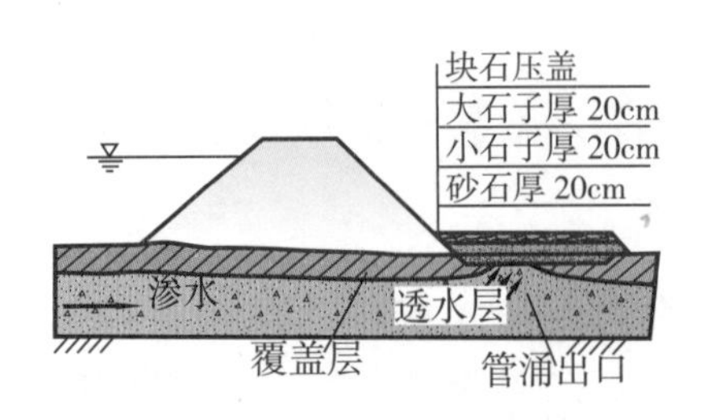

图 7.2-7　砂石料反滤盖压法示意图

图 7.2-8　砂石料反滤盖压法抢险

2. 反滤围井法

具体做法是在反滤围井抢筑前，应先将渗水集中引流，并清基除草，以利围井砌筑；围井筑成后应注意观察防守，防止险情变化和围井漏水倒塌。

（1）土工织物反滤围井法。在抢筑围井时，应先将围井范围内一切带有尖棱的石块和杂物清除，表面加以平整后，先铺土工织物，然后在其上填筑沙袋或砂砾石透水料，周围用土袋垒砌做成围井。

围井范围以能围住管涌、流土出口和利于土工织物铺设为度。围井高度以能使渗漏出的水不带泥沙为度，一般高度为 1 ~ 1.5m。根据出水口数量多少和分布范围，可以布置单个围井（单个洞口围井直径为 1 ~ 2m）或多个围井，也可连片围成较大的围井。土工织物反滤围井法如图 7.2–9 所示。

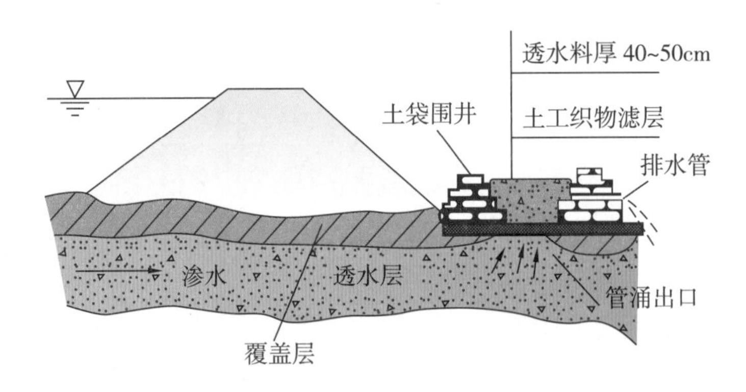

图 7.2-9　土工织物反滤围井法示意图

（2）砂石料反滤围井法。当砂石料比较丰富时，也可采用此法。抢筑这种围井的施工方法与土工织物反滤围井基本相同，只是用砂石反滤料代替土工织物。

按反滤要求，分层抢铺粗砂、小石子和大石子，每层厚度约 20 ~ 30cm。反滤围井完成后，如发现填料下沉，可继续补充滤料，直到稳定为止。

砂石料反滤围井筑好后，当管涌、流土险情已经稳定后，再在围井下端，用竹管或钢管穿过井壁，将围井内的水位适当排降，以免井内水位过高，导致围井附近再次发生管涌、流土和井壁倒塌，造成更大的险情。砂石料反滤围井法如图 7.2–10、图 7.2–11 所示。

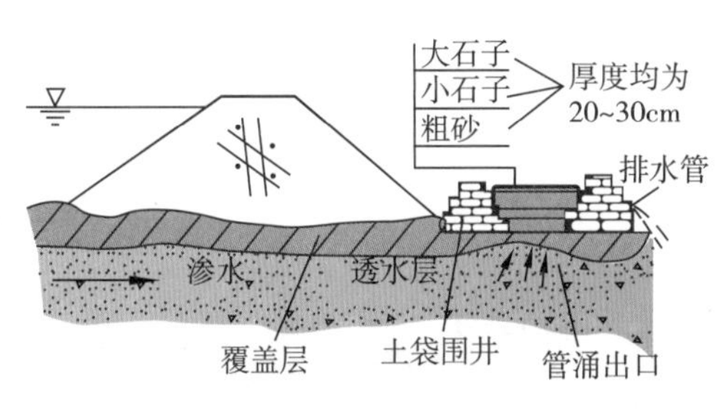

图 7.2–10 砂石料反滤围井法示意图

图 7.2–11 砂石料反滤围井法抢险

对小的管涌和流土群，也可用无底水桶和汽油桶等套在出水口上，在桶中抢填砂石反滤料，也能起到反滤围井的作用。在易于发生管涌和流土的地段，有条件的可预先备好不同直径的反滤围桶，在桶底桶壁凿好排水孔；也可用无底桶。但底部要用铅丝编织成网格，同时准备好反滤料。当发生管涌或流土险情时，立即套上，并分层填铺反滤料。这样抢堵速度快，也能获得较好的效果。反滤围桶及装配式围井如图 7.2–12 所示。

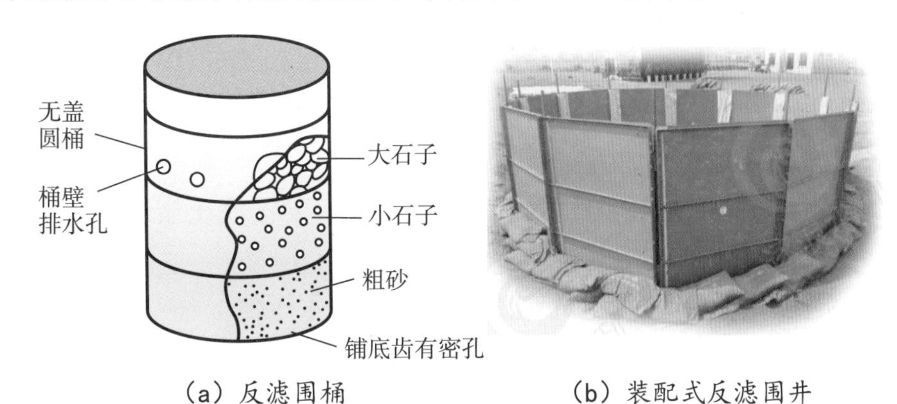

（a）反滤围桶　（b）装配式反滤围井

图 7.2–12 反滤围桶及装配式反滤围井示意图

上述两种反滤围井仅是防止险情扩大的临时措施，并不能完全消除险情，围井筑成后应密切注意观察，防止险情变化和围井漏水倒塌。

3. 其他方法

（1）在坝后、坑塘（如鱼塘等）、排水沟或洼地等水下出现管涌时，作为应急措施，结合具体情况，采用填塘或水下反滤层方法抢护。

填塘前先抛石、砖等填塞，待水势消减后，再采用砂性土或粗砂将塘填筑起来，制止涌水带砂，稳定险情。

采用水下反滤层措施，抢筑时，从水上直接向管涌区分层按要求倾倒砂石反滤料，形成反滤堆，制止细土粒外流，控制险情发展。

（2）透水压渗台法。在土坝背水坡脚抢筑透水压渗台，可平衡渗压，延长渗径，减小水力坡降，并能导出渗水，防止涌水带砂，使险情趋于稳定，这种方法叫透水压渗台（图 7.2–13、图 7.2–14）。透水压渗台填筑前应先将抢险范围内的杂物清除。用透水性强的沙土料填筑平台。平台的宽度和高度应满足能制止管涌产生为标准。

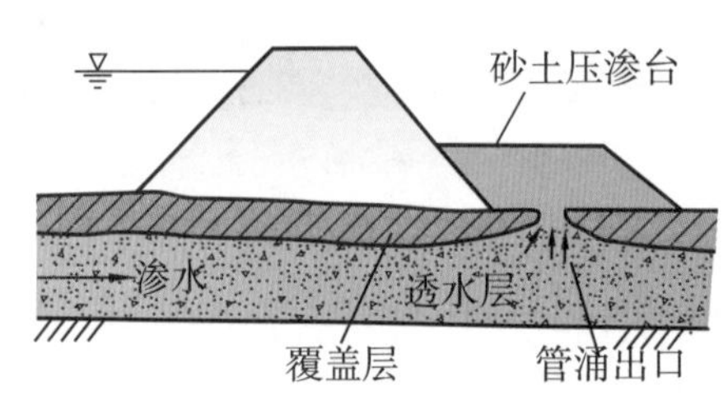

图 7. 2–13　透水压渗台法示意图

图 7. 2–14　透水压渗台法抢险

透水压渗台的填筑材料不得使用黏性土料，以免堵塞渗水出路，加剧险情恶化。同时透水压渗台铺填完成后，应继续监视观测，防止险情发生变化。

（三）注意事项

（1）在坝的背水坡附近抢护时，切忌使用不透水材料堵塞，以免截断排水出路，造成渗透坡降加大，使险情恶化。

（2）使用土工织物作反滤材料时，应注意不要被泥土淤塞，阻碍渗水流出。

（3）透水压渗台应有一定的高度，能够把透水压住 。

四、防漫溢抢险技术

洪水漫顶是库水从坝顶漫溢的现象，极有可能导致溃坝。其原因主要是由于大坝防洪标准偏低，或遭遇超标准洪水时，因泄洪设施出险，导致泄洪能力下降等。

（一）思路和原则

首先应采取拓宽溢洪道、降低溢流堰底高程、水泵抽排等措施加大泄流量降低库水位，同时应修补防浪墙缺口、坝顶修筑子坝防止洪水漫顶。临时加高坝顶的思路是根据上游来水情况及水位上涨情况，临时增加坝顶高程，防止洪水漫顶。同时大坝下游坡设置防护设施，应紧急转移受水库影响地区的人员，将其撤离到安全地带。

（二）具体措施

土石坝防漫溢抢险技术措施主要有抢筑坝顶土袋挡水子堰、加固防浪墙、大坝临时过水3种，其各自适用范围见表7.2-4。

表7.2-4　防漫溢抢险常用技术措施适用范围

处置技术	适用范围
抢筑坝顶土袋挡水子堰	适用于水库库容较小，因遭遇短历时强降雨而引起库水位的暴涨情况
加固防浪墙	适用于坝顶设防浪墙的水库
大坝临时过水	当洪水历时较短，洪量较小，且大坝下游坝坡必须为堆石坝边坡，坡度较缓，同时坝体两岸山体也应耐冲刷

1. 抢筑坝顶土袋挡水子堰

坝顶土袋挡水子堰如图7.2-15所示。

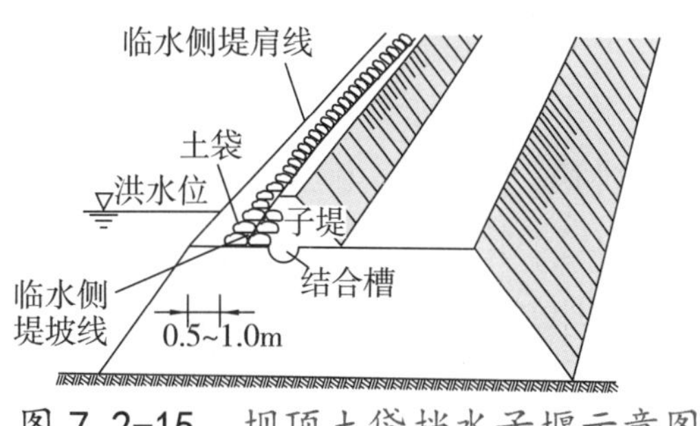

图7.2-15　坝顶土袋挡水子堰示意图

（1）人员组织。应将抢险人员分成取土、装袋、运输、铺设、闭浸等小组，分头各行其是，做到紧张有序，忙而不乱。

（2）土袋准备。土袋可用编织袋、麻袋，袋内装土七八成满，不要用绳子扎口，以利铺设。

（3）铺设进占。在距上游坝肩0.5～1.0m处，将土袋沿坝轴线紧密铺砌，袋口朝向背水面，堰顶高度应超过推算的最高水位0.5～1.0m。堰高不足1.0m的可只铺设单排土袋，较高的子堰应根据高度加宽底层土袋的排数；铺设土袋时，应迅速抢铺完第一层，再铺第二层，上下层土袋应错缝铺砌。

（4）止水。应随同铺砌土袋的同时，进行止水工作。止水方式可采用在土袋迎水面铺塑料薄膜（简称“塑膜”）或在土袋后打土堤墙；采用塑膜止水时，塑膜层数不少于两层，塑膜之间采用折扣搭接，长度不小于0.5m，在土袋底层脚前沿坝轴线挖0.2m深的槽，将塑膜底边埋入槽内，再在塑膜外铺一排土袋，将塑膜夹于两排土袋之间；采用土堤墙止水时，要在土袋底层边沿坝轴线挖宽0.3m、深0.2m的结合槽，然后分层铺土夯实，土堤墙边坡不小于1∶1。

（5）随着水位的上涨，应始终保持挡水子堰高过洪水位直至洪水下落到原坝顶以下，大坝脱险为止。

2. 加固防浪墙

在防浪墙后侧用土袋抢筑临时支撑体，确保防浪墙在水压力作用下保持稳定。加固防浪墙如图 7.2–16 所示。具体做法同抢筑坝顶土袋挡水子堰。

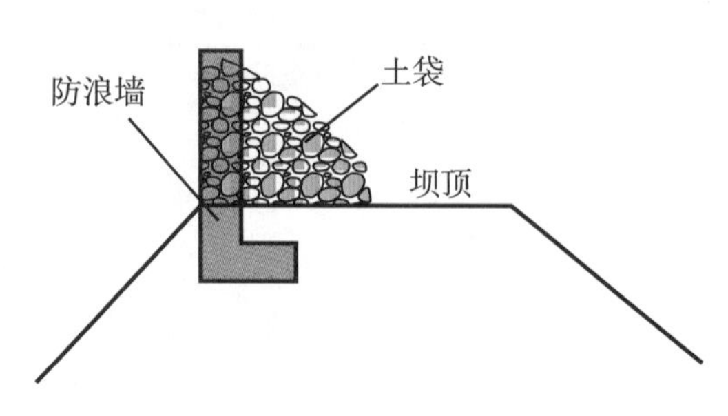

图 7.2–16 加固防浪墙示意图

3. 大坝临时过水

临时过水的方法是在大坝坝顶至下游坝坡铺设防渗、防冲材料（如土工膜、彩条带等），利用坝体临时过水，应特别注意防冲材料的四周连接固定，以防被水冲走。有条件时可以采用钢管（如脚手架钢管）网格压住防冲材料，钢管网格采用锚杆深入坝体加固。

（三）注意事项

1. 临时加高坝顶

（1）根据推算洪水的上涨情况，做好抢筑子堰的材料、机具、人力、进度和取土地点、施工路线等安排。抢在洪水之前，完成子堰。

（2）抢筑坝顶土袋挡水子堰应全坝段同步施工、保证质量，特别是加高部位的止水工作。并指定专人巡视检查，发现问题，及时处理。

（3）由于水库在高洪水位，往往伴随着坝体渗漏加剧，造成流土、管涌等险情，以及坝体浸润线抬高，土体饱和造成坝坡滑坡等其他险情。因此在漫顶抢险时应注意坝体的各种变化情况，发现问题及时采取相应的措施，确保坝体安全。

2. 坝顶临时过水

（1）在万不得已的情况下才可以考虑这一措施。防渗防冲材料的铺设应覆盖下游坝坡并延伸到坝脚以外一定的距离。

（2）做好下游人员安全转移工作。

五、漏洞险情抢险技术

漏洞是指坝体或坝基质量差，或者内部有蚁穴，坝体填土与圬工或山坡接触部位等在高水位作用下，使渗漏加剧，将细颗粒土带走，形成漏水通道，贯穿坝身或坝基的渗流孔洞的现象。在汛期水库高水位情况下，在大坝下游背水坡及背水坡坝脚附近出现渗流孔洞，并有渗透水流出，或流出浑水，或由清变浑，或时清时浑，均表明漏洞正在迅速扩大，大坝有可能塌陷，严重时有溃坝的危险。因此，发现漏洞险情，必须慎重对待，全力以赴，迅速抢护。

（一）思路和原则

漏洞险情一般发展很快，抢护时应遵循“前堵后排，堵排并举，抢早抢小，一气呵成”的原则进行。一旦大坝出现漏洞险情，首先应采取必要的措施降低库水位，同时要尽快找到漏洞进水口，及时堵塞，截断漏水来源。为了保证大坝安全，在上游面堵漏洞的同时，还必须在背水面漏洞出口抢做反滤导渗设施，以制止坝体土料流出，防止险情继续扩大。

在漏洞险情抢险时，不应在漏洞出水口用不透水材料强塞硬堵，以免扩大险情。

（二）具体措施

土石坝漏洞抢险技术措施主要有上游洞口塞堵法、上游洞口盖堵法、反滤围井法、反滤压盖法等4种，其各自适用范围见表7.2–5。

表7.2–5 漏洞抢险常用技术措施适用范围

处置技术		适用范围
上游洞口塞堵法		适用于水浅、流速小、只有一个或少数洞口的坝段
上游洞口盖堵法		适用于洞口较大或附近洞口较多或坝的临水坡漏洞较多较小、范围较大
背水坡导渗排水法	反滤围井法	适合于低坝、上下游水头不高的情况
	反滤压盖法	适用于背水坡坝脚附近发生的渗水漏洞小而多、面积大、并连成片，渗水涌沙比较严重

1. 上游洞口塞堵法

当漏洞进口较小、周围土质较硬时，可用棉衣、棉被、草包或编织袋内装土料等物填塞漏洞。洞口用塞堵法获得初步成功后，要立即用篷布、土工膜铺盖，再用土袋压牢，最后用黏性土封堵闭气，达到完全断流为止。若洞口不止一个，堵塞时要注意不得顾此失彼，扩大险情。

2. 上游洞口盖堵法

用土工膜等物，先盖住漏洞的进水口，然后在上面再抛压土袋或抛填黏土，闭气，以截断漏洞的水流。根据覆盖材料不同，有以下几种具体方法：

图7.2–17 篷布盖堵抢险

（1）土工膜、篷布盖堵法。当洞口较大或附近洞口较多，可采用土工膜或篷布，沿迎水坝坡，从上向下，顺坡铺盖洞口，然后抛压土袋，并抛填黏土，形成贴坡体截漏。篷布盖堵抢险如图 7.2–17 所示。

（2）黏土盖堵法。坝的临水坡漏洞较多较小，范围较大，漏洞口难以找准或找不全时，可采用抛填黏土形成黏土贴坡达到封堵洞口目的。

3. 背水坡导渗排水法

常用的方法有反滤围井法和反滤压盖法。

（1）反滤围井法。坝坡尚未软化，出口在坡脚附近的漏洞，可采用此法；坝坡已被水浸泡软化的不能采用。该法仅适合于低坝、上下游水头不高时的情况。具体做法参见“管涌与流土险情抢险”部分。

（2）反滤压盖法。背水坡坝脚附近发生的渗水漏洞小而多、面积大，并连成片，渗水涌沙比较严重，可采用此法。具体做法参见“管涌与流土险情抢险”部分。

（三）注意事项

（1）水库大坝一旦出现漏洞险情，应按照漏洞险情抢险要求，将抢险人员分成上游洞口堵塞和下游反滤填筑两大部分，有序地进行抢险工作。

（2）在抢堵漏洞进口时，切忌乱抛砖石等块状料物，以免架空，使漏洞继续发展扩大。在漏洞出水口处，切忌用不透水料强塞硬堵，导致堵住一处，附近又出现一处，愈堵漏洞愈大，致使险情扩大。

（3）采用盖堵法抢护漏洞进口时，需防止在刚盖堵时，由于洞内断流，外部水压力增大，从洞口覆盖物的四周进水。因此，洞口覆盖后立即封严四周，同时迅速压土闭气，否则一次堵漏失败，使洞口进一步扩大，导致增加再堵的困难。

（4）堵塞漏洞进口应满足的要求。

1）应以快速、就地取材为原则准备抢堵物料；用编织袋或草袋装土；用篷布或土工布进行盖堵闭浸。在漏洞抢堵断流后，要用充足的黏土料封堵闭气。

2）抢险人员应分成材料组织、挖土装袋、运输、抢投、安全监视等小组，分头行事，并应注意人身安全，落实可行的安全措施。

3）投物抢堵。当投堵物料准备充足后，应在统一指挥下，快速向洞口投放堵塞物料，以堵塞漏洞，减小水势。

4）止水闭浸。当洞口水势减小后，将事先准备好的篷布（或土工布）沉入水下铺盖洞口，然后在篷布上压土袋，达到止水闭浸；有条件的也可在洞外围用土袋作围堰止水闭浸。

5）抢堵时，应安排专人负责安全监视工作；当发现险情恶化，抢堵不能成功时，应迅速报警，以便抢险人员安全撤退；抢堵成功后，应继续进行安全监视，防止出现新的险情，直到彻底处理好为止。

6）凡发生漏洞险情的坝段，汛期以后，库水位较低时，应进行钻探灌浆加固，必要时再进行开挖翻筑。

（四）漏洞的探查

在抢护漏洞以前，为了准确截断水源，先要探找进水口的位置，一般常用的方法如下。

（1）水面观察。在水深较浅且无风浪时，漏洞进水口附近的水体易出现漩涡，如果看到漩涡，即可确定漩涡下有漏洞进水口，如漩涡不明显，可将麦麸、谷糠、锯末、碎草和纸屑等漂浮物洒于水面，如果发现这些东西在水面打漩或集中一处，即表明此处水下有进水口。如在夜间时、除用照明设备进行查看外，也可用柴草扎成数个漂浮物，将照明装置（如电池灯、油灯等）插在漂浮物上。在漏水地段上游，将漂浮物放入水中，待流到洞口附近，借光发现漂浮物如有旋转现象，即表明该处水下有洞口。

（2）布幕、席片探洞。可用布幕或连成一体的席片，用绳索将其拴好，并适当坠以重物，使其能沉没于水中，并紧贴坝坡移动，如感到拖拉费力，并辨明不是有块石阻挡，且观察到出口水流减弱，即说明这里有漏洞的进口。

（3）潜水探漏。如漏洞进水口距库面很深，水面看不到漩涡，需要潜水探摸，其办法是：用一长杆（一般长4 ~ 6m），其一端捆扎一些短布条，潜水人员握另一端，沿临水坡面潜入水中，由上而下，由近而远，持杆进行探摸，如遇有漏洞，洞口水流吸引力可将短布条吸入，移动困难，即可确定洞口的大致范围。然后在船上用麻绳系石块或土袋，进一步探摸，遇到洞口处，石块被吸着，提不上来，即可断定洞口的具体位置。

有条件时，请专业潜水人员下水探查漏洞，不但可以准确确定漏洞的位置，还可以了解漏洞的其他情况，对抢险堵漏非常有利。对潜水探漏人员，应落实必要的安全设施，确保人身安全。

六、滑坡（脱坡）险情抢险技术

滑坡指坝体填筑质量差、边坡陡或库水位骤降、剧烈震动等原因，在荷载作用下滑动力增加，边坡失稳、发生滑动的现象。开始时在坝顶或坝坡上出现裂缝，随着裂缝的发展与加剧，最后形成滑坡。大面积严重滑坡可能造成溃坝，属于重大险情，必须立即抢险。

滑坡分为浅层滑坡和深层滑坡两种。浅层滑坡是坝体局部滑动，坝面有隆起凹进现象，滑动面较浅。深层滑坡是坝体和坝基一起滑动，滑坡体顶部裂缝呈圆弧形，缝的两侧有错距，滑动体较大，坝脚附近往往被推挤外移、隆起；或者沿坝基中软弱夹层面滑动。

崩塌险情也称“坍塌”险情，是由于水流冲刷或高水位骤降等原因，导致岸坡土体失稳而崩塌的现象。水库的库岸和坝体也会发生崩塌险情。处理方法同深层滑坡。

（一）思路和原则

坝体滑坡处置以“下部压重，上部减载”为原则，根据滑坡原因、部位和实际条件，采取开挖回填、加培缓坡、压重固脚、导渗排水等措施综合处理。对于发展过速的滑坡，应采取快速、有效的临时措施，按照“上部削坡减载，下部固脚阻滑”的原则及时抢修，阻止滑坡的发展。

对发生在迎水面的滑坡，可在滑动体坡脚部位抛砂石料或砂（土）袋压重固脚，在滑动体上部削坡减载，减少滑动力。

对发生在背水坡的滑坡，常采用压重固脚法、滤水土撑法和以沟代撑法进行抢修。

（二）具体措施

土石坝滑坡抢险技术措施主要有压重固脚法、滤水土撑法、以沟代撑法等 3 种，其各自适用范围见表 7.2–6。

表 7.2–6　滑坡抢险常用技术措施适用范围

处置技术	适用范围
压重固脚法	适用于坝身与基础一起滑动的滑坡；坝区周围有足够可取的当地材料作为压重体，如块石、砂砾石、土料等
滤水土撑法	适用于背水坡排水不畅，坝区缺乏石料，滑动范围较大，滑动裂缝达到坝脚的滑坡
以沟代撑法	适用于坝身局部滑动的滑坡

1. 压重固脚法

具体要求：压重体应沿坝脚布置，宽度和高度视滑坡体的大小和所需压重阻滑力而定；堆砌压重体时，应分段清除松土和稀泥，及时堆砌压重体，不允许沿坡脚全面同时开挖后，再堆砌压重体。

在保证坝身有足够挡水断面的前提下，将滑坡的主裂缝上部进行削坡，以减少下滑荷载。同时在滑动体坡脚外缘抛块石或砂（土）袋等，作为临时压重固脚，以阻止继续滑动。

2. 滤水土撑法

具体做法如图 7.2–18、图 7.2–19 所示。

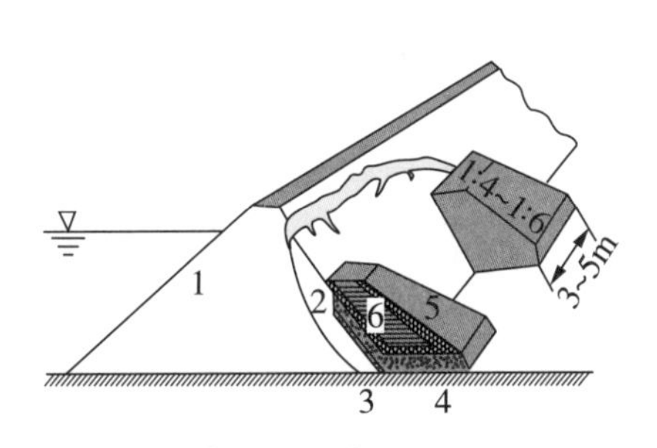

图 7. 2–18　滤水土撑治理滑坡示意图

1—坝体；2—滑动体；3—砂层；4—碎石；
5—土袋；6—填土

图 7. 2–19　滤水土撑抢险

（1）先做导渗沟。先将滑坡体的松土清理，然后在滑坡体上顺坡挖沟（间距一般为 3 ~ 5m，沟深一般不小于 0.5m）至坡脚处拟筑土撑的部位，沟内按反滤要求铺设土工织物滤层或分层铺填砂石等，并在其上部做好覆盖保护，在滤沟末端挖纵向明沟，以利渗水排出。

（2）再做土撑。土撑应在导渗沟完成后抢筑。土撑布置应根据滑坡范围大小，沿坝脚布置多个土撑；裂缝两端各布置一个土撑，中间土撑视滑坡严重程度布置，一般间距 5 ~ 10m；单个土撑的底宽一般 3 ~ 5m，土撑高度约为滑动体的 1/2 ~ 2/3，土撑顶宽 1 ~ 2m，后边坡 1:4 ~ 1:6；视阻滑效果可加密加大土撑。

（3）土撑结构。铺筑土撑前，应沿底层铺设一层 0.1 ~ 0.15m 厚的砂砾石（或碎砖、或芦柴）起滤水导渗作用；再在其上铺砌一层土袋；土袋上沿坝坡分层填土压实。

3. 以沟代撑法

具体做法如图 7.2–20 所示。

（1）撑沟布置。应根据滑坡范围布置多条沿坝坡自上而下的 I 形导渗沟，以导渗沟作为支撑阻滑体，上端伸至滑动体的裂缝部位，下端伸入未滑动的坝坡 1 ~ 2m，撑沟的间距视滑坡严重程度而定，一般 3 ~ 5m。

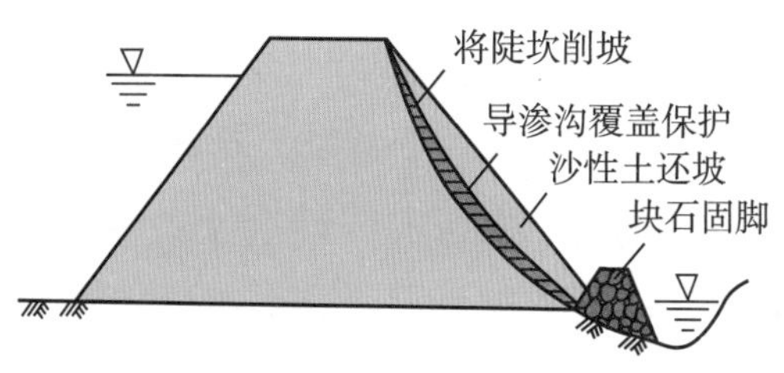

图 7. 2–20　背水坡以沟代撑示意图

（2）构造要求。撑沟的深度一般为 0.8 ~ 1.0m，宽度为 0.5 ~ 0.8m，沟内按滤层要求回填砂砾石料，填筑顺序按粒径由小到大、由周边到内部，也可用无纺布包裹砾石或砂卵石料，填成封闭的棱柱体，撑沟顶面应铺砌块石或回填料土保护层，厚度为 0.2 ～ 0.3m。

（3）在沟底部砌筑块石固脚。

（三）注意事项

（1）在滑坡险情出现以及抢护中，还可能伴随出现浑水漏洞、管涌、严重渗水以及再次发生滑坡等险情。在这种复杂紧急情况下，应选定多种适合险情的抢护方法。

（2）渗水严重的滑坡体上，要尽量避免大量抢护人员践踏，造成险情扩大。如坡脚泥泞，人上不去，可铺土工织物、篷布、芦柴、草袋等，先上去少数人工作。在滑坡抢险过程中，要确保人身安全。

（3）压重固脚法是迎水坡抢险的有效方法。要探明水下滑坡的位置，然后在滑坡体外缘进行抛石固脚。严禁在滑动土体上抛石，这不但不能起到阻滑作用，反而加大了向下滑动力，会进一步促使土体滑动。

（4）通常情况，在水库高水位时下游背水坡易发生滑坡，在库水位骤降时上游迎水坡易发生滑坡。滑坡往往都有预兆，应予以密切注视裂缝变化和大坝位移变化。

1）裂缝形状。滑动裂缝主要特征是主裂缝两端有向边坡下部逐渐弯曲的趋势，两侧分布有众多的平行小缝，主缝两侧有错动。

2）裂缝发展。滑动性裂缝初期发展缓慢，后期逐渐加快，而非滑动性裂缝则随时间延长而逐渐减慢。

3）坝顶位移观测。发生滑坡或即将发生滑坡时，坝身在短时间会出现持续而显著的位移，且位移量又逐渐加大，边坡下部的水平位移量大于边坡上部的水平位移量，边坡上部垂直位移向下，边坡下部垂直位移向上，坝坡面出现局部隆起 。

七、跌窝（陷坑）险情抢险技术

在水库持续高水位情况下，在坝的顶部、或上游坝面，或下游坝面及坝脚附近突然发生局部下陷形成凹坑，坑内干燥无水或稍有浸水，称为干塌坑，坑内有水称为湿塌坑。

（一）思路和原则

跌窝形成的可能原因有三方面：一是坝体或基础内有空洞，如獾、狐、鼠、蚁等害坝动物洞穴，树根、历史抢险遗留的梢料、木材等植物腐烂洞穴等。二是坝体质量差。筑坝施工过程中，清基处理不彻底，分段接头部位处理不当，土块架空、回填碾压不实，坝体填筑料混杂，穿坝建筑物破坏或土石结合部渗水。三是由渗透破坏引起。大坝渗水、管涌、接触冲刷、漏洞等险情未能及时发现和处理，或处理不当，造成坝体内部淘刷，随着渗透破坏的发展扩大，发生土体塌陷导致跌窝。

在条件允许的情况下尽可能采用翻挖，分层填土夯实的办法做彻底处理；如跌窝伴随渗透破坏（渗水、管涌、漏洞等），可采用填筑反滤导渗材料的办法处理；若跌窝伴随滑坡，应按照抢护滑坡的方法进行处理；若跌窝在水下较深时，可采取临时性填土措施处理。

（二）具体措施

土石坝跌窝抢险技术措施主要有翻填夯实法、填塞封堵法、导渗回填法等3种，其各自适用范围见表7.2–7。

表7.2–7　跌窝抢险常用技术措施

处置技术	适用范围
翻填夯实法	适用于未伴随渗透破坏险情
填塞封堵法	适用于临水坡水下较深部位
导渗回填法	适用于伴随有渗水、管涌险情

1. 翻填夯实法

先将坑内松土翻出，分层填土夯实，直到填满。如跌窝出现在水下且水不太深时，可修土袋围堰或桩柳围堰，将水抽干后，再行翻筑。如位于坝顶或临水坡，宜用防渗性能不小于原坝土的土料，以利防渗；如位于下游坡，宜用透水性能不小于原坝土的土料，以利排水。翻填夯实跌窝示意图见图7.2–21。

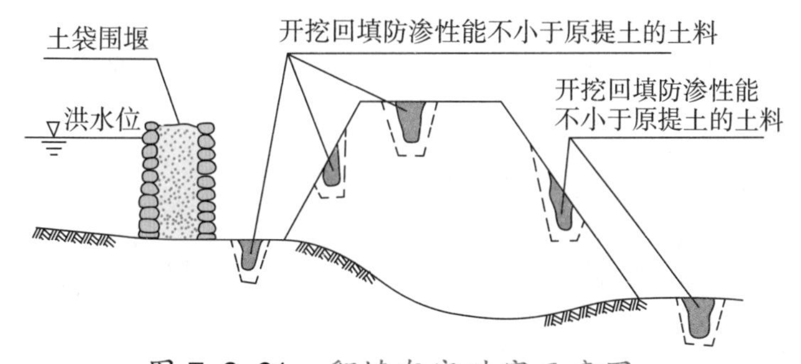

图7.2–21　翻填夯实跌窝示意图

2. 填塞封堵法

当跌窝出现在水下时，可用草袋、麻袋或土工编织袋装黏性土或其他不透水材料直接在水下填实，待全部填满后再抛黏性土、散土加以封堵和帮宽，见图 7.2–22。要封堵严密，使水无法在跌窝处形成渗水通道。

3. 导渗回填法

当跌窝发生在大坝下游坡，伴随发生渗水或漏洞险情时，除尽快对大坝上游坡渗漏通道进行截堵外，对不宜直接翻筑的背水跌窝，可采用导渗回填法抢护，导渗回填法抢护跌窝示意图见图 7.2–23。先清除跌窝内松土或湿软土，然后用粗砂填实，如涌水水势严重，按背水导渗要求，加填石子、块石、砖块、梢料等透水材料，以消杀水势，再予填实。待跌窝填满后，可按砂石滤层铺设方法抢护。

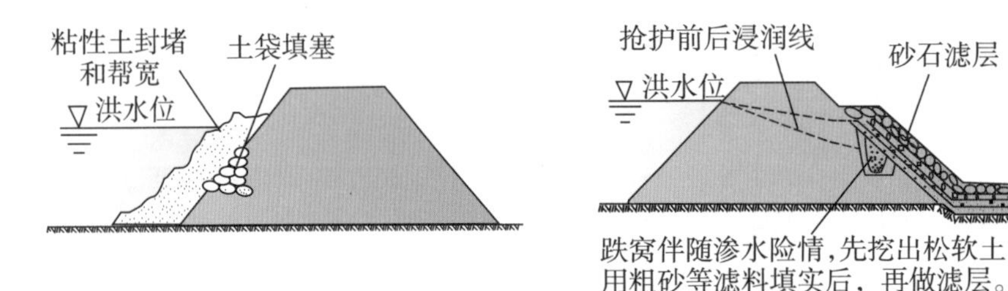

图 7.2–22　填塞封堵跌窝示意图 图 7.2–23　导渗回填法抢护跌窝示意图

（三）注意事项

不论采用何种跌窝处理方法，在汛期后须予以彻底处理，如灌浆、重新翻挖回填，新设置防渗排水设施等。

八、护坡险情抢险技术

1. 护坡破坏的类型和原因

土石坝护坡的形式，迎水坡一般采用干砌块石、混凝土板护坡，整体性较差。在风大浪急情况下，土石坝迎水坡易遭受各种类型破坏，如脱落破坏、塌陷破坏、滑动破坏、挤压破坏等。险情如图 7.2–24 所示。究其原因主要有以下几方面。

图 7.2–24　上游坡护坡毁坏

（1）护坡设计标准低，块石或混凝土板重量不够，或风化严重。

（2）干砌块石砌筑质量差、混凝土浇筑质量差。

（3）没有垫层或垫层级配不好。

（4）护坡的底端或转折处未设基脚，结构不合理或埋深不够。

（5）实际风速超过设计风速、水位骤降或强烈地震等。

2. 抢险方法

当护坡受到风浪或冰凌破坏时，应该立即采取临时性紧急抢护方法，以防止险情进一步恶化。

（1）砂袋压盖。适用于风浪不大，护坡局部松动脱落，垫层尚未被淘刷的情况，此时可在破坏部位用砂袋压盖两层，压盖范围应超出破坏区 0.5 ~ 1.0m 范围。

（2）抛石抢护。适用于风浪较大，护坡已冲掉和坍塌的情况，这时应先抛填 0.3 ~ 0.5m 厚的卵石或碎石垫层，然后抛石，石块大小应足以抵抗风浪的冲击和淘刷。

（3）铅丝石笼抢护。适用于风浪很大，护坡破坏严重的情况。装好的石笼用设备或人力移至破坏部位，石笼间用铅丝扎牢，并填以石块，以增强其整体性和抵抗风浪的能力。

九、消能工防冲工程险情抢险技术

水库溢洪道闸下防冲工程，如护岸、护坡、翼墙、消力池和海漫等，在汛期，如遇洪流顶冲，基础底部遭到严重淘刷，或涵闸溢洪道设计运用，多闸运用未按启闭操作规程开启，导致水流集中等，从而使所修防冲工程出现坍陷、倾斜、走失。对涵闸的冲刷破坏，均需及时抢护，确保工程安全。具体抢护方法分述如下：

1. 断流抢护

在条件许可时，应暂时停止排（引）水，若无闸门控制，且水深不大时，可临时用土袋堵塞断流，然后采取抢护措施，主要是：①对浆砌块石部位，可用速凝砂浆补砌块石；②对水下土基部位，可用铅丝石笼混凝土块体、大块石等抢护。要求石笼的直径约 0.5 ~ 1.0m，长度在 2.0m 以上。在抢护时，石笼要铺放整齐，其纵向应与水流方向一致，并连成整体。如石料缺乏，可用编织袋或草袋沙铺填，也可用土工织物软体排压石抢护。

2. 筑潜坝缓冲

对被冲刷部位除进行抛石防护外，也可在海漫末端或下游抢做潜坝，以增加下游水深，减轻冲刷。

3. 筑墙导流

如溢洪道出水渠离土坝脚较近，在超标准洪水溢洪时，对坝脚产生淘刷，除对淘刷部位进行抢护外，有条件时（如流速较小），还可用砂袋抢筑导水墙，将尾水与坝脚隔离。

十、泄洪建筑物坍塌险情抢险技术

在汛期高水位时，水闸进水段常遭受风浪淘刷。在开闸泄洪时，闸下游消力池、护坦、海漫、翼墙、防冲槽在泄流冲刷下引起坍塌，或地基变形，砌体冲失，形成冲刷坑。如不及时抢护，将危及泄洪安全。险情如图 7.2–25 所示。

图 7.2–25 溢洪道坍塌

坍塌险情的抢护原则是加强建筑物抗冲能力，加固基础，降低冲刷能力。具体抢护方法如下：

（1）抛投块石或混凝土块。护坡及翼墙基脚受到淘刷时，抛石体可高出基面；护坦、海漫部位一般抛填至原设计高程。

（2）抛石笼。用铅丝或竹篾编笼，将块石或卵石装入笼内，抛入冲刷坑内。笼体一般容积为 0.5 ~ 1.0m^3，笼内装石不可过满，以利抛下后笼体变形减小空隙。

（3）抛土袋。在缺乏石料时，将土装入麻袋或编织袋，袋口扎紧或缝牢后抛入冲刷坑内。袋内装土不宜过满，以便搬运和防止摔裂，人工抛投以 50kg 为宜，若机械抛填，根据袋的强度，可加大重量，也可将土袋装入尼龙网中用机械抛填。

（4）土工织物抢护。由于闸下游水流冲刷或土石结合部渗流作用造成闸下游护坡坍塌时，可根据岸坡土质，选用土工织物反滤，上压土袋进行抢护。

（5）闸后修筑壅水坝。在闸后抢修壅水坝，抬高尾水位，减缓流速，其形式类似于下游围堤蓄水平压，其实质是截断或减轻冲刷水流，避免高速水流对涵闸上下游连接建筑物的冲刷破坏。

第三节 防汛应急管理

为提高小型水库突发事件应急处置能力，切实做好遭遇突发事件时防洪抢险调度和险情抢护工作，确保水库工程安全，最大程度保障人民群众生命安全，根据水利部《小型水库防汛“三个重点环节”工作指南（试行）》，小型水库管理单位及其主管部门应结合水库实际，按照《小型水库大坝安全管理（防汛）应急预案编制指南》，编制水库大坝安全管理（防汛）应急预案，坝高超过 15m 或总库容超过 100 万 m^3，且比较重要的水库，按照《水库大坝安全管理应急预案编制导则（试行）》，编制水库大坝安全管理应急预案。

水库大坝安全管理（防汛）应急预案由水库主管部门和水库管理单位（产权所有者）组织编制，也可委托专业技术单位编制。应急预案审批应按照管理权限，由所在地县级以上人民政府或其授权部门负责，并报上级有关部门备案。当水库工程情况、应急组织体系、下游影响等发生变化时，应及时组织修订，履行审批和备案程序。

预案编制工作主要包括收集水库现有基础资料、现场查勘及相应的测量工作、突发事件分析计算、根据突发事件分析结果确定预警及响应级别、现场查勘确定影响范围及人员转移路线、报告编制和专家咨询以及技术审查等工作。预案的主要内容包括水库基本情况、突发事件分析、应急组织、监测预警、应急响应、人员转移、应急保障、宣传演练、附图附表等，重点编制应急组织体系图、应急响应流程图、人员转移路线图和分级响应表（简称“三图一表”）。具体编制详见《小型水库大坝安全管理（防汛）应急预案编制指南》。

小型水库大坝安全管理（防汛）
应急预案编制指南

1　总 则

1.1　为提高小型水库突发事件应急处置能力，规范和指导小型水库大坝安全管理（防汛）应急预案（以下简称预案）编制工作，制定本指南。

1.2　本指南适用于总库容 10 万 m^3 以上、1000 万 m^3 以下小型水库预案编制。对于坝高 15m 以上或总库容 100 万 m^3 以上，且对下游城镇、村庄、厂矿人口，以及交通、电力、通信设施等有重要影响的水库，宜按照《水库大坝安全管理应急预案编制导则》（SL/Z 720）编制。

1.3　预案编制应以保障公众安全为首要目标，按照“以人为本、分级负责、预防为主、便于操作”的原则，重点做好突发事件监测、险情报告、分级预警、应急调度、工程抢险和人员转移方案，明确应急救援、交通、通信、电力等保障措施。

1.4　预案内容主要包括水库基本情况、突发事件分析、应急组织、监测预警、应急响应、人员转移、应急保障、宣传演练、附表附图等。

预案编写提纲参见表1。

1.5　预案封面应标注编制单位、批准单位、备案单位、发放对象、有效期等。

1.6　预案应根据情况变化适时修订。当水库工程情况、应急组织体系、下游影响等发生变化时，应当进行修订，并履行审批和备案程序。

2　突发事件分析

2.1　水库基本情况

（1）工程基本情况。水库地理位置、兴建年代、集水面积、洪水标准、特征水位与相应库容，工程地质条件及地震基本烈度，枢纽布置及大坝结构，泄洪设施与启闭设备，防汛道路、通信条件与供电设施，水雨情和工情监测情况，下游河道安全泄量，主管部门、管理机构和管护人员，工程特性表等。

（2）大坝安全状况。大坝安全状况及存在的主要安全隐患。

（3）上下游影响情况。水库上游水利工程情况；下游洪水淹没范围内集镇、村庄、厂矿、人口，及水利工程、基础设施等分布情况。

（4）水库运行历史上遭遇的突发事件、应急处置和后果情况等。

2.2　可能突发事件

水库大坝突发事件包括超标准洪水、破坏性地震等自然灾害，大坝结构破坏、渗流破坏等工程事故，以及水污染事件等。

突发事件分析应考虑溃坝和不溃坝两种情况，有供水任务的水库还应分析水污染事件影响范围和程度。

（1）溃坝情况。溃坝破坏模式根据工程实际确定。土石坝重点考虑超校核标准洪水导致漫顶溃坝、超设计标准洪水遭遇泄洪设施闸门故障导致库水位被逼高漫顶溃坝、正常蓄水位遭遇地震导致大坝滑坡溃坝、正常蓄水位遭遇穿坝建筑物发生接触渗漏溃坝等情况；混凝土坝或浆砌石坝重点考虑超校核标准洪水导致坝体整体失稳溃坝、超设计标准洪水遭遇泄洪设施闸门故障导致库水位被逼高后坝体整体失稳溃坝、正常蓄水位遭遇地震发生大坝整体失稳溃坝等情况。

（2）不溃坝情况。重点分析工程运用过程中，遇设计洪水标准和校核洪水标准情况。

2.3 洪水后果分析

（1）分析突发事件洪水影响范围和程度，主要内容包括出库洪水、洪水演进和洪水风险图。

（2）分析方法原则上采用理论计算方法。对洪水影响范围较小的，可参照防汛经验、历史洪水等情况，由水行政主管部门会同属地人民政府确定洪水影响范围。

（3）采用理论计算方法分析时，应符合以下要求：

①出库洪水主要估算出库洪水最大流量。溃坝情况土石坝按逐步溃决、混凝土坝和浆砌石坝按瞬时全溃估算，不溃坝情况按设计和校核标准查算下泄洪水。

②洪水演进主要估算最大淹没范围和洪水到达时间。根据下游区域地形条件和历史洪水情形，估算洪水淹没范围和到达时间。

③洪水风险图主要明确淹没范围和保护对象。根据洪水淹没范围查明城镇、村庄、厂矿人口及重要设施等情况，确定人员转移路线和安置点。

2.4 水污染后果分析

根据水库功能和供水对象，分析水污染事件影响范围和严重程度。

3 应急组织

3.1 水库所在地人民政府是水库大坝突发事件应急处置的责任主体，负责或授权相关部门组织协调突发事件应急处置工作。水库主管部门、水库管理单位（产权所有者）和水行政主管部门负责预案制定、宣传、演练，巡视检查、险情报告和跟踪观测，并根据自身职责参与突发事件应急处置工作。

3.2 按照属地管理、分级负责的原则，明确水库大坝突发事件应急指挥机构和指挥长、成员单位及其职责。应急指挥长应由地方人民政府负责人担任，可下设综合协调、技术支持、信息处理、保障服务小组，各组成员可由县乡人民政府及应急、水利、公安、通信、交通、电力、卫生、民政等部门及影响范围内村组人员组成。

应绘制预案应急组织体系框架图，明确地方人民政府及相关部门与应急指挥机构、水库主管部门与管理单位（产权所有者）等相关各方在突发事件应急处置中的职责与相互之间的关系。

应急组织体系框架参见图1。

3.3 地方人民政府负责组建应急管理机构，职责为：落实应急指挥机构指挥长；确定应急指挥成员单位组成，明确其职责、责任人及联系方式；组织协调有关部门开展应急处置工作。

3.4 水行政主管部门负责提供专业技术指导，职责为：参与预案实施全过程，提供应急处置技术支撑；参与应急会商，完成应急指挥机构交办任务；协助建立应急保障体系，指导预案演练。

3.5 水库主管部门负责组织预案编制和险情处置，职责为：筹措编制经费，组织预案编制；参与预案实施全过程，组织开展工程险情处置；参与应急会商，完成应急指挥机构交办任务；组织预案演练。

3.6 水库管理单位（产权所有者）负责巡视检查、险情报告和跟踪观测，其职责为：筹措编制经费，共同组织预案编制；负责巡视检查、险情报告和跟踪观测；参与预案实施全过程，配合开展工程抢险和应急调度，完成应急指挥机构交办任务；参与预案演练。

3.7 防汛行政、技术、巡查三个责任人按照履职要求，参与应急处置相关工作。

4 监测预警

4.1 水库巡查人员应当通过水雨情测报、巡视检查和大坝安全监测等手段，对水库工程险情进行跟踪观测。

4.2 当水雨情、工程险情达到一定程度时，巡查人员应立即报告技术责任人。情况紧急时，可越级向大坝安全政府责任人、防汛行政责任人、当地政府应急部门等报告。发生溃坝险情时，可直接向下游淹没区发布警报信息。

（1）明确报告条件。当遭遇以下情况时，应当立即将情况报告有关部门。不同情况对应的有关部门应予以明确。

①遭遇持续强降雨，库水位超正常蓄水位或溢洪道堰顶高程，且继续上涨；

②遭遇强降雨，库水位上涨，泄洪设施边坡滑坡堵塞进口或行洪通道；

③遭遇强降雨，库水位上涨，泄洪设施闸门无法开启；

④大坝出现裂缝、塌陷、滑坡、渗漏等险情；

⑤供水水库水质被污染；

⑥其他危及大坝安全或公共安全的紧急事件。

（2）明确报告时限。发生突发事件时，巡查人员等发现者应当立即报告有关部门。有关部门应当根据突发事件情形，及时报告上级有关部门，对出现溃坝、决口等重大突发事件，应按有关规定报告国家有关部门。上述有关部门均应予以明确。

（3）明确报告内容。报告内容应包含水库名称、地址，事故或险情发生时间、简要情况。

（4）明确报告方式。突发事件报告可采用固定电话、移动电话、超短波电台、卫星电话等方式，确保有效可靠。

（5）书面报告要求。后续报告应当以书面形式报告，主要内容包含水库工程概况、责任人姓名及联系方式，工程险情发生时间、位置、经过、当前状况，已经采取的应对措施，造成的伤亡人数等。

4.3 水库防汛技术责任人接到巡查人员报告后，应立即向大坝安全政府责任人、防汛行政责任人及当地人民政府应急部门和防汛指挥机构报告，并立即赶赴水库现场，指导巡查人员加强库水位和险情变化等跟踪观测，做好观测记录与后续报告。

4.4 应急指挥机构根据事件报告，以及降雨量、库水位、出库流量、工程险情及下游灾情等情况，组织应急会商，分析研判事件性质、发展趋势、严重程度、可能后果等，确定预警级别和响应措施，并适时向下游公众、参与应急响应和处置的部门和人员发布预警信息。

4.5 突发事件预警级别根据可能后果划分为Ⅰ级、Ⅱ级、Ⅲ级、Ⅳ级。预警级别确定的原则如下（各地可根据当地实际情况进行调整）：

（1）Ⅰ级预警（特别严重）

①暴雨洪水导致库水位超过校核洪水位，大坝可能漫顶或即将漫顶；

②大坝出现特别重大险情，溃坝可能性大；

③洪水淹没区内人口1500人以上。

（2）Ⅱ级预警（严重）

①暴雨洪水导致库水位超过设计洪水位，可能持续上涨；

②大坝出现重大险情，溃坝可能性较大；

③洪水淹没区内人口300人以上。

（3）Ⅲ级预警（较重）

①降雨导致库水位超过历史最高洪水位（低于设计洪水位的情形）；

②大坝出现较严重险情；

③洪水淹没区内人口 30 人以上；

④ 1000 人以上供水任务的水库水质被污染。

（4）Ⅳ级预警（一般）

①库水位超过正常蓄水位或溢洪道堰顶高程，且库区可能有较强降雨过程；

②大坝存在严重安全隐患，出现险情迹象；

③ 1000 人以下供水任务的水库水质被污染。

5 应急响应

5.1 预警信息发布后，应立即启动相应级别的应急响应，并采取必要处置措施。当突发事件得到控制或险情解除后，应及时宣布终止。

5.2 应急响应级别对应于预警级别，相应启动Ⅰ级、Ⅱ级、Ⅲ级、Ⅳ级响应，并根据事态发展变化及时调整响应级别。

5.3 不同级别的应急响应如下（各地可根据当地实际情况进行调整）：

（1）Ⅰ级响应

①应急指挥长立即赶赴水库现场，确定应对措施，并将突发事件情况报告上级人民政府和有关部门，请求上级支援；

②按照人员转移方案，立即组织洪水淹没区人员转移；

③快速召集专家组和抢险队伍，调集抢险物资和装备，开展应急处置；

④对事件变化和水雨情开展跟踪观测。

（2）Ⅱ级响应

①应急指挥长主持会商确定应对措施，并将突发事件情况报告上级人民政府和有关部门；

②应急指挥长带领专家组赶赴现场，召集抢险队伍，调集抢险物资和装备，开展应急处置；

③根据事态紧急情况决定人员转移，按照方案有序组织实施；

④加强事件变化和水雨情跟踪观测。

（3）Ⅲ级响应

①水行政主管部门（或水库主管部门）组织会商，研究提出应对措施，并将突发事件情况报告地方人民政府和有关部门；

②水行政主管部门（或水库主管部门）组织专家，召集抢险队伍，调集抢险物资和装备，开展应急处置；

③通知洪水淹没区人员做好转移准备，必要时按人员转移方案进行转移；

④加强事件变化和水雨情跟踪观测。

（4）Ⅳ级响应

①水库主管部门（或防汛行政责任人）组织会商，报告防汛行政责任人（或水库主管部门），采取应对措施，将重要情况报告当地人民政府和有关部门；

②做好抢险队伍、物资和装备准备，根据情形采取必要的处置措施；

③落实现场值守，加强巡视检查和水雨情测报。

5.4 应急处置措施主要包括如下方面：

（1）应急调度。根据突发事件情形和应急调度方案，明确调度权限和操作程序，采取降低库水位、加大泄流能力、控制污染水体等措施，并根据水情、工情、险情及灾情变化情况实时调整。

（2）工程抢险。根据突发事件性质、位置、特点等明确抢险原则、方法、方案和要求，落实抢险队伍召集和抢险物资调集方式。

（3）人员转移。根据洪水淹没区内乡镇村组、街道社区、厂矿企业人口分布和地形、交通条件，制定人员转移方案，明确人员转移路线和安置位置，绘制人员转移路线图，最大限度保障下游公众安全。

应急响应流程参见图2，人员转移路线图示例参见图3，分级响应示例参见表2。

6 人员转移

6.1 根据洪水后果分析成果制定人员转移方案，按照洪水到达前人口转移至安置点或安全地带的原则，确定人员转移范围、先后次序、转移路线、安置地点，落实负责转移工作及组织淹没区乡镇村组、街道社区、厂矿企业等责任单位和责任人，明确通信、交通等保障措施。

利用洪水到达时间差异做好预警，优化人员转移方案，有序组织人员转移。

6.2 根据淹没区乡镇村组、街道社区、厂矿企业分布和地形、交通条件确定转移路线，以转移时间短、交通干扰少及便于组织实施为设计原则，明确转移人数和路线、安置地点和交通措施，绘制人员转移路线图。

转移范围较大或转移人员较为分散的，可分区域确定转移路线；分区设置转移路线的，应当做好统筹协调，避免干扰。

6.3 设定转移启动条件，当水库大坝发生突发事件，采取应急调度和工程抢险仍无法阻止事态发展，可能威胁公众生命安全时，应对可能淹没区人员进行转移。

接到人员转移警报、命令或Ⅰ级响应后，应急管理机构应立即组织洪水淹没区人员全部转移；Ⅱ级响应时，组织分区域、分先后依次转移；Ⅲ级响应时，组织做好人员转移准备。

6.4　明确转移警报方式，在洪水淹没区设置必要的报警设施，确保紧急情况下能够发布人员转移警报。报警方式应事先约定，并通过宣传和演练让公众知晓。

人员转移警报可采用电子警报器、蜂鸣器、沿途喊话、敲打锣鼓等方式，转移准备通知可采用电视、广播、电话、手机短信。

6.5　明确人员转移组织实施的责任单位和责任人，水库所在地县乡人民政府以及淹没区村民委员会、有关单位负责组织人员转移，公安、交通、电力等提供救助和保障。

应急指挥长负责下达人员转移命令，应急指挥机构负责人员转移的组织协调工作。人员转移命令可以根据事态变化做出调整。

6.6　明确人员安置要求，保障转移人员住宿、饮食、医疗等基本需求，防范次生灾害和山洪、滑坡地质灾害影响，落实安置管理、治安维护要求，禁止转移人员私自返回。

7　应急保障

7.1　明确突发事件应急保障条件，并与当地总体应急保障工作相衔接，落实通信、交通、电力、抢险队伍和物资等保障。

7.2　明确应急抢险与救援队伍责任人、组成和联系方式。

7.3　明确负责物资保障的责任单位与责任人、存放地点与保管人及联系方式。

7.4　明确通信、交通、电力保障责任单位与责任人及联系方式。

7.5　明确专家组、应急救援、人员转移等保障责任单位与责任人及联系方式。

7.6　落实应急经费预算、执行等管理。

8　宣传演练

8.1　明确预案宣传、培训、演练的计划和方案，确定宣传、培训、演练的组织实施单位与责任人。

8.2　宣传可通过发放手册、宣传标牌和座谈宣讲等方式，培训可采取集中授课、网络授课等方式。

8.3　演练重点明确紧急集合、指挥协调、工程抢险、人员转移等科目，演练过程可采取桌面推演、实战演练等方式。

附表附图

表 1 应急预案编写提纲

1 总则
  1.1 编制目的和依据
  1.2 编制原则
  1.3 预案版本受控和修订
2 突发事件分析
  2.1 水库基本情况
  2.2 可能突发事件分析
  2.3 洪水后果分析
  2.4 水污染后果分析
  2.5 人员转移方案
3 应急组织
  3.1 应急组织体系
  3.2 应急指挥机构及其职责
4 监测预警
  4.1 险情监测
  4.2 险情报告
  4.3 预警级别
5 应急响应
  5.1 应急响应
  5.2 应急处置
6 人员转移
  6.1 转移方案
  6.2 转移路线
  6.3 组织实施
7 应急保障
  7.1 队伍保障
  7.2 物资保障
  7.3 通信、交通及电力保障
  7.4 其他保障
8 宣传演练
9 附表附图
  9.1 工程图表
  9.2 溃坝洪水淹没范围图
  9.3 应急组织体系图
  9.4 应急响应流程图
  9.5 人员转移路线图
  9.6 分级响应表

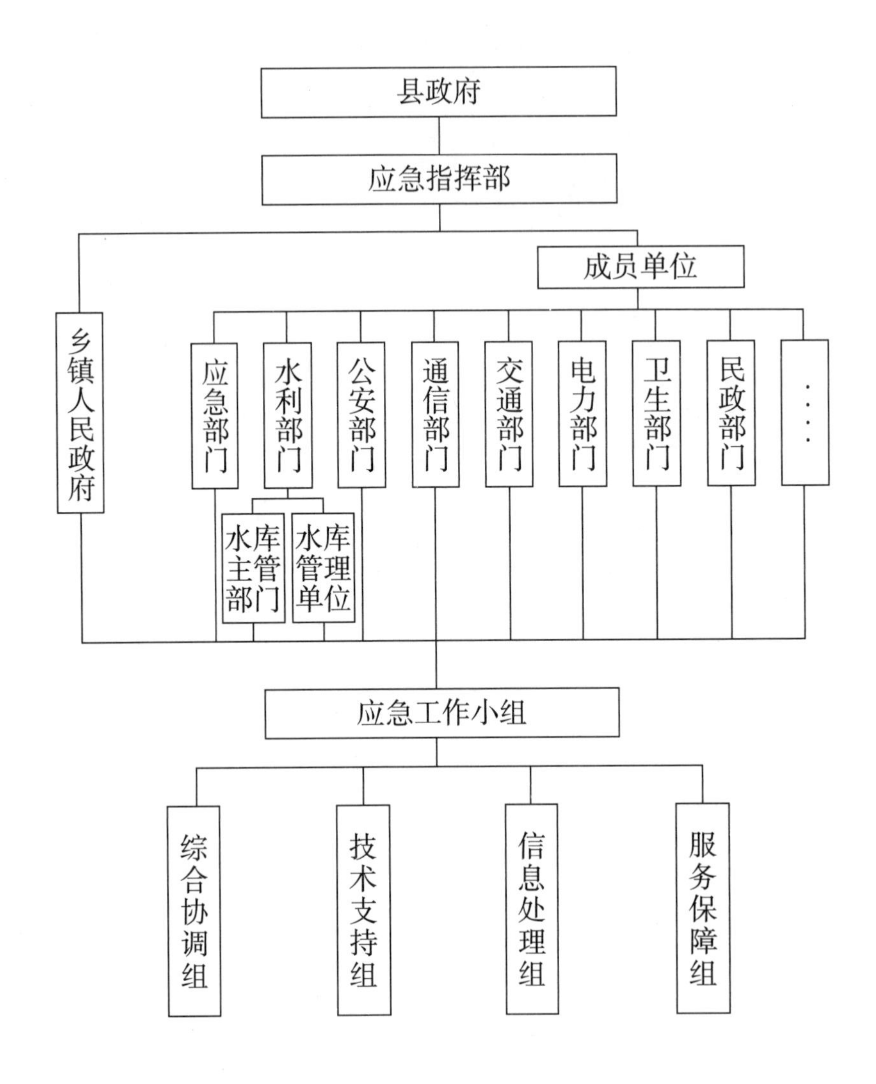
县政府
应急指挥部
成员单位
乡镇人民政府
应急部门
水利部门
公安部门
通信部门
交通部门
电力部门
卫生部门
民政部门
……
水库主管部门
水库管理单位
应急工作小组
综合协调组
技术支持组
信息处理组
服务保障组

图1　应急组织体系图

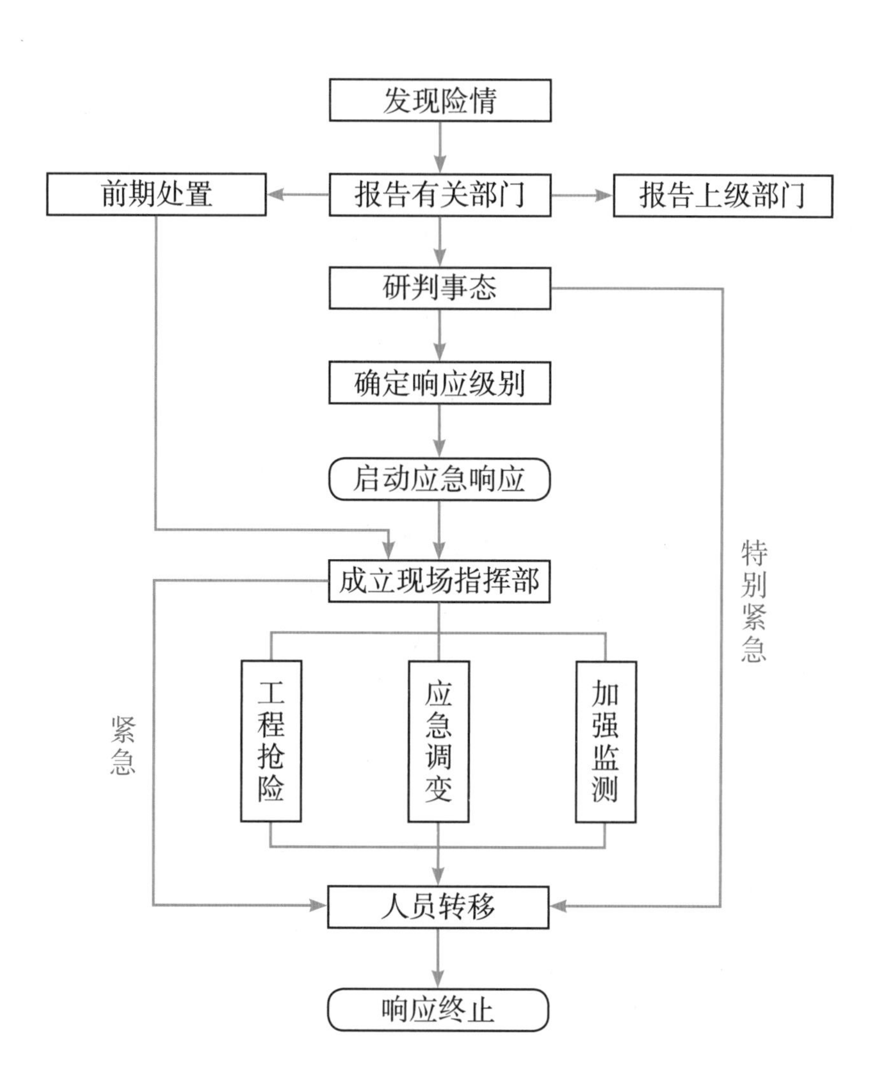
发现险情
前期处置
报告有关部门
报告上级部门
研判事态
确定响应级别
启动应急响应
成立现场指挥部
特别紧急
紧急
工程抢险
应急调变
加强监测
人员转移
响应终止

图 2　应急响应流程图

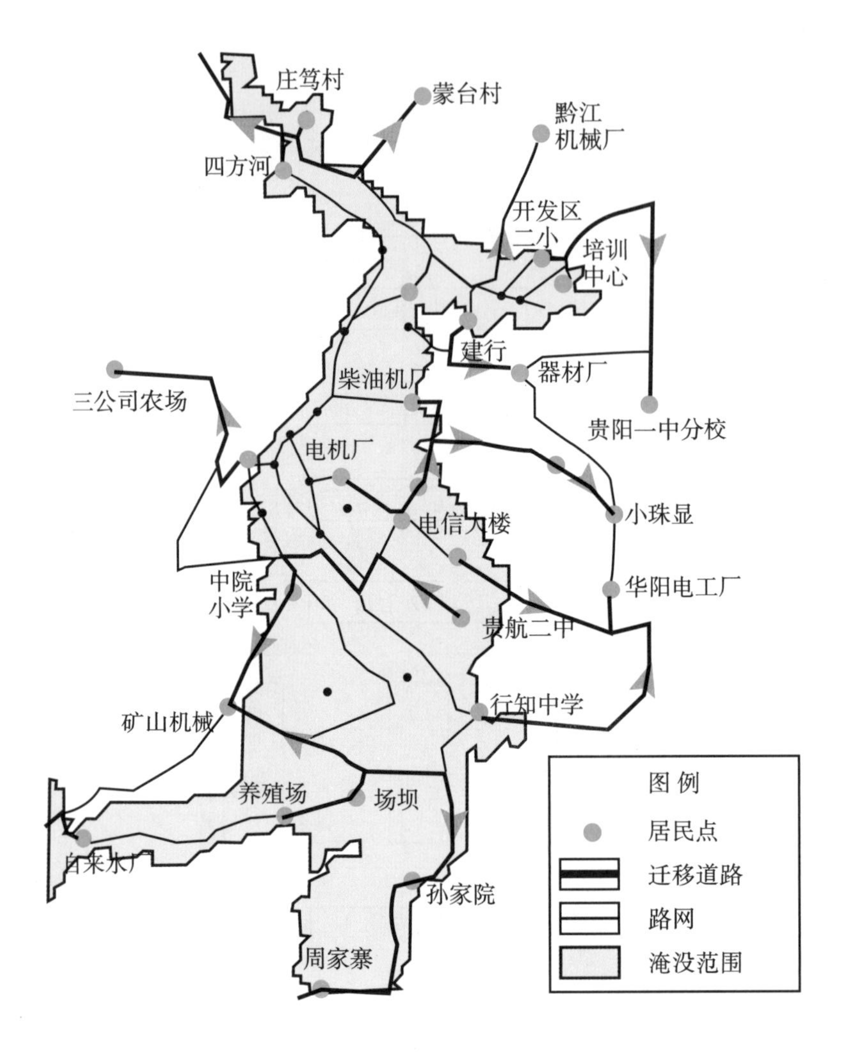

图 3　人员转移路线图

说明：①为应对可能溃坝等洪水，保障淹没区内公众生命安全，需制定人员转移方案；②根据淹没区内城镇村组、街道社区、厂矿企业人口分布，地形、交通条件，以及洪水到达时间，明确转移范围、人员分布、转移路线、先后次序、安置地点；③明确转移通知发布机关，如当地人民政府或应急部门；④明确或约定转移通知发布方式，如警报器、广播喇叭、电话等，并通过宣传和演练告知公众；⑤明确转移组织方案，确定责任单位、责任人和联系人，如利用基层组织、机关单位和村组干部做好转移组织实施；⑥明确转移过程中的通信、交通、救援、治安、安置、生活等保障。

表 2　分级响应表

事件分级	预警			应急响应措施	应急处置		
	雨情	水情	工情		应急调度	工程抢险	人员转移
Ⅰ级	3h 降雨量达 ××mm，中短期天气预报近期有较强降雨，可能出现特大暴雨	库水位超过校核洪水位 ××m，大坝可能漫顶；溢洪道水深超过 ××m，或下泄流量超过 ×× m^3/s	特别重大险情：坝体出现大范围滑坡；坝体出现大面积渗漏，伴有翻砂冒水；溢洪道 3 孔闸门全部无法开启，并遭遇 30 年以上一遇洪水	应急指挥长立即赶赴现场，会商确定应对措施，报告上级人民政府和有关部门，请求支援；立即组织洪水淹没区人员转移；快速召集专家组和抢险队伍，调集抢险物资和装备，开展应急处置；对事件变化和水雨情跟踪观测	指挥长下达应急调度指令	抢险方案由专家组提出，由应急指挥部决定	指挥长下达人员转移命令，快速组织淹没区人员转移
Ⅱ级	3h 降雨量达 ××mm，中短期天气预报近期仍有较强降雨	库水位超过设计洪水位 ××m，可能持续上涨；溢洪道水深超过 ××m，或下泄流量超过 ×× m^3/s	重大险情：坝体出现局部滑坡；坝体出现大面积渗漏；溢洪道 3 孔闸门全部无法开启，并遭遇 10 年一遇以上洪水	应急指挥长会商确定应对措施，报告上级人民政府和部门；带领专家组赶赴现场，召集抢险队伍，调集抢险物资和装备；根据情况决定人员转移，有序组织实施；加强事件变化和水雨情跟踪观测	指挥长决定应急调度指令	抢险方案由专家组提出，由应急指挥部决定	指挥长临机决定，根据情况组织淹没区人员转移
Ⅲ级	6h 降雨量达 ××mm，中短期天气预报近期可能有较强降雨	库水位超过 ××m；溢洪道水深超过 ××m，或下泄流量超过下游河道安全泄量 ×× m^3/s	较大险情：大坝出现多处纵向、横向裂缝；下游坡渗漏较严重；溢洪道有 2 孔闸门无法开启，并可能遭遇较强降雨	水库主管部门组织会商，研究提出应对措施，报告地方人民政府和有关部门；组织专家和抢险队伍，调集抢险物资和装备，开展应急处置；通知淹没区人员做好转移准备，必要时组织人员转移；加强事件变化和水雨情跟踪观测	水库主管部门决定应急调度	处置方案由水库主管部门制定	做好人员应急转移准备
Ⅳ级	6h 降雨量达 ××mm，中短期天气预报近期可能有较强降雨	库水位超过正常蓄水位 ××m；溢洪道水深超过 ××m	一般险情：大坝出现浅层裂缝；下游坡出现多处渗水点；溢洪道有 1 孔闸门无法开启，并可能遭遇较强降雨	水库防汛行政责任人组织会商，报告主管部门，采取应对措施；做好抢险队伍、物资和装备准备，根据情形采取必要处置措施；落实现场值守，加强巡视检查和水雨情测报	防汛行政责任人决定控制运用措施	防汛行政责任人决定采取必要措施，加强巡查监测	

第八章　信息化管理

水库工程信息化建设是提升水利设施管理水平的重要内容，近年来水利信息化技术快速发展，在防汛抗旱减灾体系中发挥了重要作用。依托现代信息化技术对水利资源统筹管理，实现水利工程数据随查随用、工程状态可查可控、管理行为动态监管，是保障小型水库安全运行、充分发挥效益的重要手段。

本章结合小型水库运行现状以及国家的相关政策文件，从小型水库常用的监测系统、监测设施、信息化平台等方面，对小型水库信息化系统建设进行探讨。主要内容有以下几个部分：水库信息化发展、小型水库信息化系统、小型水库信息化发展趋势。

第一节　水库信息化发展

水库工程信息化是利用现代通信、计算机网络等先进的信息技术，实现水库信息采集、传输、存储、处理和服务的数字化与智能化，为防洪减灾和水资源开发利用提供决策服务，以提高水库运行管理水平。

（一）大坝安全监测

国外大坝安全监测工作的开展开始于20世纪初，经历了大坝原型观测、大坝安全监测、大坝安全监控等三个发展阶段。大坝原型观测阶段，为20世纪20年代，主要采用大地测量方法观测大坝变形；大坝安全监测阶段，为20世纪30—70年代，世界各国致力于大坝安全监测技术的研究和开发，使得大坝安全监测的理论和方法不断完善；大坝安全监控阶段，为20世纪80年代以后。随着监测设计和监测资料分析反馈方法的不断改进、计算机和信息化技术的应用，使得及时分析反馈监测信息、及时了解建筑物运行状态成为可能。

我国大坝安全监测工作起步于20世纪50年代，20世纪70年代在监测项目的确定、仪器选型、仪器布置、仪器埋设、观测方法、监测资料整理分析、信息反馈等方面的研究工作取得了一定的成果，20世纪80年代随着科技攻关不断深入以及工程实践经验的不断积累，安全监测工作中存在的问题得到了逐步解决，监测设计和监测资料分析反馈方法不断改进，大坝安全监测领域有关技术标准逐步健全。

（二）雨水情测报

美国和日本是世界上较早重视雨水情自动测报技术开发的国家。1976 年美国 SM 公司与美国天气局合作研制的水情自动测报设备成为这一时代的代表性产品。20 世纪 80 年代，水情遥测和防洪调度技术在世界范围内广泛应用。

我国雨水情自动测报技术的开发始于 20 世纪 70 年代中期，到 20 世纪 90 年代开始快速发展，建成了一批早期的雨水情自动测报系统。随着计算机技术、通信技术的快速发展，雨水情自动测报系统有了更大的发展空间，在数据处理、防洪调度等方面由过去的单一目标、单一管理的模式发展为雨水情测报与监控信息互联、与遥测资料共享的模式。近年来，我国多个流域建立了雨水情自动测报系统，初步形成了一套比较完善的采集、报送业务机制。

（三）水库调度自动化

20 世纪 60 年代，随着数字通讯和卫星探测技术快速发展，一些工业发达国家在大型水电站建立了自动化系统，从单站洪水预报到全流域的水库（水电站）群的控制，水库调度自动化得到广泛应用。

我国的水库调度自动化系统起步较晚，整体水平较国外有很大差距。20 世纪 80 年代，水利系统开始大量引进当时国际上先进的计算机设备和软件，与此同时，各设计院、研究所和高校也研制了一批应用软件，这些都推动了水利系统计算机应用水平的迅速提高。进入 90 年代以来，国民经济的飞速发展对防洪减灾和水资源利用等提出更高要求，水利信息化工作得到重视。近年来，信息化技术已经普遍覆盖了我国的大小水库，总体上的应用水平已经得到了很大的提高。

第二节　小型水库信息化系统

一、水库信息化系统结构

水库信息化系统是充分利用物联网信息采集、自动化、GIS、数学模型、视频监控等技术，实现大坝的安全监测、环境量监测、数据管理和在线分析、大坝安全评判预警等功能的综合管理系统。

小型水库信息化系统主要由监测设备系统、数据采集系统、计算机网络系统及信息化管理系统四部分组成 。

（一）监测设备系统

监测设备系统由分布在小型水库关键部位和重点区域的监测仪器组成，包括渗压及渗流监测仪器、变形监测仪器、应力应变及温度监测仪器、环境量监测仪器等。

该系统的特点是监测仪器分散，相互之间各自独立，基本不存在联系，但从监测点的布置来看却是系统的有机联系体。系统中成千上万个测点测量到的信息之间有着密切的相关关系，这种关系的实质表征了小型水库运行的安全因素。

（二）数据采集系统

数据采集系统的主要装置是测控单元，它在计算机网络支持下通过自动采集和 A/D 转换对现场模拟信号或数字信号进行采集、转换和存储，并通过计算机网络系统进行传输。

（三）计算机网络系统

计算机网络系统包括计算机系统及内外通信网络系统，该系统可以是单个监测站，也可分为中心站和监测分站，站中配有计算机及其附属设备，计算机配置专用的采集及通信管理软件，其主要功能是在计算机与监测设备之间形成双向通信，上传存储数据、指令下达以及进行物理量计算等。

（四）信息化管理系统

信息化管理系统主要功能是对所有观测数据、文件、设计和施工资料以数据库为基础进行管理、整编及综合分析，形成各种通用报表，并对小型水库的安全状态进行初步分析和报警，并与相关系统进行数据交换、共享和信息发布。

小型水库信息化系统结构如图 8.2-1 所示。

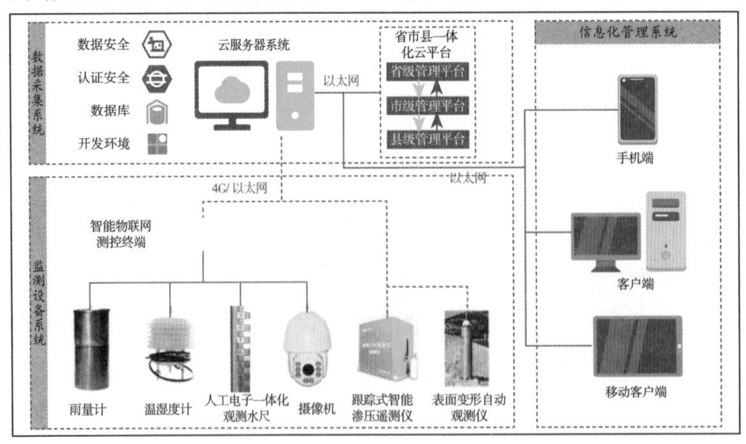

图 8.2-1 小型水库信息化系统结构图

二、水库信息化相关概念简介

（一）存储单位

一般计算机中存储单位以字节 Byte 为单位，常使用单位为 KB、MB、GB、TB 等，一般不使用 bit 为单位。

1Byte=8bit；

1GB =1024MB =1024×1024KB =1024×1024×1024B；

1TB = 1024GB。

（二）速率单位

数据传输速率，单位为 bps，每秒传送的比特数，单位还包括 Kbps，Mbps，Gbps，这里的 K、M、G 与存储单位不同，为 1000 进制。

1Gbps=1000Mbps=10^6Kbps =10^9bps。

另外带宽和吞吐量的单位也为 bps。

（三）摄像机分辨率

常见的视频图像画质有以下几种：

CIF：　352×288；　　VCD 画质。

HD 720P：960×720 或 1280×720；　100 万像素。

HD 1080P：1920×1080；　　200 万像素。

（四）GIS

地理信息系统（Geographic Information System 或 Geo-Information system，GIS）有时又称为“地学信息系统”。它是一种特定的十分重要的空间信息系统。它是在计算机硬、软件系统支持下，对整个或部分地球表层（包括大气层）空间中的有关地理分布数据进行采集、储存、管理、运算、分析、显示和描述的技术系统。

（五）GNSS

全球导航卫星系统（Global Navigation Satellite System）定位是利用一组卫星的伪距、星历、卫星发射时间等观测量，同时还必须知道用户钟差。全球导航卫星系统是能在地球表面或近地空间的任何地点为用户提供全天候的三维坐标和速度以及时间信息的空基无线电导航定位系统。现在国内主流的为北斗（国产）和 GPS（美国）。

三、常见的小型水库监测系统

在小型水库信息化平台建设中，数据采集既是系统的信息源，也是支撑应用系统运行的基础。小型水库工程运行管理实时信息采集内容包括雨水情、工情、工程安全信息、视频监控信息、水质信息等多种类型。现将常用的监测系统介绍如下。

（一）雨水情自动监测系统

1. 系统概述

雨水情自动监测系统是采用现代科技对水文信息进行实时遥测、传送和处理的专门技术，是有效解决江河流域及水库水文预报的一种先进手段。它综合运用水文、电子、电信、传感器和计算机等多学科的有关最新成果，用于水文测量和计算。

雨水情自动监测系统建设内容主要包括水库流域内雨量自动监测、水库水位及出入库流量 监测等。

雨水情自动监测系统应包括但不限于下列功能：

（1）准确可靠地采集和传输水文信息及相关信息。

（2）将数据写入数据库和实现信息资源共享。

（3）对数据进行统计计算处理，生成相应的报表和查询结果。

（4）系统主要工作状态的监测。

（5）对数据进行处理，提供符合整编要求的水文资料。

（6）对于有水文预报要求的系统其数据处理应满足水文预报的相关要求。

2. 系统组成

雨水情自动监测系统由遥测站、中心站、中继站或集合转发站组成，其中可采用专用信道组网、公用信道组网或混合信道组网。

遥测站应包括传感器、遥测终端、通信设备、供电设备；中心站应包括通信设备、通信控制机、中心计算机、网络设备和供电设备；遥测站与中心站之间应根据需要设中继站或集合转发站，中继站或集合转发站应包括中继机或集合转发终端、通信设备、供电设备。应符合下列要求：

（1）传感器。应完成系统需采集的各种参数的传感测量，并将测量值变换成开关或电信号输出。宜采用模拟量和数字量仪表。

（2）通信设备。应完成系统中数据收发通信任务，公网的通信设备如无线移动网的 DIU、卫星通信网的小站设备等；专网的通信设备如超短波电台、无线网桥和无线传感器网络等。

（3）遥测终端。应完成被测参数的数据采集、存储和传输控制，通过通信设备与信道完成数据传输，并可具有固态存储功能。

（4）中继机及集合转发终端。在超短波系统中，当有些遥测站与中心站不能直接进行通信，可通过中继机及集合转发终端在遥测站与中心站之间建立通信链路；集合转发终端还应具有集中处理分发功能。

（5）通信控制机。中心站的通信控制设备，应实现对包括调制解调器和通信控制接口进行通信设备收发控制，并对通信中的信息流程、流向和工作方式进行控制。

（6）中心计算机。中心站控制接收处理设备，应实现向遥测站下达测控命令，接收遥测站的数据并写入数据库；并进行数据处理作业，为用户提供查询 / 发布服务等。

（7）网络设备。应实现在中心站用物理链路将各个孤立的工作站或主机相连在一起，组成信息传输、接收、共享的数据链路和平台，从而达到资源共享、与水利信息网联网的目的。

（8）供电设备。应为系统设备提供稳定可靠的电源。

（9）信道。应实现可靠的信息传输，包括无线信道和有线信道。

3. 常见的终端监测设备

（1）降水量监测设备。降水量观测仪器按传感原理分类，可分为直接计量（雨量器）、液柱测量（主要为虹吸式，少数是浮子式）、翻斗测量（单层翻斗与多层翻斗）等雨量计。目前，水利上适用的设备是翻斗式雨量计。

1）工作原理。翻斗雨量计由筒身、底座、内部翻斗结构三大部分组成。筒身由具有规定直径、高度的圆形外壳及承雨口组成。传感器的结构一般分为承雨口部件和计量部件。仪器通过承雨口部件，收集降雨，计量部件中的翻斗进行计量，并输出可以计量的物理信号。以计量部件中翻斗层数来分类，又可分为单层翻斗、双层翻斗和三层翻斗等形式。我国使用较多的是雨量分辨力为 0.2mm、0.5mm、1.0mm 的单翻斗雨量传感器，以及雨量分辨力为 0.1mm 的双层翻斗雨量计。翻斗雨量计如图 8.2–2。

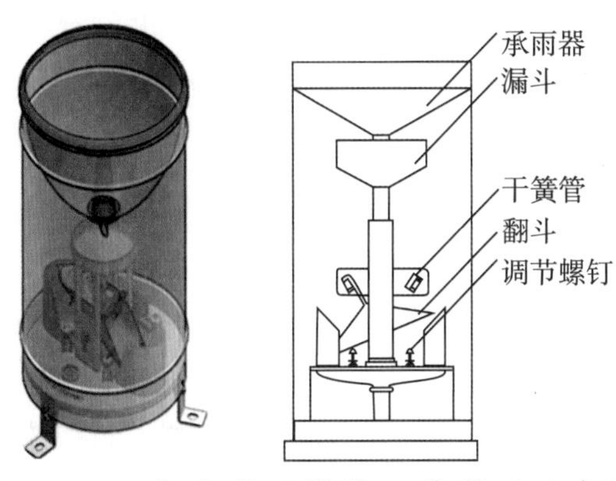

图 8.2–2 翻斗式雨量计工作原理示意图

2）设备性能及应用。翻斗式雨量计设备体积小，监测精度高，线性度和稳定性好，抗干扰能力强。但由于长期处于室外，设备应具有良好的适应室外工作条件的能力，应有防锈、防蚀、防堵、防虫等措施，定期清理维护。翻斗式雨量计现场安装示意图如图 8.2-3 所示。

图 8.2-3　翻斗式雨量计现场安装示意图

（2）库水位监测设备。库水位监测设备是利用机械、电子、压力等传感器的感应作用，将水位变化数据自动传输至系统平台。目前使用的水位计主要有浮子式水位计、压力式水位计、超声波水位计（液介式和气介式）、雷达水位计、电子水尺、激光水位计等。其中，浮子水位计、压力水位计、液介式超声波水位计、电子水尺等仪器，在测量时仪器的采集器直接与水体接触，又称为接触式测量仪器。而气介式超声水位计、雷达水位计、激光水位计等仪器，测量时仪器不与水体接触，又称为非接触式测量仪器。现将常用的水位计介绍如下。

1）浮子式水位计。浮子式水位计主要由水位感应、水位传动、编码器、记录器和基座等部分组成 。

浮子式水位计采用浮子感应水位，浮子漂浮在水位井内，随水位升降而升降。浮子上的悬索绕过水位轮悬挂平衡锤，由平衡锤自动控制悬索的位移和张紧。悬索在水位升降时带动水位轮旋转，从而将水位的升降转换为水位轮的旋转。水位轮的旋转通过机械传动使水位编码器轴转动，水位编码器将对应于水位的位置转换成电信号输出达到编码目的。

浮子式水位计需要测井设备，适用于岸坡稳定、河床冲淤不大的低含沙河段。

浮子式水位计现场安装示意见图 8.2-4。

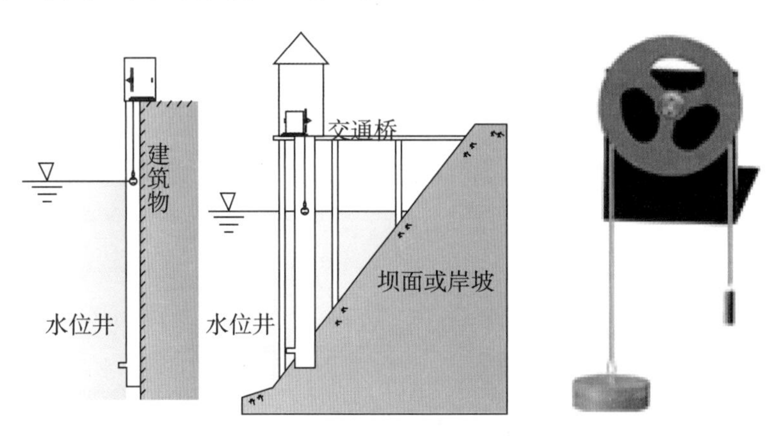

图 8.2-4 浮子式水位计现场安装示意图

2）压力式水位计。压力式水位计采用静水压力测量原理，当水位变送器投入到被测液体中某一深度时，传感器迎液面受到压力的同时，通过导气不锈钢将液体的压力引入到传感器的正压腔，再将液面上的大气压与传感器的负压腔相连，以抵消传感器背面的大气压。传感器测取压力后通过换算可以得到水位深度。

压力式水位计价格便宜，测量精度高（无污染水体），量程宽。但当明渠中含有淤泥、泥沙时，淤泥、泥沙会将压力传感器探头覆盖，导致该种设备无法正常工作，需要不定期地进行维护。压力式水位计现场安装示意见图 8.2-5。

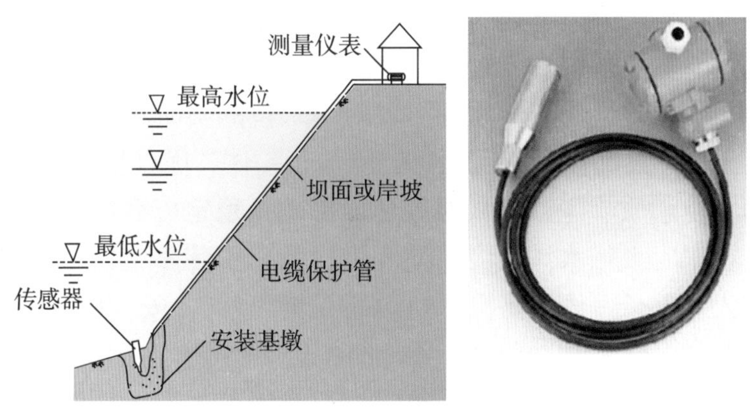

图 8.2-5 压力式水位计现场安装示意图

3）雷达水位计。雷达水位计工作原理是采用发射、反射、接收的工作模式，向水面发射和接收微波。雷达水位计的天线发射出电磁波，后经被测对象表面反射后，再被天线接收。雷达水位计内置感应传感器，能辅助安装调试并自动补偿安装误差；另外，雷达水位计在测量过程中智能感知立杆晃动、桥面抖动引起的测量平台不稳定情况，并自动进行优化补偿。

雷达水位计采用一体化设计，采用非接触式测量方式，易维护，使用寿命长。传感器测量精度高，无需人员值守。相对于接触式测量仪器，雷达式水位计安装简单，无需水位井，成本低。雷达水位计示意图及测量原理示意见图 8.2–6。

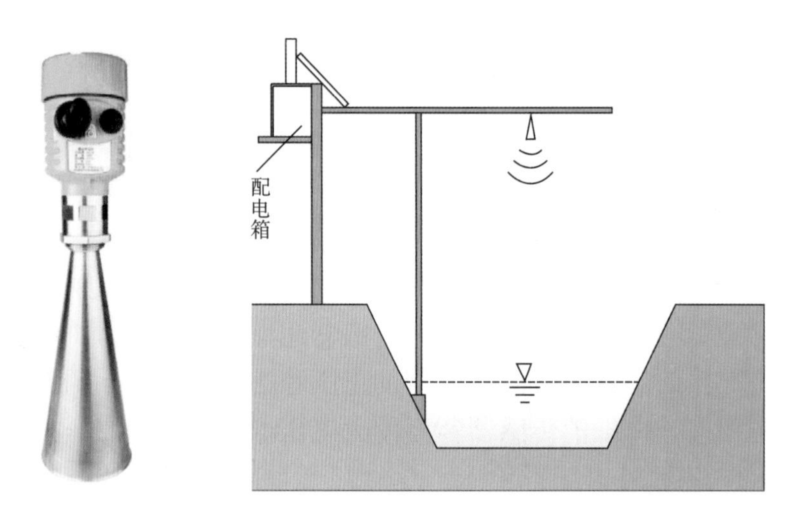

图 8.2–6　雷达水位计示意图及测量原理示意图

4）人工电子一体化观测水尺。人工电子一体化观测水尺是一种新型的水位测量传感器，是利用水的微弱导电性原理，通过等间距排列的一串电极来采集水深信息，采集电路的电极在不同电导率中呈现不同的电位，根据电位状况来判断电极是否没入水中，然后根据没入水中电极的多少来判断水深。

人工电子一体化观测水尺可实现对库水位的实时在线监测，设备集人工观测标尺、水位自动监测、远程数据传输于一体，优点是安装简单，造价低，数据监测不受水质、泥沙、水温等环境影响，稳定可靠免维护，缺点是拼接单元多，在水库大坝水深较大的情况下，需要安装多支，每支都需要敷设数据线路。人工电子一体化观测水尺示意见图 8.2–7、安装图见 8.2–8。

4. 设备运行与维护

系统运行维护应符合以下要求：

（1）日常维护。包括但不限于：值班跟踪系统运行状况；定期或及时

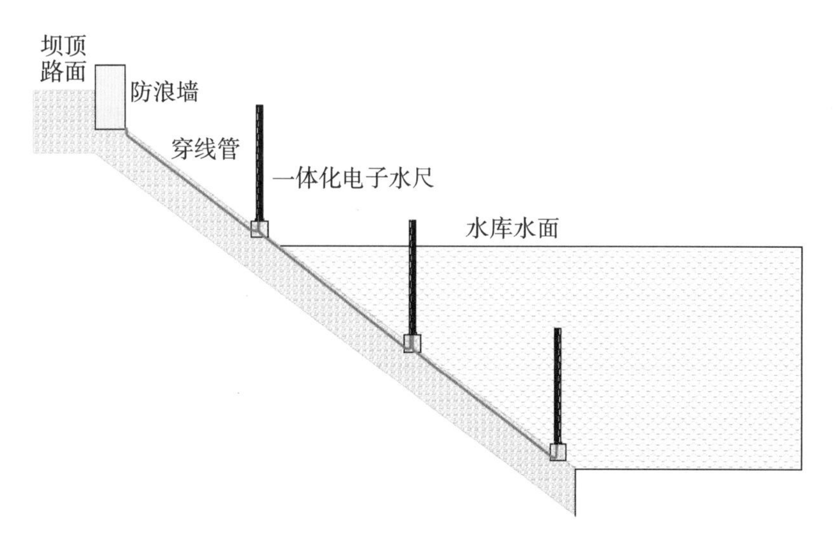

图 8.2-7 人工电子一体化观测水尺示意图

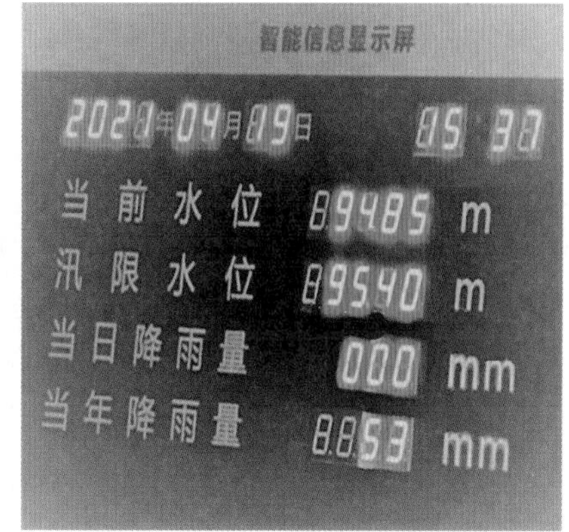

图 8.2-8 人工电子一体化观测水尺安装图

清理淤积在雨量计承雨器中的杂物、水位测井进水口的水草、淤沙；清洁太阳能电池板；定期校核水位、雨量等数据准确度；维护系统的工作环境。

（2）定期检查。通常应在汛前、汛后对系统进行两次全面的检查维护。在系统投入运行后，可根据系统运行状况确定是否增加定期检查次数。定期检查应对遥测站、中继站设备的运行状态进行全面检查和测试，发现和排除故障，更换存在问题的零部件。

（3）不定期检查。应根据具体情况而定，包括专项检查和检修，应急检查等。

（4）维护检修。应储备必要的备件和配备专用车船尽快更换部件、排除故障。完成维护任务后应把故障部件、性质、排除故障时间等记入维护档案。

（二）大坝安全监测自动化系统

1. 系统概述

水库大坝安全监测是保证大坝安全的重要手段，水库大坝安全监测自动化是针对水库大坝的变形、渗流、应力、水位等进行数据采集、数据整编、分析处理，系统所采集的数据经过处理后，为用户的在线分析提供决策依据，从而实现水库大坝安全监测数据和信息的自动化管理、分析，为监测对象提供早期安全预警报告，为水库大坝安全提供评估依据，保证水库大坝安全运行。

2. 系统组成

大坝安全监测系统主要由监测仪器、数据采集装置、通信装置、计算机及外部设备、数据采集和管理软件、通信和电源线路等部分组成 。

系统设备应具备以下基本功能：

（1）数据采集功能。能自动采集各类传感器的输出信号，把模拟量转换为数字量；数据采集能适应应答式和自报式两种方式，按设定的方式自动进行定时测量，接受命令进行选点、巡回检测及定时检测。

（2）掉电保护功能。在断电情况下，大坝安全监测自动化系统能确保持续工作 3 天以上。

（3）自检、自诊断功能。

（4）现场网络数据通信和远程通信功能。

（5）防雷及抗干扰功能。

（6）具备人工接口，可以进行补测、比测。

（7）系统软件应具有以下功能。

1）基于通用的操作环境，具有可视化、图文并茂的用户界面，可方便地修改系统设置、设备参数及运行方式。

2）在线监测、离线分析、人工输入、数据库管理、数据备份、图形报表制作和信息查询和发布。

3）系统管理、安全保密、运行日志、故障日志记录等功能。

3. 大坝安全监测常用设施

（1）渗流量监测。大坝渗流量监测可采用容积法或量水堰法，目前小水库常用的监测设备为量水堰计、自动化量测水位计。

1）量水堰计。量水堰的工作原理比较简单，当通过量水堰槽的流量增加时，量水堰板前方的壅水高度将会增加，壅水高度与流量之间存在一定的函数关系，因此只要测出量水堰板前方的壅水高度就可以求出渗流量。壅水高度可以采用水尺或水位测针进行人工测读，也可以采用具有自动化测量功能的量水堰计（亦称渗流量仪）进行观测。

根据所使用传感器类型的不同，量水堰计可分电容式量水堰计、钢弦式量水堰计、压阻式量水堰计、陶瓷电容式量水堰计、超声波式量水堰计、步进电机式量水堰计、测针式量水堰计、CCD式量水堰计等。量水堰计由保护筒、浮子、连杆、导向装置、位移传感器等组成。保护筒底板用地脚螺栓固定在堰槽测点的混凝土壁上；传感器固定于保护筒的顶端；保护筒下部有网状滤孔，容许渗流水自由进入保护筒内；浮子悬浮于保护筒内，当保护筒内水面随堰槽内水位变化时，浮子会随着水位上升或下降；导向装置保证浮子随水面变动作上下垂直运动。浮子的升降变化将通过连杆传递给位移传感器，从而测量出量水堰内的水位变化，计算得到渗流量的大小。

2）自动化量测水位计。自动化量测水位计主要包括浮子式量测水位计和传感器式自动化量测水位计。浮子式水位计原理与库水位监测原理相同。传感器式量测水位计（包括压阻式、差动电阻式和电容式等）。传感器式自动化量测水位计由传感器、传输电缆和读数仪组成。利用传感器对静水压力进行测量，经传输电缆在终端利用其配套读数仪读取水位深度。堰槽传感器式自动化量测水位计结构见图8.2-9。

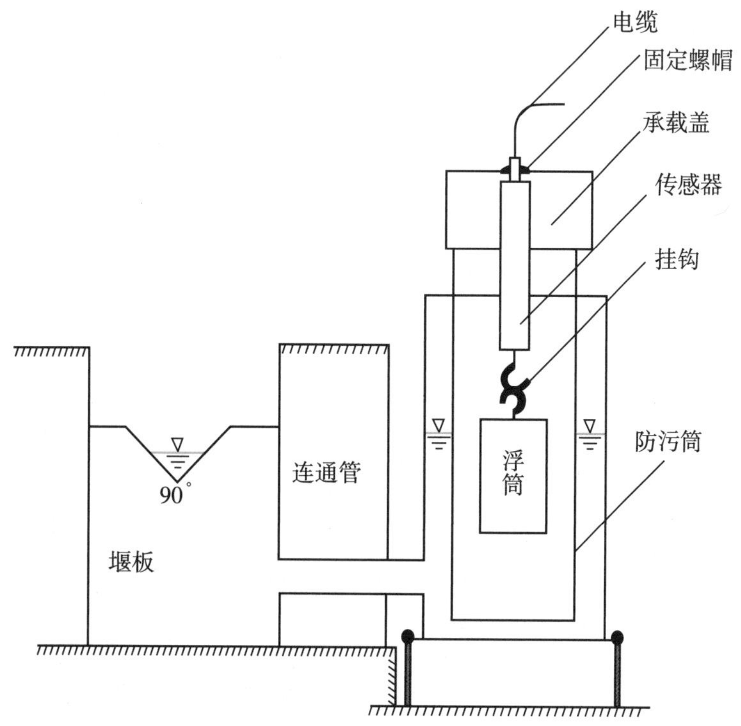

图8.2-9 堰槽传感器式自动化量测水位计结构示意图

（2）大坝渗压监测。渗压计适用于建筑物基础扬压力、渗透压力、孔隙水压力和水位监测。目前水工建筑物中常用的监测设备为振弦式渗压计和跟踪式智能渗压遥测仪。

1）振弦式渗压计。振弦式渗压计埋设在水工建筑物、基岩内或安装在测压管、钻孔、堤坝、管道和压力容器里，测量孔隙水压力或液体液位。主要部件均用特殊钢材制造，性能优异，适合各种恶劣环境使用。振弦式渗压计采用专用电缆连接，可有效克服大气压力对测值的影响，更适合用于水位测量。振弦式渗压计安装示意见图 8.2-10。

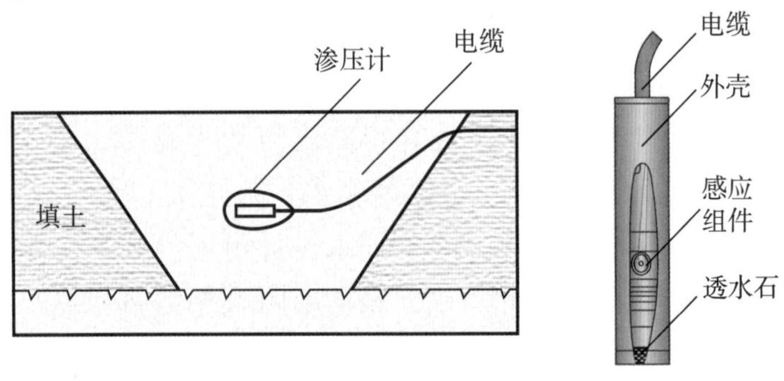

图 8.2-10　振弦式渗压计安装示意图

2）跟踪式智能渗压遥测仪。跟踪式智能渗压遥测仪采用主动跟踪式监测控制技术，集水位智能感知、数据采集处理、无线数据传输、自供电等一体化设计。其工作原理为电容感压式监测原理，智能探头跟踪水面变化并将数据传输至平台。

跟踪式智能渗压遥测仪主要性能优势为功耗低，安装方便，免维护运行，抗雷击、抗干扰能力强。同时设备运行不受测压管积沙、管壁锈蚀、水质变化等因素影响，测量精度较高，全量程测量误差不大于 1cm。跟踪式智能渗压遥测仪现场示意见图 8.2-11。

图 8.2-11　跟踪式智能渗压遥测仪现场示意图

（3）大坝表面变形监测。大坝表面变形重点监测内容为垂直位移和水平位移，目前一般采用北斗（GNSS）高精准位置服务功能开展水库坝体形变和库区边坡位移监测实验。

GNSS 一体机是一款技术先进、简单易用、可靠稳定的监测专业接收机，其强大的技术性能适合在任何情况下长时间连续工作。接收机与大地测量型天线设备集成在一起，并配合核心解算软件，能够最大限度地满足水库大坝、滑坡体、尾矿坝、沉降等变形监测的需要。大坝表面变形监测现场见图 8.2–12。

图 8. 2–12　大坝表面变形监测现场

采用 GNSS 自动化监测方式对水库库区表面位移进行实时自动化监测，其工作原理为：各 GNSS 监测点与参考点接收机实时接收 GNSS 信号，并通过数据通信网络实时发送到控制中心，控制中心服务器 GNSS 数据处理软件实时差分解算出各监测点三维坐标，数据分析软件获取各监测点实时三维坐标，并与初始坐标进行对比而获得该监测点变化量，同时分析软件根据事先设定的预警值而进行报警。

4. 系统运行与维护

（1）对监测自动化系统，日常应对测点、监测站、监测管理站、监测管理中心站的仪器设备及其相关的电源 、通信装置等进行检查。每季度对监测自动化系统进行 1 次检查，每年汛前应进行 1 次全面的检查，定期对传感器及其采集装置进行检验。

（2）定期对光学仪器、测量仪表、传感器等进行检验；有送检要求的仪器设备，应在检验合格的有效期内使用。

（3）每季度应对电测水位计的测尺长度进行校测，保持尺度标记的清晰，对蜂鸣器的工作状态进行检查。每季度应对压力表的灵敏度和归零情况进行检查测试。

（4）每年应对量水堰仪或水尺的起测点进行校测。

（5）自动化测值与人工测值之差超过限差时，应对传感器的准确性进行校测。监测部位渗流量与量水堰量程不匹配时，应更换量水堰或采用其他监测方法。

（三）视频监控系统

1. 系统功能及组成

视频监控系统主要采用网络监控摄像机对大坝、溢洪道、放水涵（洞）等建筑物运行情况进行监视。视频监视系统主要由各级监视中心、监视站和监视前端组成。监视中心由监视管理平台和视频显示平台组成。

（1）前端采集系统。前端采集系统是安装在现场的设备，它包括摄像机、镜头、防护罩、支架、电动云台及云百解码器。它的任务是对被摄体进行摄像，把摄得的光信号转换成电信号。

（2）传输系统。传输系统是把现场摄像机发出的电信号传送到控制室的主控设备上，由视频线缆、控制数据电缆、线路驱动设备等组成。在前端与主控系统之间距离较远的情况下使用信号放大设备、光缆及光传输设备等，也可使用无线传输方式。

（3）主控系统。把现场传来的电信号转换成图像在监视器或计算机终端设备上显示，并且把图像保存在计算机的硬盘上；同时，可以对前端系统的设备进行远程控制。主控系统主要由硬盘录像机（视频控制主机）、视频控制与服务软件包组成。

（4）网络客户端系统。计算机可以在安装特定的软件后，通过局域网和广域网络访问视频监控主机，进行实时图像的浏览、录像、云台控制及进行录像回放等操作；同时，可不使用专门的客户端软件而使用浏览器连接主机进行图像的浏览、云台控制等操作。这种通过网络连接到监控主机的计算机及其软件就组成了网络客户端系统。

2. 网络摄像机

（1）位置选择 。应根据水库不同位置监视对象的特点，合理选择监视前端位置。监视前端位置布设应满足对监视对象的有效观察。

（2）选型原则。监视前端摄像设备主要包括摄像机和云台等，应根据实际需要遵循以下原则进行选择：

1）户外监视前端应选择日 / 夜转换型摄像机或黑白摄像机，夜视距离不小于 50m。

2）室内照度较低或补偿性光源较弱的区域可选择低照度摄像机。

3）受现场条件限制无法安装辅助照明设备的监视区域可选择采用红外摄像机。

4）在水库库区、大坝、水闸和泵站管理区等需要经常快速变换监视对象的室外场景，宜选用一体化高速球形摄像机。

5）对水文观测设施进行监视可采用由云台和变焦摄像机组成的摄像设备。

6）对闸门、水泵的出水口等固定对象进行监视可采用固定式定焦摄像机。

7）摄像机变焦镜头的最大变焦倍率所对应的焦距，应大于监视区域内最远被监视对象所对应的焦距（应根据监视区域内最远被监视对象所对应的焦距进行选择），且光学变焦不小于 18 倍，电子变焦不小于 6 倍。

8）工程视频监视应实现图片定时拍摄、异常抓拍以及及时报送功能，图片画质宜在 1920 × 1080 像素及以上；具备有线网络或 4G/5G 通信条件的，可实现实时视频查看。

大坝视频监视现场如图 8.2-13 所示。

图 8.2-13　大坝视频监视现场

（3）设备运行。

1）视频采集设备必须能够全天候工作，白天和夜间都可以拍摄清晰的视频。

2）视频采集设备具有浪涌保护和防雷击保护功能。

3）沿立杆引上摄像机的电源线和信号线应穿金属管屏蔽。

4）在设备前的电源线、视频线、信号线和云台控制线等线路应加装合适的避雷器。

四、小型水库运行管理平台简介

1. 工程运行管理平台

小型水库工程运行平台主要围绕工程设施、安全管理、运行管理、管理保障等业务工作设置功能模块，对小型水库运行进行实时监控管理。小型水库运行管理平台整体结构如图 8.2–14 所示。

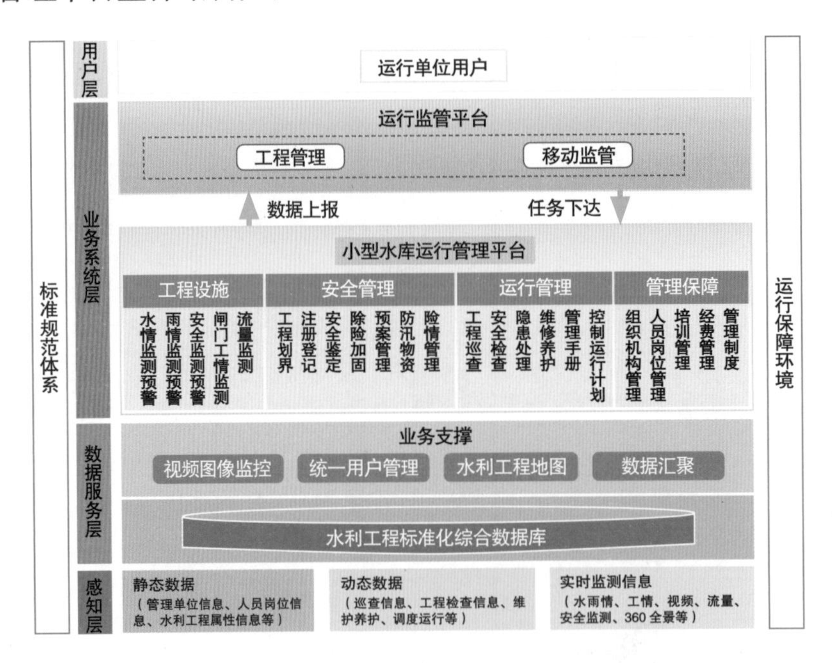

图 8.2–14　小型水库运行管理平台整体结构图

（1）工程设施。

1）水情监测预警。基于小型水库工程的实时水情监测数据，以图表结合、图文并茂的形式显示实时水情信息，水情信息内容包括：水库的库水位、蓄水量，并提供相关信息的查询、分析、统计和预警等功能，为工程管理人员提供实时、准确的水情信息服务。

2）雨情监测预警。在电子地图上动态监视各雨量站的降雨量信息，同时能对超标站点进行不同颜色的区分，实现信息以快速、直观、多层次的方式展示。主要功能包括实时雨量监测、雨量柱状图。

3）大坝安全监测预警。基于大坝安全监测系统的渗流、变形、应力等监测数据，对水库大坝的安全状态进行实时监控预警，为水库管理单位提供实时的大坝安全信息，确保大坝的安全运行。

4）视频监控。以管理房、闸门启闭设施及重点安防区域的视频监控信息等为信息来源，在图形界面上展示实时视频监控信息，随时掌握工程安防状况。

5）基础信息。通过对小型水库的基础信息收集和整理，实现工程信息的查询显示、定位标注等，包括水库特征水位及库容、特征曲线、工程特性、工程图纸、工程基础信息、管理范围和保护范围等，为用户提供详细的工程概况预览。

6）形象面貌。系统提供标识标牌、工程环境、管理房、档案室等图片上传展示功能。用户通过系统可直观地了解工程基本形象面貌，提升工程服务水平。

7）设施设备管理。针对工程相关重要设施设备，可通过系统录入相关的设施设备基础信息、厂商信息、采购日期、负责人等；系统提供多种自定义条件的快速查询和统计分析，并提供设备编码编辑、删除、增加等操作。同时，系统可生成相应二维码，并进行下载打印，按规范粘贴于设备表面。

管理人员在设备检查时，可通过手机扫描二维码，识别设备信息。

（2）安全管理。

1）工程划界。系统可对水利工程管理与保护范围划定的基本信息进行录入展示，包括划界依据、政府公告、划界批文、界桩及标识标牌等信息，查询结果以列表、文件或图片格式进行展示，并提供相关资料的存储、修改、输出、打印等功能。

2）注册登记。对注册登记情况及相关文档进行记录管理。用户可查看水库的注册登记（备案）基本信息表，对注册登记证等附件进行查询、下载、打印，同时可对注册登记（备案）信息进行及时更新与维护。

3）安全鉴定（评价）。对小型水库的安全鉴定结果及相关文档进行管理。用户可查看水利工程历次安全鉴定基本信息表，对安全评价报告、安全鉴定报告书（含审定文件）等附件进行查询、下载、打印，同时可对安全鉴定信息进行及时更新与维护。

4）除险加固。对工程除险加固情况及相关文档进行管理。用户可查看工程除险加固项目基本信息，对项目实施情况及相关附件文档进行编辑与管理，掌握除险加固实施情况，项目实施完成后可将项目文件进行下载与打印，实现项目文件的电子归档。

5）预案管理。预案管理包括工程各类应急预案、防御洪水方案、放水预警方案等，用户可对水利工程历年预案的报批稿、批复稿等相关文档进行管理，可进行预案上传、修改、删除、查询，并可下载、打印相关文档。

6）防汛物资。对防汛物资类别、物资信息、库存清单进行管理。基于电子地图查询水利工程防汛物资名称、规格型号、上报时间、存量、有效期、存储形式等内容，实时更新及查询物资信息及库存清单，同时对物资出入库情况进行统一管理，记录相关信息，确保汛期防汛物资的供应。

7）险情管理。管理人员在巡查、检查、观测过程中，一旦发现险情情况，需要将险情问题记录下来并进行上报，包括险情名称、险情发现时间、险情记录、上报人、负责人、应急响应情况、险情处置情况等。险情处理结束后，可上传险情处置报告等相关附件。

（3）运行管理。

1）工程巡查。根据水利工程巡查的实际情况，管理人员可自行制定符合实际情况的巡查线路并下发巡查任务。巡查人员接收巡查任务，根据指定巡查线路，对巡查部位进行检查，发现问题及时以文字、图像等形式记录问题现象，上传至平台，最终形成标准化的巡查表格。同时可查看巡查人员轨迹信息，实现对巡查人员的监督。

2）安全检查。对防汛检查情况、年度检查情况、特别检查情况等进行记录，包括检查情况、检查结果和相关文档等。用户可以查询安全检查的检查时间、具体内容、存在问题、处理情况、检查人员、检查负责人等相关信息，并上传安全检查报告。

3）隐患处理。对巡视检查及其他方式发现的工程隐患进行管理，实现工程隐患的“闭环化”跟踪处理。巡查人员在巡查过程中发现安全隐患后，系统将自动通知相关负责人进行处理。通过全程记录隐患处理过程，督促相关负责人员及管理人员及时处理发现的安全问题。系统可实现人工在线填报，也可结合 APP 进行填报。

4）维修养护。实现工程日常维修养护的管理，包括维修养护计划管理、日常养护管理、专项维养项目管理、维养经费统计等功能。

5）经费统计分析。查询统计年度维修经费支出情况以及工程日常养护、维修养护项目的年度统计情况，配以图表进行全面展示。

6）调度管理。可基于管理平台接收上级水行政主管部门下达的调度指令，并进行调度单及操作票管理，调度完成后进行调度总结并上报。

通过系统，用户可对闸门的运行操作进行记录，包括按照调度指令进行调度操作的起始时间、结束时间、存在问题、处理情况、检查人员等信息，也可结合 APP 进行填报。系统提供对历史运行操作记录的查询统计等功能。

7）管理手册。系统提供相关资料的录入管理功能，并可对文档资料进行下载、打印。

8）控制运用计划。控制运用计划提供工程的控制运用计划、兴利调度图、防洪调度图等相关资料的查询，为工程应急调度提供科学依据和决策支持。

（4）管理保障。主要从组织机构管理、人员岗位管理、培训管理、经费管理、管理制度等方面，为水库运行提供保障。

2. 工程移动管理系统功能

提供各类水利工程移动管理系统，为运管单位提供现场巡查和排查手段，为应急处置提供服务。系统应包含但不限于以下功能：

（1）基础信息查询。基础信息查询主要针对各级水行政主管部门及运管单位提供水利工程基础信息的查询服务，为水利工程巡查及隐患排查提供基础信息支撑。

（2）实时监测预警。当需要掌握工程具体运行状况信息，可调取该工程的水位监测、工情监测、视频监控等信息，让用户更加直观准确地了解该工程的实时监测信息。当实时监测信息超过既定预警数值或巡查发现险情时，可通过移动应用发布预警信息，水利工程运行管理人员无论身处何地，都可在第一时间获取预警信息。

（3）工程巡查管理。工程巡查管理提供巡查信息汇总、巡查记录管理、巡查任务管理、巡查人员管理等功能，为各级水行政主管部门提供水利工程巡查的综合监管手段，方便各级水利工程管理单位监管人员对工程巡查工作进行监管。

（4）调度运行管理。针对水库及水闸管理人员，调度运行管理主要提供工程调度任务接收、运行操作过程记录等功能，实现工程调度任务接收、执行、反馈的“闭环”管理，提高工程调度运行水平。

（5）工程安全隐患管理。工程安全隐患管理主要提供工程安全隐患上报、安全隐患跟踪、安全隐患处置、安全隐患核销等功能，实现工程安全隐患发现、跟踪、处置、结束的“闭环”管理，提高工程安全隐患的处理效率，全面保障水利工程的安全运行。

（6）维修养护管理。维修养护管理提供水利工程维修养护项目跟踪、维修养护过程记录等功能，实现工程维修养护项目跟踪、记录、结束的“闭环”管理，提升工程维修养护管理的规范化、现代化水平。

第三节　小型水库信息化发展趋势

随着云计算技术、物联网技术、国产高精度定位技术等新技术的发展，数字化、信息化工程管理系统已在许多基础工程中得到推广和应用。补齐水利信息化短板，提升水利信息化水平，创建安全实用的“数字水利”平台将成为水利工程发展的新趋势。

（一）实时智能监控将成为水利工程管理的重要趋势

随着物联网技术的不断发展及物联网技术应用成本的不断下降，物联网技术将越来越多地在水利工程建设中得到应用。目前，水利工程利用信息化技术对水库雨水情、大坝安全监测、视频监控等实时智能化管理已成为行业规范要求；随着高精度定位技术的不断发展，水库实时监控技术会越来越成熟。建设天空地一体化水利感知网，完善水利工程的安全监测、视频及遥感等监测信息，建立预警反馈机制，实现水利工程的在线监视，加大遥感、无人机、视频监控在水旱灾害防御、水资源利用、水利工程建设等领域的应用，实现重点江河湖泊、水利工程的全感知将成为水利管理的重要方式。

（二）大数据分析将为水利工程管理提供重要支撑

信息化技术在水利工程中的应用不断深入，越来越多的信息以标准化、数字化的形式维护到工程管理系统中来。构建水利业务支撑平台，完善数字水利“一个平台”“一个号”“一张图”建设，探索建设水利模型库、算法库以及人工智能在水利业务决策上的支撑应用，进一步提升重点水利业务应用的智能化水平。构建水利业务应用平台，提升水灾害防御、水资源保障、水生态保护、水工程监管、水政务协同、水公共服务能力，实现全省核心业务的全面融合与协同。制定水利业务系统建设规范、管理规范和技术应用规范等技术标准，推动数字水利规范化建设，构建统一管理、集约高效的水利综合管理体系，使得数据挖掘与深入分析成为水利工程管理不可或缺的技术手段。

（三）移动监管与多维共享将成为水利工程管理的发展趋势

随着网络环境的不断完善，越来越多的视频监控设备、基于物联网的实时监控设备都会融入水库信息化管理系统中来。各个层面的监控信息接入，为水利工程运行管理提供了巨大的便利，也使得利用网络技术对水库工程移动远程管理变成现实。随着“互联网 +”技术的不断深入，水利工程移动监管将成为工程管理的发展趋势。

总之，水利行业信息化将以“2+N”整体架构体系，在注重防洪调度、水资源管理的同时，关注河湖管理、水工程、水土保持、节水保护、智慧灌溉等业务，并与数字模型、水利模型、智慧模型深度融合，建立“预报、预警、预演、预案”的水利行业数字化平台。预计到 2035 年，将在信息化平台的基础上，进一步提升达到水利行业智能化应用目标，形成区域加流域综合管理、流域与流域协同管理新理念，并在区域和流域间，形成业务多维融合，流域与流域间，形成联合调度、联合运行多位一体的新模式。

第九章 标准化规范化管理

本章介绍了在小型水库管理体制机制建设中形成的专业化管护模式，介绍了小型水库标准化管理的目标任务、创建工作及评价标准等，帮助人员系统掌握小型水库管理体制改革和标准化管理的有关内容。

第一节 小型水库管理体制机制建设

一、小型水库管理体制改革发展历程

（一）水利部推动深化小型水库管理体制改革情况

2010 年 12 月 31 日，中共中央和国务院印发《关于加快水利改革发展的决定》，标志着水利工程管理体制改革拉开序幕，文件明确“深化小型水利工程产权制度改革，明确所有权和使用权，落实管护主体和责任，对公益性小型水利工程管护经费给予补助，探索社会化和专业化的多种水利工程管理模式。”2013 年水利部、财政部印发了《关于深化小型水利工程管理体制改革的指导意见》，明确改革目标：到 2020 年，基本扭转小型水利工程管理体制机制不健全的局面，建立适应我国国情、水情与农村经济社会发展要求的小型水利工程管理体制和良性运行机制，改革范围为县级及以下管理的小型水利工程，主要包括小型水库、小型水闸等。

为总结提炼宣传基层改革经验，2019 年水利部在全国范围内启动了深化小型水库管理体制改革示范县创建活动，旨在为改革提供新的标杆。示范县创建的目的是建立产权明晰、责任明确的工程管理体制；建立社会化、专业化的多种工程管护模式；建立制度健全、管护规范的工程运行机制；建立稳定可靠、使用高效的工程管护经费保障机制；建立奖惩分明、科学考核的工程管理监督机制。2020 年水利部组织对各省上报的示范县进行了专家评估，全国有 47 个县（市、区）被确定为“深化小型水库管理体制改革样板县”，2021 年又公布 68 个县（市、区）为“深化小型水库管理体制改革样板县”。各省在积极推进“样板县”的创建中，创造很多可复制可推广的经验，形成了一批成熟的小型水库管护模式。

从全国总体情况来看，样板县管护模式主要有以下三种：一是“区域集中管护”模式，即政府以县域或乡镇为片区，整合已有事业单位或国有企业，组建小型水库管理机构，对片区内的小型水库实行统一管护，第一批47个样板县中有21个实行了区域集中管护；二是“政府购买服务”模式，即政府由直接提供管护转而向社会力量购买小型水库管护服务，实行“物业化管理”，47个样板县中有32个实行了政府购买服务；三是“以大带小”模式，即按照区域化和流域化管理原则，政府将小型水库委托给大中型水利工程管理单位实施管护，充分利用其专业资源优势，47个样板县中有6个实行了“以大带小”。上述3种管护模式，是乡镇和农村集体经济组织分散管理的小型水库实现专业化统一管护的有效途径。

2021年4月国务院办公厅印发了《关于切实加强水库除险加固和运行管护工作的通知》，要求健全小型水库除险加固和运行管护常态化机制，提高小型水库安全管理水平。2021年8月，水利部印发了《关于健全小型水库除险加固和运行管护机制的意见》，明确“十四五”目标任务是：

（1）小型水库管护主体权责进一步明晰，管理体制机制进一步完善，分散管理的小型水库全面推行区域集中管护、政府购买服务、“以大带小”等专业化管护模式，运行管护常态化机制基本建立；

（2）已鉴定的小型病险水库除险加固任务全面完成，工程建设标准、项目管理能力明显提高，水库安全鉴定和除险加固常态化机制基本建立；

（3）小型水库监测设施建设基本完成，数据台账准确、完整，管理信息系统功能进一步提升，管理信息融合共享机制基本建立，管理信息化、标准化水平显著提升。

（二）山东省深化小型水库管理体制改革情况

2014年4月山东省水利厅、财政厅联合印发了《山东省小型水利工程管理体制改革指导意见》，全面启动小型水库为重点的小型水利工程管理体制改革；2014年4月30日，省水利厅、财政厅针对全省安全管理压力较大的山区小型水库，联合印发了《山东省小型水库管理体制改革试点县实施指导方案》，开展小型水库管理体制改革试点，2015—2016年进一步扩大了试点范围。2016年12月省水利厅、财政厅联合印发了《关于进一步深化小型水库工程管理体制改革切实加强小型水库管理的意见》，决定在充分吸纳小型水库管理体制改革试点成效和经验的基础上，全面推动和深化小型水库管理体制改革。制定和完善了“小型水库管理考核标准”，明确了小型水库管理主体、管理人员、管理经费、管理标准等。到2019年年底，全面完成小型水库管理体制改革目标任务，落实了小型水库管护主体，初步实现了小型水库从“无人管”到“有人管”、从“无钱管”到“有钱管”的转变，安全保障得到了较大提升。2019年12月经省政府同意，山东省水利厅、财政厅、发展改革委、自然资源厅联合印发了《关于加强我省小型水库安全运行管理工作的意见》，进一步明确了乡镇和农村集体经济组织所属的小型水库管护责任主体为乡镇人民政府水利站，提高小型水库管理体制改革年度补助经费标准，达到每座小（1）型水库6万元、小（2）型水库3万元，将小型水库运行管理工作纳入河湖长制管理。

2019年，在前期改革的基础上，山东省根据水利部统一部署，启动了深化小型水库管理体制改革示范县创建工作，进一步加强小型水库体制机制建设和探索小型水库管护模式。2020年山东省泗水、莒南、莒县、莱西等4县（市）被水利部公布为“第一批深化小型水库管理体制改革样板县”，2021年山东省沂水、临朐、东港、崂山等4县（区）被水利部公布为第二批样板县。山东省也公布了三批27个深化小型水库管理体制改革“省级示范（样板）县”。2019—2021年，山东省参与管理体制改革样板县（示范县）创建的小型水库占全省小型水库总数的72%，其中，泗水县“以大带小”管护模式被水利部推广。

为贯彻落实国务院办公厅《关于切实加强水库除险加固和运行管护工作的通知》，2021年7月，山东省出台了《关于切实加强水库除险加固和运行管护工作的实施意见》，明确了山东省“十四五”小型水库运行管护目标任务：

（1）建立水库运行管护长效机制，落实水库管护主体、管理人员和管护经费，推进管理标准化规范化。对分散管理的小型水库，实行区域集中管护、政府购买服务、“以大带小”等专业化管护模式，2021年年底前完成60%工作任务，2022年年底前全面推开。“十四五”期间，加快899座小型水库雨水情测报设施和1284座小型水库安全监测设施建设；建立全省水库数字化信息平台，提升水库信息化管理能力。

（2）加强水库运行管护措施。按照相关法律和规定，落实水库大坝安全责任人和小型水库防汛“三个责任人”，加强技能培训，切实提高履职能力。积极培育管护市场，鼓励发展专业化管护企业。制定“十四五”水利工程管理标准化规范化工作方案，指导各市因地制宜开展水库管理标准化建设。按照水利部部署，继续开展小型水库管理体制改革样板县创建，打造乡村小型样板水库，助力乡村振兴战略。

二、小型水库专业化管护模式简介

水利部印发的《关于健全小型水库除险加固和运行管护机制的意见》中，对小型水库的专业化管护模式进行了进一步说明。

（一）区域集中管护模式

文件明确“（六）实行区域集中管护——鼓励有条件的地区，由县级人民政府、乡镇人民政府或其授权部门明确具有一定能力的机构，以县域或乡镇为片区，对片区内的小型水库实行统一管护，加强管护机构能力建设指导，建立绩效考核机制”。

这种模式适合县域或乡镇有专业的管理机构和技术力量，能够独立承担水库的管理和维护能力，尤其是在机构改革后还保留有乡镇水利站（中心）的县区。例如，山东省临沂市相关县（区）在行政管理体制改革中，大部分保留了水利站编制，为以乡镇为单位形成区域集中管护创造了条件。

（二）政府购买服务模式

文件明确“（七）实行政府购买管护服务——鼓励政府有序引导符合要求的企业、机构、社会组织等社会力量参与小型水库运行管护。应根据本辖区相关制度、标准和规范确定购买内容，编制指导目录和合同范本，规范购买服务流程，明晰双方职责。购买内容可包含小型水库日常巡查、保洁清障、维修养护等基本工作，及监测设施运行维护、数据整编分析等信息化管理工作”。

这种模式适合水库数量多、缺乏专业技术人员的县区，通过签订合同，制定标准，实现“管护运营公司化，管理措施物业化，日常运行标准化”，达到工程管护的“规范化、专业化、标准化、科学化”。还有部分县区在政府购买服务模式上进行创新，例如山东省莒县通过组建国有公司对小型水库进行统一管理和养护，按地域和工作量大小，公司设立若干个分公司，划片负责小型水库的日常管护，水库巡查管护员成为公司“职员”，统一管理和考核。

（三）“以大带小”管护模式

文件明确“（八）实行‘以大带小’管护——鼓励符合就近代管条件的小型水库，委托给大中型水利工程管理单位管护，发挥其专业技术和人力资源优势，对小型水库实施专业化管护。代管单位依据代管合同开展工作，履行合同规定的职责。鼓励代管单位统一承担除险加固项目管理和运行管护工作”。

这种模式适合县域拥有一定能力的大中型水管单位。例如山东省泗水县以大中型水库、水闸为依托，设置 7 个水利工程管理服务中心，把全县 79 座小型水库统筹纳入各个服务中心管理，实行水利工程以大带小，实现工程区域化、流域化管理，与乡镇共同形成了工程管理的网格化，有效解决了乡镇管理人员不足、县级水行政监管薄弱、技术力量分散的问题，强化了监管，打造了“泗水模式”。这个模式在经济基础薄弱贫困地区，对强化工程监管具有一定的推广性。泗水县“以大带小”模式没有改变乡镇作为小型水库管护主体的责任。

（四）其他管护模式

文件明确“（九）探索其他管护模式——探索其他行之有效的小型水库管护模式，如‘小小联合’‘工程保险’等。在确保工程安全、生态环境安全的前提下，探索引入社会资本参与小型水库经营，用经营收益承担部分管护费用，督促经营者参与管护工作。鼓励实行小型水库、中小河流堤防、小型水闸、农村饮水等农村公共基础设施一体化管护”。

第二节　小型水库标准化管理

一、目标任务

小型水库标准化管理以保障工程安全运行为目标，落实小型水库安全管理主体责任，落实资金投入保障机制，落实管护人员，完善水库工程设施，建立健全以工程运行管理规程为基础的管理技术标准和工作标准，对关键要素实施标准化管理，全面提升工程运行管理水平。

二、标准化建设内容

（一）落实水库管护责任主体及管护人员

标准化管理以每座小型水库为单元，以水库管理单位或管理责任主体为对象进行组织实施，标准化建设的首要工作就是要落实水库管护责任主体。水利部办公厅《关于健全小型水库除险加固和运行管护机制的意见》明确，县级人民政府是小型水库除险加固和运行管护的责任主体，指导监督相关部门和乡镇人民政府履职尽责；乡镇人民政府履行属地管理职责，明确专职工作人员，组织做好相关工作。涉及公共安全的小型水库，县级人民政府或乡镇人民政府应按照工程产权归属，落实安全责任。委托社会力量或相关单位代管的小型水库，管护责任主体不变。

山东省明确，乡镇（街道）、农村集体经济组织所属的小型水库，由乡镇（街道）水利站（中心）作为水库管护主体，对辖区内小型水库实行统一管理。同时，根据山东省深化小型水库管理体制改革要求，按照每座小（1）型水库不少于2人、小（2）型水库不少于1人的标准全部落实巡查管护人员，负责水库的日常巡视检查、日常管护、信息报送、险情报告、防汛值守等工作。

（二）建立管理标准体系

省级水行政主管部门依据国家相关管理制度和技术标准，制定水库工程管理标准：包括管理标准、工作标准和评价标准；梳理小型水库在安全管理、运行管护和管理保障等方面的管理事项，编制标准化工作手册编制指南，制定标准化管理评价办法。市、县根据省制定的管理标准，结合本地区水库运行管理实际，组织小型水库管理单位（或管理责任主体）制定水库标准化管理手册。

（三）编制标准化管理手册

管理手册要针对工程特点，理清管理事项、确定管理标准、规范管理程序、科学定岗定员，将管理标准细化到每项管理事项、每个管理程序，落实到每个岗位。

（四）开展标准化达标创建

小型水库管理单位（或管理责任主体）对照管理标准，从工程状况、安全管理、运行管护和管理保障四个方面，深入查找存在的问题和不足，逐一采取措施加以解决。按规定开展工程安全鉴定；工程存在病险的，及时治理消除隐患；加强工程度汛管理和安全生产管理；划定工程管理与保护范围，严格清理“乱占、乱采、乱堆、乱建”行为；规范工程检查监测、操作运用、维修养护等工作，深入开展隐患排查治理；加强工程安全监测和运行监控等信息化建设；强化人员、经费和制度保障，加强环境整治，改善工作条件。

（五）标准化达标评价

水行政主管部门根据水利部或省级小型水库标准化管理评价办法及其评价标准，建立标准化管理常态化评价与奖惩机制，深入组织开展标准化评价工作。山东省要求所有纳入名录的小型水库强制达标；对其中条件较好的达标水库可以按照示范工程评价标准实施评价，达到标准的被评为标准化管理示范工程。

（六）水库新建、除险加固建设与标准化管理衔接

经鉴定为三类坝的水库，在实施除险加固前要按照相关安全要求控制运行，并及时开展除险加固消除病险隐患，提前谋划工程标准化管理工作。在

建水利工程要实现工程建设与管理的有机结合，按照标准化管理的要求，明确工程管理体制，落实管理责任主体、管理机构和运行管理经费来源；在工程设计和施工中将管理设施与主体工程同步设计，同步实施；划定管理和保护范围，编制标准化管理手册，在工程竣工验收后一年内完成标准化创建和评价工作。

三、评价标准

依据《山东省水利厅关于印发山东省水利工程标准化管理评价标准（判定标准、示范工程赋分标准）的通知》（鲁水运管函字〔2021〕65 号），山东省对小型水库标准化管理评价标准见表 9.2–1。

四、小型水库挂牌明示制度

山东省水利厅 2021 年 4 月以鲁水运管函字〔2021〕26 号文印发《山东省水利工程运行管理制度及操作规程标准范本（试行）》，对小型水库现场挂牌的常用规章制度、操作规程及标识标牌等内容进行了统一规范。小型山区水库挂牌名录具体内容摘抄如下。

山东省小型水库（山区）运行管理制度及操作规程标准范本

前　言

本范本依据《水库大坝安全管理条例》（1991 年 3 月 22 日国务院令第 77 号发布，2018 年 3 月 19 日修正）、《水库工程管理通则》（SLJ T02—81）、《小型水库安全管理办法》（水安监〔2010〕200 号）、《水利部办公厅关于印发小型水库防汛“三个责任人”履职手册（试行）和小型水库防汛“三个重点环节”工作指南（试行）的通知》（办运管〔2020〕209 号）、《山东省小型水库管理办法》（2014 年 10 月 28 日山东省人民政府令第 280 号第三次修正）、《山东省水库工程运行管理规范（试行）》等现行有关规定及《山东省小型水库工程标准化管理手册编制指南（试行）》，结合山东省小型山区水库管理现状编制。本范本所列的制度和规程均挂牌明示，各地应结合工程实际完善具体内容；范本中未包括的项目，各地可根据需要结合工程实际自行确定。有闸控制的小型山区水库，其机电设备运行管理制度和操作规程参照大中型山区水库标准范本执行。

本范本适用于建成并交付运行的小型山区水库。

1 水库挂牌名录

根据山东省小型山区水库工程现状和运行管理需要，制定挂牌明示的岗位职责3项、制度7项、规程1项，其他图表和标识11项。

小型山区水库挂牌名录

序号	挂牌明示的事项	建议挂牌位置
1	水库简介	大坝醒目位置
2	水库管理范围和保护范围示意图	大坝醒目位置
3	水库大坝安全责任人	大坝醒目位置
4	水库防汛责任人	大坝醒目位置
5	管护要求	管理房
6	安全警示牌	工程管理范围
7	防汛行政责任人主要职责	管理房
8	防汛技术责任人主要职责	管理房
9	防汛巡查责任人主要职责	管理房
10	巡视检查制度	管理房
11	巡查路线示意图	管理房
12	维修养护制度	管理房
13	调度运用制度	管理房/启闭机房
14	水雨工情监测制度	管理房
15	防汛值班值守制度	管理房
16	防汛物资管理制度	管理房
17	险情报告制度	管理房
18	人员转移路线图	管理房
19	放水洞工作闸门操作规程	启闭机房
20	放水洞工作闸门启闭操作流程图	启闭机房
21	放水洞纵剖面图	启闭机房
22	放水洞水位、流量及开度关系图表	启闭机房

注 小型水库要统一配备记录本，统一格式印制装订成册。记录本包括巡查和运用记录表、安全监测记录表，格式要求详见《小型水库防汛“三个责任人”履职手册（试行）》附表1和附表2。

2 水库简介

本章具体内容按照《山东省水利工程运行管理标识牌设置指南（试行）》

（山东省水利厅，2021 年 4 月）编写。

3 岗位职责

3.1 防汛行政责任人主要职责

一、负责水库防汛安全组织领导。

二、组织协调相关部门解决水库防汛安全重大问题。

三、落实巡查管护、防汛管理经费保障。

四、组织开展防汛检查、隐患排查和应急演练。

五、组织水库防汛安全重大突发事件应急处置。

六、定期组织开展和参加防汛安全培训。

3.2 防汛技术责任人主要职责

一、为水库防汛管理提供技术指导。

二、指导水库防汛巡查和日常管护。

三、组织或参与防汛检查和隐患排查。

四、掌握水库大坝安全鉴定结论。

五、指导或协助开展安全隐患治理。

六、指导水库调度运用和水雨情测报。

七、指导应急预案编制，协助并参与应急演练。

八、指导或协助开展水库突发事件应急处置。

九、参加水库大坝安全与防汛技术培训。

3.3 防汛巡查责任人主要职责

一、负责大坝巡视检查。

二、做好大坝日常管护。

三、记录并报送观测信息。

四、坚持防汛值班值守。

五、及时报告工程险情。

六、参加防汛安全培训。

4 挂牌明示的制度

4.1 巡视检查制度

一、巡视检查分为日常巡查、防汛检查和特别检查，特别检查结束后，应形成检查报告。

二、检查内容：

1. 日常巡查主要对大坝、溢洪道、放水洞等建筑物结构，闸门及启闭设施，近坝库岸及管理设施等情况进行检查。

2. 防汛检查重点检查大坝安全情况、设施运行状况和防汛准备工作。

3. 特别检查对工程进行全面检查，异常部位及周边范围应重点检查。

三、检查频次

1. 日常巡查：运行期汛期每天至少 1 次、非汛期每周至少 1 次；初蓄期每天 × 次、非汛期每周 × 次。

2. 防汛检查：每年至少 3 次，分别在汛前、汛中和汛后开展。

3. 特别检查：当水库遭遇暴雨、大洪水、有感地震，以及库水位骤升骤降或持续高水位等情况，发生比较严重的破坏现象或出现危险迹象时，应组织特别检查，必要时进行连续监视；水库放空时应进行全面检查。

四、巡视检查发现异常现象时，上报防汛技术责任人，做好书面和拍照记录。

五、每次巡视检查均应规范填写巡查和运用记录表，并整理归档。

4.2 维修养护制度

一、维修养护工作可分为日常维护、岁修、大修和抢修。

二、汛后编制下年度维修养护实施方案报 ×× 批准后组织实施。凡影响安全度汛的修理工程，应在汛前完成，汛前不能完成的，应采取临时安全度汛措施，报上级主管部门批准（或备案）。

三、维修养护应保持工程设施的安全、完整、正常运用。

1. 坝顶应平整，无积水，无杂草；坝顶发现裂缝应查明原因并及时处理；防浪墙、坝肩、踏步完整，无损坏。

2. 坝坡平整，无雨淋沟，无荆棘树木；护坡草皮及时修整，清除高秆杂草，保持平整美观；护坡完好，无松动、塌陷、脱落、剥蚀、冻毁或架空现象；排水沟完好无淤堵。

3. 坝后排水体无损坏、阻塞现象，排水畅通。

4. 输、泄水建筑物表面应保持清洁完好，无堵塞；建筑物缺陷及时按原状修复。

5. 闸门、启闭机、机电设备、观测设施等定期维护，外观整洁，无锈蚀，转动部位及时润滑，确保设备设施正常运用。

四、维修养护后，及时做好技术资料的整理、归档。

4.3 水雨工情监测制度

一、水雨情监测主要内容：库水位和降雨量。

二、水库管理单位或巡查人员负责水雨情测报设施的日常维护，每年汛前对水雨情观测设施进行检查，确保正常运用。

三、库水位观测范围应能涵盖大坝坝顶与死水位之间的水位变化区。

四、在汛期、来水或泄（放）水时，库水位每日定时观测 1 次，当库区降雨加大、库水位上涨时，根据情况增加观测频次；非汛期每周定时观测 1 ～ 2 次。

五、降雨量每日定时观测 1 次，汛期降雨量较大时增加观测频次。采用自记或自动观测的，可每 30 分钟观测记录 1 次。

六、库水位和降雨量观测结果应及时、准确记录在专用记录簿上，严禁追记、涂改和伪造。

七、水雨情观测信息应及时报送水行政主管部门、水库主管部门等有关单位。汛期或发生险情情况下，应当根据降雨量、库水位及险情情况增加报送频次。

八、管护主体单位除开展库水位、降雨量等观测外，还应根据工程设置的监测项目组织开展工程监测。

4.4 调度运用制度

4.4.1 无闸控制调度运用制度

一、水库调度运用执行批准的《×× 水库调度运用方案》，需要改变调度运用计划，应及时报上级主管部门批准。

二、以库水位超过堰顶高程自由泄流为防洪运用基本方式。

三、汛期库水位应严格按照汛限水位控制，不得擅自超越；不得在泄洪设施上设置任何影响泄洪的子埝、拦鱼网等挡水阻水障碍物。

四、泄洪过程中加强泄洪设施、挡水建筑物和下游行洪通道安全的巡查，发现问题及时报告。

4.4.2 有闸控制调度运用制度

一、水库调度运用执行批准的《×× 水库调度运用方案》，需要改变运用方式和调度运用计划，应及时报上级主管部门批准。

二、有调度权限的部门：×××。水库调度运用应服从有调度权的部门调度，严格执行 ××× 下达的调度指令。

三、水库泄洪时，应提前通知下游，得到反馈后，按指令和流程操作闸门，并加强对工程和水流情况的检查。

四、汛期库水位应严格按照汛限水位控制，不得擅自超越；不得在泄洪设施上设置任何影响泄洪的子埝、拦鱼网等挡水阻水障碍物。

五、泄洪过程中加强泄洪设施、挡水建筑物和下游行洪通道安全的巡查，发现问题及时报告。

4.5 防汛值班值守制度

一、当气象部门发出台风、暴雨预报和发生大到暴雨以上实时降雨时，或接到险情报告、上级指令，巡查责任人应及时到位，24 小时值守，加强工程巡查。

二、实时掌握水情、雨情、工情，做好防汛信息传递。

三、做好防汛值班值守记录，按要求填写巡查和运用记录表。

四、发现库水位超过汛限水位、限制运用水位或溢洪道过水时，及时报告防汛技术责任人；遭遇洪水、地震及发现工程出现异常等情况及时报告，紧急情况下按照预案发出警报。

五、值班值守期间严禁饮酒，不得做与值班值守无关的事情。

4.6 防汛物资管理制度

一、按照有关要求配备必要的防汛物资和报警器材。

二、防汛物资和报警器材应现场存放，整齐摆放，取用方便。

三、做好日常维护，保证防汛物资正常使用。

四、健全防汛物资台账和管理档案，做到“实物、台账”相符。

五、防汛物资属专项物资，必须专物专用，防汛物资使用和报废严格按程序执行。

六、注意防火、防盗、防潮、防虫咬等，确保防汛物资管理安全。

4.7 险情报告制度

一、当遭遇以下情况时，巡查人员应立即报告水库防汛技术责任人。情况紧急时，可越级向大坝安全政府责任人、防汛行政责任人、当地政府应急部门等报告。发生溃坝险情时，可直接向下游淹没区发布警报信息。

1. 遭遇持续强降雨，库水位超正常蓄水位或溢洪道堰顶高程，且继续上涨；泄洪设施异常、边坡滑坡堵塞进口或行洪通道。

2. 大坝出现裂缝、塌陷、滑坡、渗漏等险情。

3. 供水水库水质被污染；其他危及大坝安全或公共安全的紧急事件。

二、事件报告可采用固定电话、移动电话、卫星电话等方式，确保及时、有效、可靠。后续报告应当以书面形式报告。

三、水库防汛技术责任人接到巡查人员报告后，应立即向防汛行政责任人及当地人民政府应急部门和防汛指挥机构报告，并立即赶赴水库现场，指导巡查人员加强库水位和险情变化等跟踪观测，做好观测记录与后续报告。

5　挂牌明示的规程

5.1 放水洞工作闸门操作规程

5.1.1 卷扬机启闭工作闸门操作规程

一、操作运行人员应培训合格后方可上岗。

二、接到闸门启闭指令后，应立即做好闸门启闭前的准备工作，并填写记录。

三、启闭过程中应注意观察启闭机运行是否正常，有无异常响声，以及上下游水流情况，发现异常及时停车检查，查找原因并及时进行处理。

四、手动操作手电两用启闭机时，应先断开电源；闭门时禁止松开制动器使闸门自由下落，操作结束后应立即取下摇柄或断开离合器。

五、闸门启闭结束后，切断电源，填写启闭记录。

5.1.2 手电两用螺杆机启闭工作闸门操作规程

一、操作运行人员应培训合格后方可上岗。

二、接到闸门启闭指令后，应立即做好闸门启闭前的准备工作，并填写记录。

三、启闭过程中应注意观察启闭机运行是否正常，有无异常响声，以及上下游水流情况，发现异常及时停车检查，查找原因并及时进行处理。

四、手动操作手电两用启闭机时，应先断开电源。

五、闸门关闭过程中，在接近闸门底缘时应控制闸门缓慢下降或采用手动操作，严禁强行顶压以致损坏设备。

六、闸门启闭结束后，切断电源，填写启闭记录。

5.1.3 手动螺杆机启闭工作闸门操作规程

一、操作运行人员应培训合格后方可上岗。

二、接到闸门启闭指令后，应立即做好闸门启闭前的准备工作，并填写记录。

三、启闭过程中应注意观察启闭机运行是否正常，有无异常响声，以及上下游水流情况，发现异常及时停车检查，查找原因并及时进行处理。

四、当闸门接近启闭上限或关闭位置时应及时停止操作，严禁强行顶压。

五、闸门启闭结束后，填写启闭记录。

5.1.4 闸阀操作规程

一、操作运行人员应培训合格后方可上岗。

二、接到启闭指令后，应立即做好启闭前的准备工作，并填写记录。

三、启闭过程中应注意观察闸阀运行是否正常，有无异常响声，以及上下游水流情况，发现异常及时停车检查，查找原因并及时进行处理。

四、开启、关闭闸阀时，注意开关到位后，一般闸阀手轮回半圈，保持手轮松动状态。

五、关闭阀门时，应均匀发力、缓慢关闭，防止损坏手轮、密封面等。

六、启闭结束后，填写启闭记录。

5.2 放水洞工作闸门启闭操作流程图

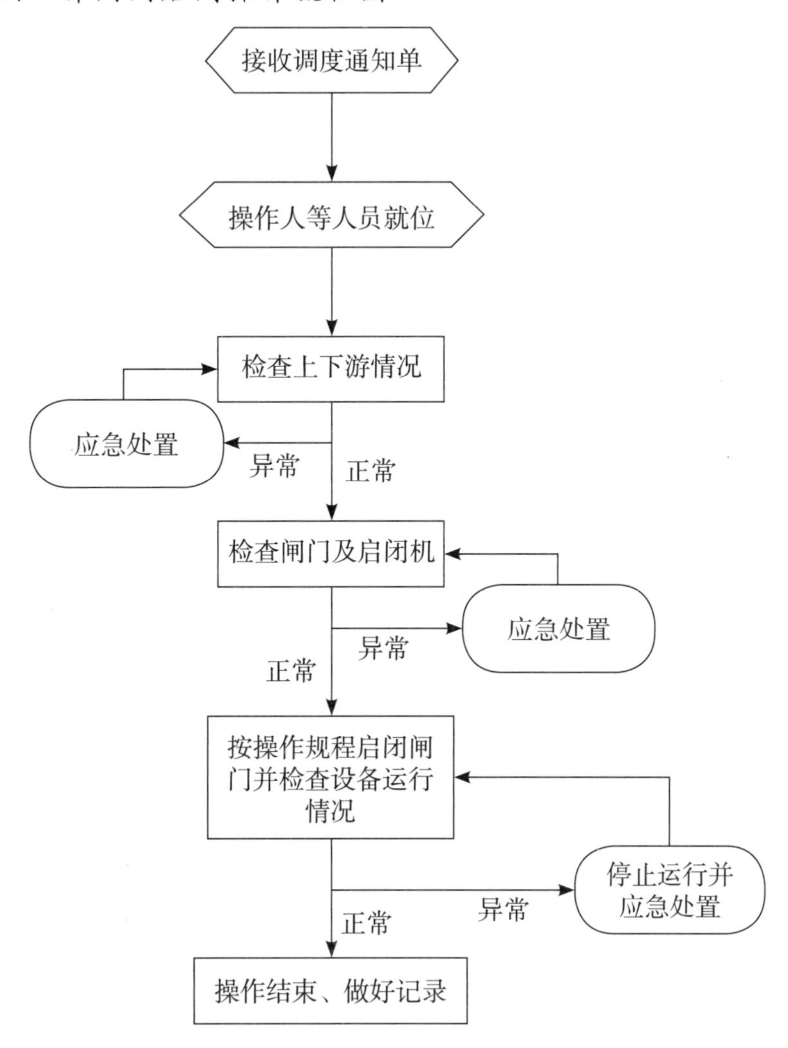

附录　条文说明

1　水库挂牌名录

管护要求：

一、坝顶应平整，无积水，无杂草；防浪墙、坝肩、踏步完整，无损坏。

二、坝坡平整、整洁，无雨淋沟，无荆棘树木；护坡草皮平整美观；护坡完好；排水沟完好无淤堵；坝后排水体无损坏、阻塞现象。

三、输、泄水建筑物表面应保持清洁完好，无阻塞物。

四、在水库管理范围内，发现建设构筑物或者进行垦殖、堆放杂物、爆破、采石、打井、取土、修坟等影响水库安全的活动，立即制止或及时上报。

4 挂牌明示的制度

4.1 巡视检查制度

三、检查频次

1. 日常巡查：填写频次。初蓄期应加大频次，具体频次各水库结合实际确定。初蓄期是指从水库新建、改（扩）建、除险加固下闸蓄水至正常蓄水位的时期，若水库长期达不到正常蓄水位，初蓄期则为下闸蓄水后的头3年。

4.2 维修养护制度

二、填写年度维修养护实施方案审批部门或单位。

4.4 调度运用制度

4.4.1 无闸控制调度运用制度

一、填写水库名称。

4.4.2 有闸控制调度运用制度

对于坝高15m以上或总库容100万m^3以上，且具备泄洪调度设施条件的水库，调度运用方案宜按照《水库调度规程编制导则》(SL 706—2015)编制。

一、填写水库名称。

二、填写有调度权的部门或单位名称。

填写下达调度指令部门或单位名称。

5 挂牌明示的规程

5.1 放水洞工作闸门操作规程

5.1.1 卷扬机启闭工作闸门操作规程

第二条：闸门启闭前的准备工作包括：上下游沿线巡查、喊话预警，及时通知管理范围内的上下游人员，确认安全后方可开启闸门。闸门周围有无漂浮物，各设备是否正常，确保设备处于良好的使用状态，检查电源及电力设备是否正常。

第四条：本条适用于具有手动功能的启闭机。

5.1.2 手电两用螺杆机启闭工作闸门操作规程

第二条：闸门启闭前的准备工作包括：上下游沿线巡查、喊话预警，及时通知管理范围内的上下游人员，确认安全后方可开启闸门。闸门周围有无漂浮物，各设备是否正常，确保设备处于良好的使用状态，检查电源及电力设备是否正常。

第五条：螺杆启闭机在关闭闸门时，为避免闸门触底后仍继续强行关闭闸门，致使螺杆弯曲变形，在设定闸门关闭开度时，宜预留部分余量（5 ~ 10cm），在余量范围内采用手动或者电动机“点动”关闭闸门。

5.1.3 手动螺杆机启闭工作闸门操作规程

第二条：闸门启闭前的准备工作包括：上下游沿线巡查、喊话预警，及时通知管理范围内的上下游人员，确认安全后方可开启闸门。闸门周围有无漂浮物，各设备是否正常，确保设备处于良好的使用状态。

5.2 放水洞工作闸门启闭操作流程图

检查闸门、启闭机设备情况主要包括：闸门有无异常，通气孔是否堵塞，周围有无漂浮物，电气设备是否正常，油箱、泵、阀等液压系统有无漏油现象，闸门开度指示装置、远程与现地互锁开关等是否正常，确保设备处于良好的使用状态。

表 9.2–1　山东省小型山区水库工程标准化管理评价标准（判定标准、示范工程赋分标准）

类别	项目		评价内容	评价方法	判定标准	示范工程赋分标准	
						赋分标准	总分
工程设施（370分）	1	工程标准	两年内工程遇标准内洪水未发生重大险情	查看有关工作记录、通报文件	1. 两年内工程遇标准内洪水发生重大险情。 2. 查看安全鉴定报告、除险加固设计及批复、验收报告等，针对三类坝安全鉴定报告中提出的影响到工程运行安全特别是工程实体存在的问题未进行全部处理的。 3. 除险加固工程未完成蓄水验收或竣工验收	二类坝，无维修加固方案或实施计划，扣 10 分；未按实施计划落实的，扣 5~10 分	20
			鉴定为三类坝已完成除险加固	现场查看，并查看安全鉴定及除险加固有关资料			
	2	工程环境	坝体周边无垃圾围坝现象	现场查看	1. 坝体及水库岸线存在垃圾、杂物、柴草等乱堆乱放现象。 2. 水库水面有垃圾、树木枝叶、杂物等大量漂浮物	1. 坝体及水库岸线存在垃圾、杂物等，扣 2~5 分。 2. 水面存在垃圾漂浮物等，扣 2~5 分	10
	3	挡水建筑物	挡水建筑物无影响工程安全运行的重大隐患	现场查看，按照《水利工程运行管理生产安全重大事故隐患直接判定清单（指南）》现场评判	1. 存在《水利工程运行管理生产安全重大事故隐患直接判定清单（指南）》所列隐患内容。 2. 未及时对挡水建筑物进行检查维护，现场发现工程实体问题超过 6 项（不含）以上（当年水毁已列入修复计划的除外）	1. 坝顶及坝坡排水系统不完善，排水不畅，扣 5~20 分。 2. 坝顶防浪墙、路面及路沿石存在破损、裂缝，扣 5~10 分；坝顶杂草丛生，扣 5 分。 3. 上下游坝坡表面凹凸不平、混凝土剥蚀破损、砌石脱落、有雨淋沟，每项扣 5~10 分。 4. 坝坡草皮修剪不及时、高秆杂草较多，扣 3~10 分；草皮缺损，扣 2~10 分；坝坡存在树木、树根、乱石，扣 5~10 分。 5. 排水体、排水沟、排水孔等有杂草、淤积、堵塞，扣 2~5 分。 6. 大坝有裂缝、塌陷、隆起、动物洞穴等隐患的，每处扣 5 分。 7. 坝后坝脚管理范围未清理，杂草丛生，影响工程巡查，扣 15 分	100

续表

类别	项目		评价内容	评价方法	判定标准	示范工程赋分标准	
						赋分标准	总分
工程设施（370分）	4	输、泄水建筑物	输、泄水建筑物结构完整，无影响工程安全运行的重大隐患	现场查看，按照《水利工程运行管理生产安全重大事故隐患直接判定清单（指南）》现场评判	1. 存在《水利工程运行管理生产安全重大事故隐患直接判定清单（指南）》所列隐患内容。 2. 未及时对输、泄水建筑物进行检查维护，现场发现工程实体问题超过3项（不含）以上（当年水毁已列入修复计划的除外）	1. 溢洪道过水断面内有淤积和障碍物，扣10~20分。 2. 溢洪道两侧岸坡及边墙存在失稳现象，扣15分。 3. 溢洪道泄洪时冲刷坝体及下游坝脚，扣20分。 4. 混凝土或砌石结构有变形、裂缝、破损、剥蚀等隐患，每处扣5分。 5. 放水洞放水时冲刷坝体及下游坝脚，扣10分。 6. 放水洞存在漏水，扣5~10分	100
	5	金属结构及机电设备	金属结构、机电设备等设施无影响安全运行的缺陷或隐患	现场查看，按照《水利工程运行管理生产安全重大事故隐患直接判定清单（指南）》现场评判	1. 存在《水利工程运行管理生产安全重大事故隐患直接判定清单（指南）》所列隐患内容。 2. 设备不能正常启闭运行的。 3. 存在金属结构、机电设备等设施严重锈蚀、脏乱差的	1. 金属结构、机电设备等表面有明显的积灰、油污等现象，每处扣5分。 2. 金属结构及机电设备养护不到位，存在锈蚀、变形、闸门漏水等现象，每处扣5分。 3. 溢洪道有闸控制（电动启闭），未配备备用发电机组或不能正常使用，扣10分。 4. 机房内不整洁、有杂物、线路凌乱不安全、门窗破损等，每处扣5分	60
	6	水位观测设施	设置的水位观测设施满足测读需求	现场查看	水尺数量不足，不能满足测读要求且无自动观测水位设施或自动观测设施监测数据不准确的	1. 水位观测设施有损坏、刻度不清晰，扣3~10分。 2. 未标注水尺零点（底）高程，扣5分。 3. 工程现场不能实时查看自动观测数据，扣10分。 4. 自动观测设施有损坏，扣10分	40
	7	标识标牌	在水库大坝等主体工程明显位置设置特征水位线标识	现场查看	1. 未设置特征水位线标识。 2. 水位线标识数据不准确	1. 标识标牌未按《山东省水利工程运行管理标识牌设置指南（试行）》格式要求制作，扣5~10分。 2. 标识标牌类别不齐全或数量不足，每缺1类扣5分。 3. 标识标牌存在明显破损、设置不规范、信息不齐全、不正确、字迹不清的，扣2~10分	40
			在危险区域设置必要的警示标牌	现场查看	发现未设置警示标识的危险区域3个（不含）以上的（危险区域包括工程现场、设备设施、管理单位内部等）		
安全管理（250分）	8	注册登记	按照《水库大坝注册登记办法》完成注册登记	查看注册登记及变更资料	1. 未完成注册登记。 2. 登记信息不准确，主要运行指标有误的	未及时办理变更事项登记，扣5分	5

续表

类别	项目		评价内容	评价方法	判定标准	示范工程赋分标准	
						赋分标准	总分
安全管理（250分）	9	安全鉴定	按照《水库大坝安全鉴定办法》及《水库大坝安全评价导则》（SL 258）在规定时间内完成大坝安全鉴定工作	查看安全鉴定有关资料	1. 超期未完成大坝安全鉴定。 2. 鉴定单位资质、鉴定程序有一项不满足要求	未将鉴定成果指导水库安全运行的，扣5~20分	20
	10	工程划界	完成水库工程的管理范围和保护范围划定工作	现场查看管理范围界桩、保护范围明示牌，并查看划界资料	1. 未完成管理范围和保护范围划定工作（两项内容均需完成），政府未发布公告的。 2. 现场未设置界桩、公告牌的	1. 管理范围划定达不到规范要求，扣5~10分。 2. 工程管理范围界桩设置不规范，扣5分；界桩缺失，每个扣5分；界桩破损、倒伏等，每个扣2分。 3. 公告牌未按《山东省水利工程运行管理标识牌设置指南（试行）》格式要求制作，扣10分	30
	11	安全责任制	落实水库大坝安全管理三级责任人和防汛“三个责任人”并现场公示	现场查看，并查看责任人落实文件及公示公告情况	1. 未以正式文件或公共媒体公布责任人的（行政责任人应由政府相关负责人担任）。 2. 工程现场未设置责任人公示牌的	1. 责任人因履职不到位，受到上级主管部门约谈每起扣10分，通报批评每起扣20分。 2. 责任人公示牌信息不齐全（姓名、职务、电话），扣5分。 3. 责任人公示牌信息未及时更新，扣5分	30
	12	水行政管理	工程管理范围内无影响工程运行安全的违法建设项目及行为	现场查看	1. 存在侵占、填埋水库水域的行为。 2. 水库管理范围内有违规建筑物、构筑物和设施未处理的或处理后仍然影响工程运行安全的。 3. 坝体上存在垦殖、种树现象。 4. 水库管理和保护范围内有影响水库工程安全的爆破、钻探、采石、打井、采砂、取土、修坟等活动且未采取措施的	1. 对水事违法行为未及时发现并采取措施制止和上报，每起扣5分。 2. 工程管理范围内有违章建筑，每处扣20分。 3. 坝后管理范围内有坑塘、鱼池，扣5~10分	100
	13	防汛管理	现场配备必要的防汛物料、抢险工具及预警设施	现场查看	1. 工程现场未配备必要的防汛物料、抢险工具及预警设施的。 2. 储备的抢险物料及设施，存在过期或不能正常使用的。 3. 物资存在乱堆乱放的	防汛物料存放不规范，扣5分	5
			防汛抢险道路满足应急抢险需求	现场查看	抢险道路不能满足抢险需求（不能到达坝址处）	抢险道路路面宽度较窄、平整度差，扣3~10分	10

续表

类别	项目		评价内容	评价方法	判定标准	示范工程赋分标准	
						赋分标准	总分
安全管理（250分）	14	应急预案	完成水库大坝安全管理（防汛）应急预案并获得批复	查看预案编制、批复有关资料	1. 未完成水库大坝安全管理（防汛）应急预案编制并获得政府或相关部门批复的。 2. 预案内容与工程实际差别较大，可操作性较差的	1. 应急预案未按《小型水库大坝安全管理（防汛）应急预案编制指南》编制，可操作性不强，扣5~10分。 2. 应急预案未及时修正，扣5分。 3. 未进行应急预案演练，扣5分	50
运行管理（240分）	15	管理手册	根据《山东省小型水库工程标准化管理手册编制指南》，结合工程实际完成管理手册编制	查看管理手册编制有关资料	1. 未完成管理手册编制。 2. 管理手册与工程运行、管理实际不对应，存在差距较大，可操作性、针对性较差的。 3. 未配套制定管理制度，《山东省水利工程运行管理制度及操作规程标准范本（试行）》明确的相关管理制度未挂牌明示（含防汛行政责任人、技术责任人、巡查责任人主要职责）	1. 管理手册内容缺失、操作性不强，扣5~20分。 2. 未开展管理手册使用培训，扣10分。 3. 管理制度针对性、可操作性不强，扣3~10分。 4. 未设置巡查线路或巡查线路设置不合理，扣10分。 5. 调度与操作、工程检查、维修养护等各管理事项工作流程不明确、不合理，每项扣5分。 6. 工程巡查、闸门启闭操作等工作记录未结合实际统一制作，发现1处扣5分。 7. 挂牌明示的管理制度未按《山东省水利工程运行管理标识牌设置指南（试行）》格式要求制作，每项扣5分	80
	16	工程巡查	每周不少于1次对工程及设施进行日常巡视检查，发现问题及时上报	查看日常检查记录、问题报告与处理情况记录	1. 无检查记录；安全管理（250分）。 2. 检查频次不满足每周不少于1次的要求。 3. 发现问题未及时进行上报、处理。 4. 检查记录不规范，工程现场发现问题与实际记录差别较大的	1. 未按制定的路线、频次和内容等要求正常开展日常巡视检查，扣5~15分。 2. 特殊情况下未增加检查，扣10分。 3. 检查记录不规范，扣3~10分；检查内容不全，每缺1项扣5分。 4. 坝后存在渗漏明流未开展渗漏量观测，扣10分。 5. 放水洞漏水未开展观测，扣10分	80
	17	水位观测	结合工程巡查及时观测记录水库水位	查看工程巡查记录	未按要求及时记录水库水位或水位记录不准确的	1. 观测频次、精度、记录等不符合要求，扣5~10分。 2. 每年汛前，未对自动观测设施进行人工校核比对，扣10分	20

续表

类别	项目		评价内容	评价方法	判定标准	示范工程赋分标准	
						赋分标准	总分
运行管理（240分）	18	调度运行	编制水库调度运用方案并经水行政主管部门批复	查看水库调度运用方案编制及批复资料	1. 未编制水库调度运用方案并获得批复的。 2. 调度运用方案与工程实际不符，可操作性较差的。 3. 未严格执行调度指令。 4. 存在超汛限运行的（上级有调度指令的除外）。 5. 闸门启闭操作无记录或记录不真实。 6. 启闭闸门未按操作规程进行的（现场具备启闭条件的应进行启闭操作，不具备启闭条件的应进行模拟操作或查看闸门启闭操作视频资料）	1. 调度运用方案未按照《小型水库调度运用方案编制指南》编制，可操作性不强，扣5~10分。 2. 因操作不当，造成设备设施损坏，扣10分。 3. 记录不规范，无负责人签字，扣5分。 4. 水库泄洪、闸门启闭等重要的工程调度信息未及时通知有关部门，扣10分	60
			汛期严格执行调度指令	查看防洪调度记录			
			溢洪闸闸门启闭操作运行及时进行记录，并及时发出预警	查看操作运行记录、年度调度运用总结等资料			
管理保障（140分）	19	管理主体	落实工程管理主体	1. 有管理单位的：查看管理机构批复成立文件。 2. 无管理单位的：查看管理主体、管理责任人落实文件	未落实管理责任主体（需县级政府落实管理主体、管理责任文件）或未落实工程管理机构的（需管理机构批复成立文件）	1. 管理主体履行管护职责不到位，未组织开展水库安全运行监督检查，扣10分。 2. 监督检查发现的问题未及时整改，扣5~20分	30
	20	管护人员	落实水库管护人员	查看管护人员落实文件	未配备工程管护人员的（社会化落实管护人员的，需有相应协议、责任书等）	1. 未明确管护人员岗位职责和工作标准，扣10分。 2. 管护人员岗位职责不熟悉，业务能力不强，扣5~10分	20
	21	管理设施	配备工程管理用房	现场查看	1. 未配备管理用房的。 2. 管理房环境存在脏乱差的	1. 管理用房面积低于40m²，扣10分。 2. 管理房内不整洁、不干净，扣5~10分	20
	22	技术培训	每年至少1次对各级责任人和管护人员进行业务培训	现场询问，并查看培训开展有关资料	年度内未对各级责任人和管护人员进行业务培训的	1. 县级每年组织集中培训少于1次的，扣10分。 2. 培训形式单一，效果不好的，扣10分；3、人员业务水平不高，扣5~10分	30

续表

类别	项目		评价内容	评价方法	判定标准	示范工程赋分标准	
						赋分标准	总分
管理保障（140分）	23	管护经费	按照小（1）型水库6万元、小（2）型水库3万元最低标准落实管护经费	查看管护经费落实 预算文件、下达文件、经费支付使用情况有关资料	未按照不低于小（1）型水库6万元、小（2）型水库3万元最低标准落实管护经费	1. 维修养护经费不稳定，未纳入当地财政预算的，扣10分。 2. 维修养护经费未按合同及时支付，扣5~10分	20
	24	档案管理	档案集中管理，存放整齐	现场查看	档案资料存放杂乱，查找不便	1. 档案内容不全（包括工程技术档案、除险加固档案、日常管理档案、维修养护档案、工作考核档案），每缺1项扣10分。 2. 档案未在县或乡镇集中存放，扣10分	20
合计							1000

注 1. 对评价内容进行判定，判定标准其中有一项不符合即判定为不达标。

2. 对达标工程按照示范工程赋分标准进行打分，满分为1000分，总分900分以上，且每一大类得分不低于该类总分的80%为示范工程。

第十章　巡查管护员专章

本章作为巡查管护员学习专章，通过问答的形式列出小型水库巡查管护员应知应会的水库基本知识、履职要求；需掌握的日常巡查、水雨情观测、管理维护的内容及方法；发现异常情况怎样记录和上报、防汛值班值守的要点等。

第一节　巡查责任人履职要求

问题 1. 巡查责任人主要职责是什么？

（1）负责大坝巡视检查。

（2）做好大坝日常管护。

（3）记录并报送观测信息。

（4）坚持防汛值班值守。

（5）及时报告工程险情。

（6）参加防汛安全培训。

问题 2. 巡查责任人履职要点是什么？

（1）掌握了解水库基本情况。

（2）开展巡查并及时报告。

（3）做好大坝日常管理维护。

（4）坚持防汛值班值守。

（5）接受岗位技术培训。

问题 3. 巡管员应该掌握的水库基本情况有哪些？

（1）水库名称 ××，控制流域面积（或集水面积）×× km^2，坝型 ××，总库容 ×× 万 m^3、兴利库容 ×× 万 m^3；水库的主要建筑物包括 ××、×× 等。

（2）坝顶高程 ××m、最大坝高 ××m、坝轴线长 ××m、坝顶宽 ××m。

（3）正常蓄水位（兴利水位）××m、汛限水位 ××m、设计洪水位 ××m、校核洪水位 ××m。若水库运行中规定警戒水位的，警戒水位 ××m。

（4）放（泄）水设施、闸门启闭设施的操作要求 ××，预警设施及设施使用方法 ××。

（5）水库安全运行状况（水库是否存在安全隐患或工程薄弱部位、安全鉴定结论是几类坝）。

（6）水库下游保护的村庄和重要目标是哪些?

问题 4. 小型水库巡查责任人如何做好防汛值班值守?

（1）在汛期坚持防汛值班值守，保持 24h 手机等其他通信通畅。

（2）按照要求做好雨水情观测，按时报送雨水情信息。

（3）发现库水位超过汛限水位、限制运用水位或溢洪道过水时，及时报告防汛技术责任人。

（4）遭遇洪水、地震及发现工程出现异常等情况及时报告，紧急情况下按照规定发出警报。

问题 5. 巡管员应熟知的水库防汛责任人、技术责任人及其联系方式?

（1）水库防汛责任人：××（姓名）、××（电话）。

（2）水库技术责任人：××（姓名）、××（电话）。

（3）联系部门：××（部门名称）、联系人：××（姓名）、联系电话：××（电话）。

问题 6. 巡查责任人上岗的必要条件是什么?

防汛巡查责任人应当经过培训合格后上岗，接受防汛技术责任人的岗位业务指导；连续任职的至少每 2 年参加一次水库防汛安全集中培训、视频培训或现场培训。

第二节 小型水库基本知识

问题 7. 什么是降雨量，降雨等级是怎样划分的?

降雨量是指一定时段内降落在某一点或某一面积上的深度,以毫米为单位。

降雨强度表示单位时间内的降雨量，以 mm/h 或 mm/d 计。雨强大小反映了一次降雨的强弱程度，故常用雨强进行降雨分级。

表 10.2-1　降雨强度分级

等级	降雨量 /mm		等级	降雨量 /mm	
	12h（半天）	24h（一天）		12h（半天）	24h（一天）
小雨	0.1 ~ 4.9	0.1 ~ 9.9	暴雨	30.0 ~ 69.9	50.0 ~ 99.9
中雨	5.0 ~ 14.9	10.0 ~ 24.9	大暴雨	70.0 ~ 139.9	100.0 ~ 249.9
大雨	15.0 ~ 29.9	25.0 ~ 49.9	特大暴雨	≥ 140.0	≥ 250.0

问题 8. 什么叫流域面积？

流域即是地面分水线所包围的集水区。流域面积亦称“集水面积”“汇水面积”。

问题 9. 山东省汛期是什么时候？

山东省规定汛期一般为每年的 6 月 1 日至 9 月 30 日。

问题 10. 小型水库等级分哪几类？

小型水库是指库容在 10 万（含）~ 1000 万 m^3 之间的水库，分为小（1）型水库和小（2）型水库。

小（1）型水库是指库容在 100 万（含）~ 1000 万 m^3 的水库。

小（2）型水库是指库容在 10 万（含）~ 100 万 m^3 之间的水库。

问题 11. 小型水库主要包括哪些建筑物？

小型水库主要的建筑物包括大坝、溢洪道、放水洞和其他建筑物等，其中大坝、溢洪道和放水洞俗称水库的“三大件”。

问题 12. 大坝的左、右岸怎么区分？

人站在大坝上，面向下游，左手一侧称为左岸，右手一侧称为右岸。

问题 13. 什么是水库总库容？

水库总库容通常是指校核洪水位以下的库容。

问题 14. 水库兴利库容是什么？

水库兴利库容通常是指兴利水位至死水位之间的库容。

问题 15. 水库校核水位是什么？

当发生大坝校核标准洪水时，水库坝前所达到的最高水位，称为校核洪水位。

问题 16. 水库设计洪水位是什么？

当发生大坝设计标准洪水时，坝前达到的最高水位，称为设计洪水位。

问题 17. 水库兴利水位是什么？

水库在正常运用（使用）的情况下，为满足兴利需求应蓄到的最高水位；对无闸控制的小型水库兴利水位一般为溢洪道底高程。

问题 18. 水库汛限水位是什么？

水库在汛期允许兴利蓄水的上限水位。

问题 19. 水库死水位是什么？

水库在正常运用情况下，允许消落到的最低水位，称为死水位。

问题 20. 本水库的管理范围？

管理范围为大坝及其附属建筑物、管理用房及其他设施；设计兴利水位线以下的库区；大坝坡脚外延伸 ××m 的区域；坝端外延伸 ××m 的区域；引水、泄水等各类建筑物边线向外延伸 ××m 的区域。

问题 21. 本水库的保护范围？

保护范围为水库设计兴利水位线至校核洪水位线之间的库区；大坝管理范围向外延伸 ××m 的区域；引水、泄水等各类建筑物管理范围以外 250m 的区域。

问题 22. 任何单位和个人不得从事哪些危害小型水库安全运行的活动？

（1）在小型水库管理范围内设置排污口，倾倒、堆放、排放有毒有害物质和垃圾、渣土等废弃物。

（2）在小型水库内筑坝或者填占水库。

（3）侵占或者损毁、破坏小型水库工程设施及其附属设施和设备。

（4）在坝体、溢洪道、输水设施上建设建筑物、构筑物或者进行垦殖、堆放杂物等。

（5）擅自启闭水库工程设施或者强行从水库中提水、引水。

（6）毒鱼、炸鱼、电鱼等危害水库安全运行的活动。

（7）在小型水库管理和保护范围内，从事影响水库安全运行的爆破、钻探、采石、打井、采砂、取土、修坟等活动。

（8）其他妨碍小型水库安全运行的活动。

第三节　日常巡视检查及异常情况上报

一、巡查准备工作

问题 23. 巡视检查前的准备工作有哪些？

（1）巡查前应掌握天气情况。

（2）巡查前应备好检查工具和装备。

问题 24. 巡查员应如何掌握天气情况？

收看收听电视台或广播电台的天气预报，或内部工作群，及时查看手机短信，掌握天气情况。

问题 25. 巡查常用的工具有哪些？

（1）检查工具：钢卷尺、铁锹、镰刀、锤子等。巡查前应根据水库实际情况准备检查工具。

（2）记录工具：巡查记录簿（表）、记录笔。

问题 26. 巡查时应带的装备有哪些？

带好手机（有充足的电量、网络连接正常、可正常使用），雨天巡查时要穿上雨衣、雨鞋，不要打雨伞，夜间巡查时还要带上应急灯。

问题 27. 巡查员因故不能去巡查时怎么办？

当巡查员遇事或因身体原因不能去巡查时，应及时报告，经上级同意后委托专人代替，在台风、洪水影响期间和高水位运行期则应尽可能由本人巡查，确有特殊情况的，应将情况及时向上级报告。

二、巡查的内容及方法

问题 28. 日常巡查重点是什么？

重点检查工程和设施运行情况，及时发现挡水、泄水、输水建筑物和近坝库岸、管理设施存在的问题和缺陷。检查部位、内容、频次等应根据运行条件和工程情况及时调整，做好检查记录和重要情况报告。

问题 29. 日常巡查的频次是如何规定的？

本水库巡查频次要求为：汛期每天至少巡查 1 次、非汛期每周至少巡查 1 次。存在以下情况时，还应加密巡查：

（1）对新建的、刚完成除险加固的以及常年不蓄水的小型水库的初蓄期。

（2）强降雨以及水位超过汛限水位期间。

（3）库水位快速上涨或下降时。

（4）大坝出现异常或险情、设施设备发生故障时。

（5）发生其他威胁下游人民群众生命财产安全的重大事件时。

问题 30. 巡视检查的常规方法有哪些？

常规检查通常采用眼看、耳听、脚踩、手摸、鼻嗅等直观方法，或辅以锤子、铁锹、钢卷尺等一些简单的工具对工程表面和异常现象进行检查测量。

问题 31. 土石坝推荐巡视检查路线是什么？

（1）对坝脚排水、导水设施及坝脚区排水沟或渗水坑区域进行巡查。

（2）对下游坝坡和岸坡进行巡查，确保检查整个下游坝坡和岸坡。

（3）对坝顶进行巡查。

（4）对上游坝面进行巡查，同时观察水面情况。

（5）对输水涵洞（管）、溢洪道、闸门等建筑物和设施进行巡查。

（6）对近坝区岸坡进行巡查。

问题 32. 混凝土坝（砌石坝）推荐巡查路线是什么？

（1）对坝脚排水、导水设施及坝脚区排水沟或渗水坑区域进行巡查。

（2）对下游岸坡进行巡查。

（3）对坝顶进行巡查，同时观察水面情况。

（4）对输水涵洞（管）、溢洪道、闸门等建筑物和设施进行巡查。

（5）对近坝区岸坡进行巡查。

（6）上下坝有困难时，可借助一些设备及工具，如船只、梯子、绳索、无人机等对上下游坝面进行巡查，有条件的水库可利用视频监控进行辅助巡查。

问题 33. 高水位或水库快速上升期巡查的重点有哪些？

高水位期（接近汛限水位或超过汛限水位时）应加强对大坝背水坡、反滤坝趾、坝体与库岸相接处、下游坝脚和其他渗流逸出部位的观察以及对建筑物和闸门变形的观察。

超过汛限水位，进行泄流时应加强对溢洪道两岸冲刷、淤积、水面漂浮物的观察。

问题 34. 暴雨期巡查的重点有哪些？

暴雨期应加强对建筑物表面及其两岸山坡的冲刷、排水情况以及可能发生滑坡、坍塌部位的观察。

问题 35. 水位骤降期巡查的重点有哪些？

水位骤降期应加强对大坝迎水坡的观察。

问题 36. 土石坝坝顶查什么？

（1）坝顶路面是否平整，排水设施能否正常使用，有无裂缝、异常变形、积水或植物滋生等现象；路缘石是否损坏；坝顶兼做道路的有无危害大坝安全和影响运行管理的情况。

（2）防浪（护）墙是否规整，有无缺损、开裂、挤碎、架空、错断、倾斜等情况。

（3）坝肩及坝端有无裂缝、滑动、塌陷、变形等现象。

问题 37. 土石坝上游坝坡查什么？

（1）坝坡是否规整，有无滑塌、塌陷、隆起、裂缝、淘刷等现象。

（2）护坡是否完整，有无缺失、破损、塌陷、松动、冻胀、植物滋生等现象。

（3）近坝水面线是否规整，水面有无漩涡（漂浮物聚集）、冒泡等异常现象。

问题 38. 土石坝下游坝坡查什么？

（1）坝坡有无滑动、隆起、塌坑、裂缝、雨淋沟等。

（2）有无散浸（积雪不均匀融化、亲水植物集中生长）、集中渗水、流土、管涌等现象。

（3）有无动物洞穴等。

（4）草皮护坡植被是否完好。

（5）排水沟是否完整、通畅，有无破损、淤堵等现象。

问题 39. 土石坝下游坝脚与坝后查什么？

（1）排水体等导渗降压设施有无异常或破坏。

（2）有无阴湿、渗水、管涌或隆起等现象。

（3）渗透水的水量、颜色、气味及浑浊度有无变化。

（4）坝后有无影响工程安全的建筑、鱼塘、人为取土等侵占现象。

问题 40. 近坝库岸与周边查什么？

（1）近坝岸坡有无滑坡、危岩、掉块、裂缝、异常渗水等现象。

（2）管理范围和保护范围内是否存在危害大坝安全的活动，如垃圾、杂物等堆放，有无非法侵占、爆破、打井等。

问题 41. 溢洪道进口段查什么？

溢洪道有无人为加筑子堰、设障阻塞、拦鱼网或其他影响防洪安全的问题；水流是否平顺；边坡有无冲刷、开裂、崩塌及变形。

问题 42. 溢洪道控制段查什么？

溢洪道堰顶或闸室、闸墩、胸墙、边墙、溢流面、底板有无裂缝、渗水、剥蚀、冲刷、变形等现象；伸缩缝、排水孔是否完好。

问题 43. 溢洪道消能工查什么？

溢洪道消能工有无缺失、损毁、破坏、冲刷、土石堆积等现象。

问题 44. 溢洪道工作桥、交通桥查什么？

溢洪道工作桥、交通桥有无异常变形、裂缝、断裂、剥蚀等现象。

问题 45. 溢洪道行洪通道查什么？

溢洪道下游行洪通道有无缺失、占用、阻断现象，下泄水流是否淘刷坝脚。

问题 46. 放水洞查什么？

（1）放水洞进口有无淤积、堵塞，边坡有无裂缝、塌陷、隆起现象；进水塔（或竖井）结构有无裂缝、渗水、空蚀等损坏现象，塔体有无倾斜、不均匀沉降变形；工作桥有无断裂、变形、裂缝等现象。

（2）放水时倾听放水时洞（管）身有无异响；具备进洞条件的水库，应观察放水洞洞（管）身有无断裂、坍落、裂缝、渗水、淤积、鼓起、剥蚀等现象。

（3）放水洞出口周边有无集中渗水、散浸问题；出口坡面有无塌陷、变形、裂缝；出口是否通畅、有无杂物带出、浑浊水流。

问题 47. 闸门或闸阀查什么？

闸阀有无锈蚀，能否正常使用；闸门有无破损、腐蚀是否严重、门体是否存在较大变形；行走支承导向装置是否损坏锈死、门槽门槛有无异物、止水是否完好、有无漏水。

问题 48. 启闭机查什么？

启闭机能否正常使用；螺杆是否变形、钢丝有无断丝、吊点是否牢靠；启闭机有无松动、漏油，锈蚀是否严重，闸门开度、限位是否有效；备用启闭方式是否可靠。

问题 49. 管理设施查什么？

（1）照明设施有无损坏，能否正常使用。

（2）监测、观测设施运行是否正常。

（3）通信条件是否满足汛期报汛或紧急情况下报警的要求。

（4）管理用房能否满足汛期值班、工程管护、物料储备要求。

三、异常情况记录与上报

问题 50. 土坝巡查过程中可能发现哪些异常情况？

土坝易发生的问题主要包括渗漏、裂缝、滑坡、塌坑、护坡破坏，以及日常管护不到位造成的坝体或管理范围内人为取土、杂物堆放、非法侵占等危害大坝安全的行为。

问题 51. 混凝土坝（砌石坝）巡查过程中可能发现哪些异常情况？

混凝土坝（砌石坝）易发生的问题主要包括混凝土裂缝、渗漏、剥蚀、碳化以及砌石坝砂浆老化、砌块松动等。

问题 52.溢洪道巡查过程中可能发现哪些异常情况？

开敞式溢洪道容易发生冲刷和淘刷、裂缝和渗漏、岸坡滑塌等问题，应当特别重视溢洪道拦鱼网、子堰等阻水障碍物，发现应及时清理。

问题 53. 放水洞巡查过程中可能发现哪些异常情况？

放水洞容易发生裂缝、渗漏、断裂、堵塞等问题，严重时会引起坝体塌陷、滑坡，危及大坝安全，甚至溃坝失事。巡查过程中应当特别关注坝下埋涵渗漏问题。

问题 54. 闸门、启闭机等设备巡查过程中可能发现哪些异常情况？

闸门和启闭机可能发生的问题主要包括门体变形、门槽卡阻、止水破损、锈蚀损坏、螺杆弯曲、老化破损、震动异响、连接闸门的螺杆、拉杆、钢丝绳存在弯曲、断丝、损坏等现象、运行不灵、供电不足、电气陈旧、无备用电源等。

问题 55. 巡查记录要求是什么？

（1）现场巡查结束后，巡查人员要认真完整填写记录表，有关人员均要签名。

（2）巡查过程中如发现问题，巡查人员要在记录表中详细记录时间、部位、问题，必要时应拍照、摄像、绘出简图等。

（3）巡查现场记录必须及时整理，并将每次检查结果与以往记录对比分析，对异常情况进行复查，以保证记录的准确性。

（4）巡视检查的记录、图件、报告等均要整理归档，以备查考。

问题 56. 发现哪些异常情况应立即上报？

（1）遭遇持续强降雨，库水位超正常蓄水位或溢洪道堰顶高程，且继续上涨。

（2）遭遇强降雨，库水位上涨，泄洪设施边坡滑坡堵塞进口或行洪通道。

（3）遭遇强降雨，库水位上涨，泄洪设施闸门无法开启。

（4）大坝出现裂缝、塌陷、滑坡、异常渗漏等险情。

（5）供水水库水质被污染。

（6）对控制运用的病险水库，超过限制运用水位。

（7）其他危及大坝安全或公共安全的紧急事件。

发现可能引发水库溃坝或漫顶风险、威胁下游人民生命财产安全的重大突发事件时，应按照应急预案规定，在报告的同时及时向下游地区发出警报信息。

问题 57. 发现异常情况向谁汇报？

当水雨情、工程险情达到一定程度时，巡查人员应立即报告技术责任人。情况紧急时，可越级向大坝安全政府责任人、防汛行政责任人、当地政府应急部门等报告。同时，可直接向下游淹没区发布警报信息。

问题 58. 异常情况报告的主要内容有哪些？

报告内容应包含水库名称、地址，事故或险情发生时间、在什么部位出现什么异常情况、当时水库水位及降雨情况等。已配备信息化手机的，要拍相应的照片并上传；没有信息化手机的，可用自己的手机拍照存档，保存好异常情况的第一手资料。

问题 59. 异常情况报告的格式是什么？

报告格式示例：×××（向谁报告），我是某××水库的巡查员，今天早上巡查时，发现水库左岸坝趾出现异常渗水险情，当前水库水位××m，天气××（降雨××），险情部位的照片已上传，请指示。

问题 60. 异常情况上报后还要做什么？

（1）继续坚守现场，等待上级部门派人查看情况。

（2）对可能出现险情的部位进行连续观测和记录。

（3）把报告的时间、内容、向谁报告等情况详细地整理记录下来，并及时归档。

现场巡查人员要加强自我保护意识，在向上级报告险情后，要密切注意周边的情况，当出现威胁人身安全的危险情况时，一定要保持冷静，采取正确的避险措施。

问题 61. 如何配合上级部门处置异常情况？

发现异常情况后应保持手机 24h 开机，以确保上级部门能及时与巡查人员本人取得联系。当上级部门派人到水库查看险情时，要积极配合，把异常情况作详细汇报。加强库水位和险情变化等跟踪观测，做好观测记录与后续报告。

第四节　水雨情观测

问题 62. 如何利用水尺观测水库水位？

读水位时，观测者应尽量蹲下，视线接近水面，读取水面水位尺数值，即为水尺读数。水尺读数加上水尺零点高程（每根水尺最底部的高程），即为水位。有波浪时读最大值和最小值，然后取两者平均值作为最后水尺读数，并记录存档。水位以米（m）表示，读数记至厘米（0.01m）。

一根人工水尺高度为 1m，一个“E”高度为 5cm，具体数值观测方法见

图 10.4–1（a）。

假设图 10.4–1（b）所示中最高处水尺零点高程为 10.0m，图示高程水位 = 水尺零点高程 + 水尺读数 =10+0.57=10.57m。

（a）水尺刻度　　（b）读数

图 10.4–1　水位观测读数示意图

问题 63. 水库水位观测频次？

原则上每日观测 1 次，当汛期、初蓄期以及遭遇特殊情况时适当增加观测频次。本水库水位观测频次要求为：×××。

问题 64. 如何利用雨量器观测降雨量？

（1）从雨量器 [图 10.4–2（a）] 中小心取出承雨瓶。

（2）将瓶内的水倒入量雨杯 [图 10.4–2（b）]。

（3）将量雨杯放在水平桌面上。

（4）视线与水面平齐，以凹月面最低处为准，读取刻度数。

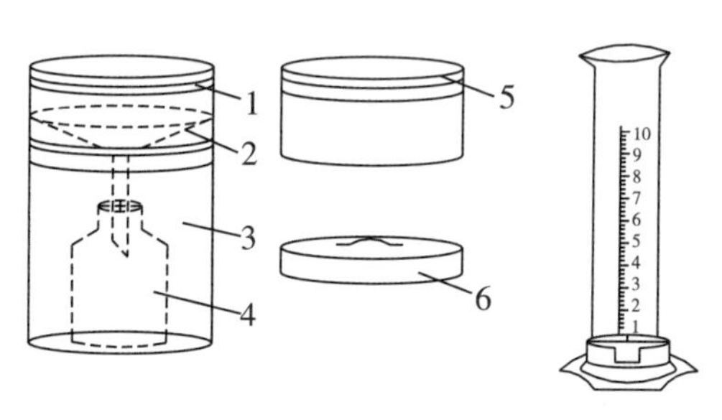

（a）雨量器　　（b）量雨杯

图 10.4–2　雨量器及量雨杯

1—承雨瓶；2—漏斗；3—储水筒；4—储水器；5—承雪器；6—器盖

（5）观测记录。对读数进行记录，观测精度达到 1mm。

问题 65. 降雨量观测频次及要求？

定时观测以 8 时为日分界，从本日 8 时至次日 8 时的降雨量为本日的日降雨量；分段观测从 8 时开始，每隔一定时段（如 12h/6h/4h/3h/2h 或 1h）观测一次；遇大暴雨时应增加测次。本水库降雨量观测频次要求为：×××。

问题 66. 小型水库雨水情测报要素主要包括什么？

小型水库雨水情测报要素主要包括降水量、库水位等。

问题 67. 大坝安全监测要素包括哪几个方面？

大坝安全监测要素主要包括渗流量、渗流压力、表面变形等。

第五节　水库日常管理维护与调度

问题 68. 经常性和定期养护应在何时开展？

（1）经常性养护应在巡视检查过程中发现问题后及时进行。

（2）定期养护应在每年汛前、汛后、冬季来临前或易于保证养护工程施工质量的时间段内进行。

问题 69. 土石坝坝顶养护包括哪些工程部位？

坝顶养护主要包括坝顶路面、坝肩、路缘石、防浪墙、栏杆及照明设施等。

问题 70. 土石坝排水设施养护包括哪些内容？

排水设施养护主要包括坝顶、坝坡、坝脚排水沟，下游坝脚排水体等。

问题 71. 坝顶路面如何养护？

坝顶路面出现损坏时，及时按原路面要求修复，不能及时修复的用土或石料临时填平。

问题 72. 坝顶出现坑洼或雨淋沟时应如何处理？

应及时用相同材料填平补齐，并保持一定的排水坡度。

问题 73. 如何防止鼠、獾、狐等动物活动对大坝造成安全隐患？

应对坝体、管理范围进行日常检查。对坝坡上的树丛、高秆杂草及时清除。发现动物已经筑巢时进行驱逐。发现坝体、坝基存在洞穴及时上报。

问题 74. 大坝下游坝基出现新的渗漏点时，应如何处理？

大坝下游出现新的渗漏逸出点时，不可盲目处理，应及时上报。

问题 75. 干砌石护坡出现块石松动时应如何处理？

应及时填补、楔紧松动的护坡石料。

问题 76. 混凝土护坡出现冻融破坏时应如何修复？

应及时将表面清洗干净，采用水泥砂浆进行表面抹补。

问题 77. 草皮护坡应如何进行养护？

草皮护坡应经常修整、清除杂草。草皮干枯时，及时洒水。局部缺草时，在适宜的季节补植草皮。出现雨淋沟时，及时修整坝坡、补植草皮。

问题 78. 哪些常见事项会减小溢洪道过水断面，影响泄洪安全？

溢洪道内堆积杂物、砂石，私设拦鱼或挡水设施，抬高溢洪道堰顶高程等。

问题 79. 启闭闸门时应如何防护排气孔伤人？

启闭闸门时，应保证所有人员远离排气孔出口。

问题 80. 水尺若有歪斜应如何处理？

水尺如有歪斜应及时扶正、加固基础，并且经重新校正高程后方可投入使用。

问题 81. 调度记录重点内容是什么？

调度记录重点内容是记录好设备运行情况以及放水、泄水情况。

（1）防洪调度时，应记录泄水设施（溢洪道）泄洪起止时间、泄洪过程中每小时的洪水位（库水位）、最大洪水位（库水位）及其发生的时间。同时还应记录降雨的起止时间，降雨量大小。

（2）兴利调度时，应记录放水设施的放水流量及起止时间。

（3）记录调度前后及调度过程中设备运行情况，并留存调度指令。

第六节 防汛值班值守

问题 82. 汛期查险应注意的“五时”指什么？

“五时”：黎明时（人最疲劳）、吃饭时（思想最松动）、换班时（检查容易中断）、黑夜时（看不清易忽视）、暴雨时（险情不易判断）。

问题 83. 汛期查险应做到的“三快”指什么？

“三快”：发现险情快、报告快、处理快。

问题 84. 汛期查险交接班应注意事项是什么？

巡查交接班时，交接班应紧密衔接，以免脱节。接班的巡查队员提前上班，与交班的巡查队员共同巡查一遍，交代情况，并建立汇报、联络与报警制度。

问题 85. 现场防汛物资储备有哪些？

水库工程现场防汛物资储备是 ××。

问题 86. 人员转移警报、转移准备通知及预警人群是什么？

人员转移警报可采用电子警报器、蜂鸣器、沿途喊话、敲打锣鼓等方式，转移准备通知可采用电视、广播、电话、手机短信。

预警人群是应急预案中明确的洪水影响的下游人口。

问题 87. 应急响应启动后，洪水影响范围内的人员如何转移？

本水库的人员避险转移路线、安置点、交通工具：×××。

附 录

1. 小型水库防汛“三个责任人”履职手册（试行）

2. 小型水库防汛“三个重点环节”工作指南（试行）

3. 小型病险水库除险加固项目管理办法

4. 小型水库雨水情测报和大坝安全监测设施建设与运行管理办法

5. 山东省水利工程运行管理制度及操作规程标准范本 小型水库（试行）

6. 水利部办公厅印发《关于健全小型水库除险加固和运行管护机制的意见》的通知

7. 山东省人民政府办公厅关于切实加强水库除险加固和运行管护工作的实施意见

8. 关于加强我省小型水库安全运行工作的意见

请扫描下方二维码阅读以上内容：

参考文献

[1] 艾英武．水库安全管理员基础教程［M］．北京：中国水利水电出版社，2012.
[2] 国家防汛抗旱总指挥部办公室．防汛抗旱专业干部培训教材［M］．北京：中国水利水电出版社，2010.
[3] 国家气象中心．风力等级：GB/T 28591—2012［S］．北京：中国标准出版社，2012.
[4] 王文川．工程水文学［M］．北京：中国水利水电出版社，2013.
[5] 国家气象中心．降水量等级：GB/T 28592—2012［S］．北京：中国标准出版社，2012.
[6] 詹道江，徐向阳，陈元芳．工程水文学［M］．北京：中国水利水电出版社，2010.
[7] 山东省水利厅．山东省水安全保障总体规划［Z］.2017.
[8] 河海大学《水利大辞典》编辑修订委员会．水利大辞典［M］．上海：上海辞书出版社，2015.
[9] 水利部水利水电规划设计总院，长江勘测规划设计研究院有限责任公司．水利水电工程等级划分及洪水标准：SL 252—2017［S］．北京：中国水利水电出版社，2017.
[10] 张志昌，李国栋，李治勤．水力学上册［M］.3 版．北京：中国水利水电出版社，2021.
[11] 吕宏兴，裴国霞，杨玲霞．水力学［M］．北京：中国农业出版社，2002.
[12] 张志昌，魏炳乾，郝瑞霞．水力学下册［M］.3 版．北京：中国水利水电出版社，2021.
[13] 湖北省小型水库专管人员培训教材编委会．湖北省小型水库专管人员培训教材［M］．郑州：黄河水利出版社，2016.
[14] 林继镛，张社荣．水工建筑物［M］.6 版．北京：中国水利水电出版社，2019.
[15] 李炜．水力计算手册［M］.2 版．北京：中国水利水电出版社，2006.
[16] 水利部建设管理与质量安全中心．水库工程管理设计规范：SL 106—2017［S］．北京：中国水利水电出版社，2017.
[17] 山东省人民政府．山东省小型水库管理办法（山东省人民政府令第 242 号）［Z］.2012.
[18] 山东省海河流域水利管理局．平原水库工程设计规范：DB 37/1342—2009［S］．北京：中国水利水电出版社，2009.
[19] 杜守建．水库运行管理［M］．北京：中国水利水电出版社，2018.
[20] 水利部水利水电规划设计总院．水利水电工程技术术语：SL 26—2012［S］．北京：中国标准出版社，2012.
[21] 黄河勘测规划设计研究院有限公司．碾压式土石坝设计规范：SL 274—2020［S］．北京：中国标准出版社，2020.
[22] 林继镛．水工建筑物［M］.5 版．北京：中国水利水电出版社，2009.

[23] 中水北方勘测设计研究有限责任公司．小型水利水电工程碾压式土石坝设计规范：SL 189—2013［S］．北京：中国水利水电出版社，2013.
[24] 长江勘测规划设计研究有限责任公司．混凝土重力坝设计规范：SL 319—2018[S]．北京：中国水利水电出版社，2018.
[25] 中水北方勘测设计研究有限责任公司． 溢洪道设计规范：SL 253—2018［S］．北京：中国标准出版社，2018.
[26] 杨邦柱．水工建筑物［M］．北京：中国水利水电出版社，2001.
[27] 叶守泽．水文水利计算［M］．北京：中国水利水电出版社，1992.
[28] 朱兆平，陈柏荣．水库安全管理技术［M］．北京：中国水利水电出版社，2012.
[29] 叶舟．水库安全管理［M］．北京：中国水利水电出版社，2012.
[30] 水利部水利水电规划设计总院．水工设计手册 第2卷 规划、水文、地质[M]．北京：中国水利水电出版社，2014.
[31] 潘正风，杨正尧，陈效军，成枢，王腾军．数字测图原理与方法［M］．北京：中国水利水电出版社，2012.
[32] 水库大坝安全管理条例（中华人民共和国国务院令第 77 号）［Z］．1991.
[33] 中华人民共和国水利部．水库大坝注册登记办法［Z］．1997.
[34] 中华人民共和国水利部．水库大坝安全鉴定办法［Z］．2003.
[35] 中华人民共和国水利部．坝高小于 15 米的小（2）型水库大坝安全鉴定办法（试行）［Z］．2021.
[36] 水利部建设与管理司，水利部建设与质量管理中心．小型水库管理实用手册［M］．北京：中国水利水电出版社，2015.
[37] 山东省水利厅，山东省海河淮河小清河流域水利管理服务中心．水库工程运行规范：DB 37/T 4404—2021［S］． 2021.
[38] 山东省实施《水库大坝安全管理条例》办法（山东省人民政府令第 53 号）．1994.
[39] 水利部水工程安全与病害防治工程技术研究中心，长江科学院．水库调度规程编制导则：SL 706—2015［S］．北京：中国水利水电出版社，2015.
[40] 施俊跃，邱志章．小型水库巡查基础教程［M］．杭州：浙江大学出版社，2016.
[41] 水利部水旱灾害防御司． 防汛抢险技术手册［M］．北京：中国水利水电出版社，2021.
[42] 向衍，荆茂涛．水库大坝安全巡视检查指南［M］．北京：中国水利水电出版社，2021.
[43] 中国水利水电科学研究院．土石坝安全监测技术规范：SL 551—2012［S］．北京：中国水利水电出版社，2012.
[44] 水利部大坝安全管理中心．混凝土坝安全监测技术规范：SL 601—2013[S]．北京：中国水利水电出版社，2013.
[45] 长江勘测规划设计研究有限责任公司，长江空间信息技术工程有限公司（武汉）．水利水电工程安全监测设计规范：SL 725—2016［S］．北京：中国水利水电出版社，2016.
[46] 水利部大坝安全管理中心．大坝安全监测系统鉴定技术规范：SL 766—2018［S］．北京：中国水利水电出版社，2018.
[47] 水电水利规划设计总院．水工设计手册　第 11 卷 水工安全监测［M］．北京：中国水利水电出版社，2013.

[48] 水利部大坝安全管理中心．水利水电工程安全监测系统运行管理规范：SL/T 782—019［S］．北京：中国水利水电出版社，2019.
[49] 中华人民共和国水利部．水位测量仪器　第6部分：遥测水位计：GB/T 11828.6—2008［S］．北京：中国标准出版社，2006.
[50] 水工程安全与灾害防治工程技术研究中心长江科学院．土石坝养护修理规程：SL 210—2015［S］．北京：中国水利水电出版社，2015.
[51] 水工程安全与灾害防治工程技术研究中心长江科学院．混凝土坝养护修理规程：SL 230—2015［S］．北京：中国水利水电出版社，2015.
[52] 浙江省水库管理总站，浙江省水利河口研究院．小型水库管理规程：DB A33/T 2214—2019［S］.2019.
[53] 傅忠友，吴雪雄．病险水库除险加固项目管理［M］．北京：中国水利水电出版社，2009.
[54] 石庆尧．水利国工程质量监督理论与实践指南［M］．北京：中国水利水电出版社，2009.
[55] 齐金苑，于文成．水利工程建设百科全书防洪防汛·抢险加固卷［M］．北京：当代中国音像出版社，2003.
[56] 国家防汛抗旱总指挥部办公室．防汛物资储备定额编制规程：SL 298—2004［S］．北京：中国水利水电出版社，2004.
[57] 南京水利科学研究院，水利部大坝安全管理中心．水库大坝安全管理应急预案编制导则：SL/Z 720—2015［S］．北京：中国水利水电出版社，2015.
[58] 赵宇飞，祝云宪，姜龙，等．水利工程建设管理信息化技术应用［M］．北京：中国水利水电出版社，2018.
[59] 水利部水利信息中心．水文自动测报系统技术规范：SL 61—2015［S］．北京：中国水利水电出版社，2015.
[60] 朱晓原，张留柱，姚永熙．水文测验实用手册［M］．北京：中国水利水电出版社，2014.
[61] 中华人民共和国水利部．降水量观测仪器　第2部分：翻斗式雨量传感器：GB/T 21978.2—2014［S］．北京：中国标准出版社，2015.
[62] 赵喜萍．水库信息化工程新技术研究与实践［M］．郑州：黄河水利出版社，2020.
[63] 水利部水利信息中心．水利视频监测系统技术规范：SL 515—2013［S］．北京：中国水利水电出版社，2013.